Hotes · Digitalrechner in technischen Prozessen

Digitalrechner in technischen Prozessen

von

Dr.-Ing. Helmut Hotes

Walter de Gruyter & Co · Berlin 1967

vormals G. J. Göschen'sche Verlagshandlung · J. Guttentag, Verlagsbuchhandlung · Georg Reimer · Karl J. Trübner · Veit & Comp.

Vorwort

Das vorliegende Buch soll eine Einführung in die Anwendung von Digitalrechnern bei der Führung technischer Prozesse geben. Vollständigkeit ist nicht beabsichtigt; sie verbietet sich schon von selbst angesichts der Tatsache, daß dem Prozeßrechner ständig neue Anwendungsgebiete erschlossen werden. Dementsprechend wurde auch weniger die Breite der Einsatzmöglichkeiten im einzelnen geschildert als vielmehr versucht, die gemeinsamen Methoden bei allen Formen des Prozeßrechnereinsatzes mit einiger Gründlichkeit darzustellen.

Das Buch wendet sich in erster Linie an Leser mit technischer Vorbildung auf dem Gebiet der Planung oder des Betriebs von Prozeßanlagen, dagegen werden keine Kenntnisse über Digitalrechner vorausgesetzt. Nach einer kurzen Einleitung wird eine Schilderung des Aufbaus von Digitalrechnern gegeben, gefolgt von einer Einführung in die Programmierung. Kurze Abschnitte über Ein- und Ausgabe, Programmübersetzung und Parallelprogrammierung leiten über zur eigentlichen Prozeßrechneranwendung, die in die Abschnitte Überwachung, Steuerung und Regelung gegliedert ist. Ich hoffe, in den letztgenannten Kapiteln auch Kennern der „konventionellen" Anwendung von Digitalrechnern einige neue Gesichtspunkte mitteilen zu können, die beim Einsatz eines Prozeßrechners zu beachten sind.

Der Einführung in die Programmierung ist ein verhältnismäßig breiter Raum gewidmet. Hierzu wurde ich durch eine Erfahrung geleitet, die ich in fast zehnjähriger Industrietätigkeit „in der Nähe von Digitalrechnern" sammeln konnte. Sie besagt, daß ein Rechner an den Stellen besonders nutzbringend eingesetzt wird, wo die Ingenieure gute Programmierungskenntnisse besitzen. Nur damit sind sie nämlich in der Lage zu erkennen, ob sich ein Problem vorteilhaft auf den Rechner bringen läßt. Wenn sie nicht gleich selber programmieren wollen, so können sie doch die Aufgabenstellung so formulieren, daß auch ein mit dem technischen Problem nicht vertrauter Programmierer daraus die Programme schreiben kann. Für den Einsatz von Prozeßrechnern ist der programmierende Ingenieur in noch höherem Maße eine Notwendigkeit.

Die Anregung zum Veröffentlichen dieses Buches verdanke ich meinem Freund, Herrn Dr. F. R. Güntsch. Es ist während meiner Tätigkeit bei der Allgemeinen Elektricitäts-Gesellschaft, AEG-Telefunken, entstanden, wo ich mich seit einigen Jahren mit der Automatisierung von Wärmekraftwerken befasse. Allen meinen Mitarbeitern möchte ich an dieser Stelle herzlich danken. Die Erfahrungen und Ergebnisse, die wir in gemeinsamer Arbeit gewonnen haben, bilden die wesentliche Grundlage für die Publikation. Meinem Fachgebietsleiter, Herrn Professor H. Pink, gilt mein Dank für sein wohlwollendes Interesse, mit dem er den Fortschritt auch dieser Arbeit gefördert hat. Der AEG danke ich für die Erlaubnis, das Buch zu veröffentlichen.

Eine Hauptlast beim Zustandekommen dieses Buches hat sicher meine Frau getragen. Sie begleitete die Arbeit mit soviel Geduld und anderen guten Eigenschaften ihrer Seele und Küche, daß ich auch an dieser Stelle noch einmal „Danke schön“ sagen möchte.

Berlin, im März 1967 H. Hotes

Inhaltsverzeichnis

1. Einleitung

1.1 Anwendungsgebiete und Aufgaben von Prozeßrechnern

Digitale Rechenautomaten kommen in vielen technischen Prozessen zum Einsatz. Als Beispiele seien die Energieerzeugung und -verteilung, Stahl- und Walzwerke, chemische Großanlagen, Papier- und Zementherstellung, Verlade- und Transporteinrichtungen genannt. Ein gemeinsames Kennzeichen dieser Anlagen besteht darin, daß sie sehr umfangreich sind und sich aus einer Vielzahl gleichartiger oder auch unterschiedlicher Teile zusammensetzen. Jedes Teil kann dabei für sich ein funktionsfähiges Gerät sein, das auch selbständig oder in Kombination mit anderen Geräten verwendet werden kann, jedoch erst das richtige Zusammenwirken aller Teile formt den technischen Prozeß.

Die Aufgaben des Rechners im Prozeß lassen sich grob nach der Art gliedern, wie der Rechner mit der Anlage verbunden ist. Besteht keine direkte Verknüpfung zwischen beiden Teilen, so spricht man vom *prozeßentkoppelten* (off-line[1]) Betrieb. Im Gegensatz dazu steht die *prozeßgekoppelte* (on-line) Arbeitsweise, bei der über besondere Zwischengeräte ein direkter Informationstransport zwischen Anlage und Rechner stattfindet. Hier unterscheidet man noch zwischen zwei Formen der Kopplung. *Prozeßgekoppelt-offen* (open-loop) nennt man den Betrieb, wenn Meßdaten in den Rechner eingelesen werden können, aber keine Signale aus dem Rechner direkt steuernd in den Betriebsablauf der Anlage eingreifen, von *prozeßgekoppelt-geschlossen* (closed-loop) spricht man bei einem Informationsfluß in beiden Richtungen [3]*.

Bei der prozeßentkoppelten Arbeitsform muß eine Zwischenspeicherung aller Daten auf dem Weg zwischen Prozeß und Rechner erfolgen. Meßwerte aus der Anlage werden vom Bedienungspersonal in Betriebsprotokolle eingetragen. Damit diese Daten in den Rechner eingegeben werden können, müssen sie auf besondere Informationsträger wie Lochstreifen oder Lochkarten übertragen werden, die vom Rechner gelesen werden können. Die Meßwerte werden also zweimal zwischengespeichert, auf dem Betriebs-

---

[1] Viele Ausdrücke der Technik und Programmierung von Digitalrechnern stammen aus dem Amerikanischen und werden häufig im deutschen Schrifttum verwendet, auch wenn schon brauchbare deutsche Ausdrücke gefunden sind. Viel benutzte amerikanische Fachwörter sollen deshalb hinter den deutschen in Klammern angefügt werden [1], [2].

* Zahlen in eckigen Klammern verweisen auf das Literaturverzeichnis.

protokoll und im Lochstreifen. Mit diesen Werten führt der Rechner technische oder kommerzielle Rechnungen durch und druckt die Ergebnisse aus. Diese Werte können es als zweckmäßig erscheinen lassen, die Betriebsweise des Prozesses zu verändern, was durch Steuerung der Anlage vom Bedienungspersonal geschieht. Der ausgegebene Druckbogen ist also der Zwischenspeicher beim Verkehr vom Rechner zur Anlage. Das Zwischenspeichern von Meßdaten auf Betriebsprotokoll und Lochstreifen nimmt einige Zeit in Anspruch. Erst danach, dann allerdings zu einem beliebigen Zeitpunkt, erfolgt ihre Auswertung im Rechner. Die gerätemäßige Entkopplung von Anlage und Rechner hat also zur Folge, daß Ergebnisse von Rechnungen, die Meßdaten aus dem Prozeß als Anfangswerte verwenden, erst mit einiger Verzögerung anfallen; es liegt also auch eine zeitliche Entkopplung vor. Für diese Betriebsweise kann jeder normale Digitalrechner verwendet werden. Auch die Aufgaben, die er bei der Verarbeitung von Prozeßdaten zu erledigen hat, unterscheiden sich nicht so sehr von anderen technisch-wissenschaftlichen oder betriebswirtschaftlichen Problemen, daß dafür andere mathematische oder programmierungstechnische Verfahren erforderlich sind. Deshalb soll auf die prozeßentkoppelte Arbeitsweise in diesem Buch nicht weiter eingegangen werden.

Arbeitet der Rechner *prozeßgekoppelt-offen*, so kann er zwei Gruppen von Aufgaben lösen, die *Dokumentation* und die *Überwachung* des Prozesses. Die einfachste Form der Dokumentation besteht im Führen der Betriebsprotokolle. Dabei werden in festen Zeitabständen die für den Prozeß wesentlichen Meßwerte eingelesen und in Tabellenform ausgedruckt. Ferner können auf Anforderung des Bedienungspersonals bestimmte Werte auch außerhalb der normalen Reihenfolge ausgegeben werden. Bei der Protokollierung (data logging) arbeitet der Rechner nur als Informationswandler, er bringt die als verschiedene physikalische Größen anfallenden Informationen in eine einheitliche digitale Darstellung und gibt sie in übersichtlicher Form aus. Diese Aufgaben faßt man unter dem Begriff *Datenerfassung* (scanning) zusammen.

Eine weitergehende Aufgabe ist die *Datenreduzierung*, womit die Auswertung von Meßdaten durch Rechnerprogramme bezeichnet wird. So können aus mehreren gemessenen Größen andere, für den Prozeß charakteristische Werte berechnet werden, z. B. Wirkungsgrade von Anlageteilen. Durch Korrelationsanalyse wird der Zusammenhang zwischen verschiedenen Prozeßvariablen festgestellt, um daraus z. B. Verbesserungen in der Regelung zu erzielen. Für kaufmännische Zwecke werden aus Mengen- und Energiebilanzen die Betriebskosten ermittelt. Für die Auftragsabwicklung bei Fertigungsprozessen können Daten für die Lagerhaltung gewonnen werden; Unterlagen für Versand und Rechnungslegung werden parallel zur Fertigung erstellt.

Bei der *Überwachung* werden die Meßwerte periodisch vom Rechner abgefragt und mit zulässigen Grenzwerten verglichen (alarm scanning). Liegt ein Wert außerhalb der Grenze, so kennzeichnet das eine Störung, die vom Rechner durch optischen und akustischen Alarm gemeldet wird. Außerdem können fehlerhafte Meßwerte sowie weitere Informationen, die zum Erkennen der Störungsursache beitragen, vom Rechner ausgedruckt werden. Die Grenzwerte können konstant oder mit dem Betriebszustand des Prozesses veränderlich sein; dann müssen die Grenzen aus anderen Meßwerten errechnet werden.

Eine andere Form der Überwachung besteht in der Ausgabe von Anweisungen an das Bedienungspersonal zur Steuerung des Prozesses (operator guide). Soll die Anlage z. B. in einen anderen Betriebszustand gebracht werden, so sind hierzu eine Reihe von Steuerungsmaßnahmen — Öffnen oder Schließen von Ventilen, Ein- oder Ausschalten von Motoren — erforderlich. Jeder einzelne Schritt des Steuerungsvorgangs hat eine Änderung in der Anlage zur Folge, die durch Messung erfaßt werden kann. Auf Grund des gemessenen Zustands des Prozesses kann der Rechner daher entscheiden, welcher Schritt des Steuerungsprogramms auszuführen ist und die zugehörige Anweisung ausdrucken oder in anderer Form anzeigen. In gleicher Weise können auch bei der Entdeckung von Störungen durch den Rechner nicht nur Alarm, sondern auch „gute Ratschläge" gegeben werden.

Bei der Dokumentation und Überwachung mit einem prozeßgekoppelten Rechner werden die eingelesenen Meßwerte sofort verarbeitet, und die Ergebnisse fallen so schnell an, daß sie zur Beurteilung und Steuerung des laufenden Prozesses sofort verwendet werden können. Diese Arbeitsweise des Rechners wird als *Realzeitbetrieb* (real-time) oder *Echtzeitbetrieb* bezeichnet. Die Unmöglichkeit dieser Betriebsweise mit einem prozeßentkoppelten Rechner schränkt dessen Verwendbarkeit für technische Prozesse erheblich ein.

Im *prozeßgekoppelt-geschlossenen* Betrieb übernimmt der Rechner auch die *Steuerung* der Anlage. Hierunter fällt die Führung des Prozesses bei instationären Vorgängen, wie sie in eingeschränktem Maße auch im offenen Betrieb schon vorgenommen wurde. Der wesentliche Unterschied ist jedoch, daß die Steuerbefehle jetzt direkt vom Rechner in die Anlage gegeben werden und nicht mehr nur als Anweisungen an das Bedienungspersonal. Manchmal werden Rechner auch zur Regelung stationärer Zustände benutzt, indem sie die Aufgaben einiger sonst als Einzelgeräte vorhandener Regler mit übernehmen (direct digital control DDC). Häufiger greifen sie jedoch nur insoweit in Regelkreise ein, als sie die Sollwerte oder andere Parameter der Regler verstellen. Solche Eingriffe dienen der Optimierung der Betriebsweise.

Jeder prozeßgekoppelte Digitalrechner, gleich ob er im offenen oder geschlossenen Betrieb arbeitet, wird als *Prozeßrechner* bezeichnet. Sein Zweck ist die Automatisierung technischer Prozesse. Je nach dem Umfang der ihm übertragenen Aufgaben kann mit einem Prozeßrechner die Teil- oder Vollautomatisierung des Prozesses erreicht werden.

1.2 Eingliederung eines Prozeßrechners in eine technische Anlage

Trotz der Vielfalt der Anwendungsgebiete und Aufgaben von Prozeßrechnern geschieht ihre Einordnung in die Anlageteile eines technischen Prozesses doch überall in der gleichen Form. Die Aufgaben des Rechners bestehen stets in einer Verarbeitung von Informationen. Er muß deshalb mit solchen Geräten verbunden werden, die Informationen aus der Anlage aufnehmen, umformen, weiterleiten und in den Prozeß hineinsenden. Diese Geräte bilden die Überwachungs-, Steuerungs- und Regelanlage. Ihre Gliederung ist bei allen technischen Anlagen annähernd gleichartig; deshalb läßt sich auch die Verbindung zwischen Rechner und Prozeß für alle Anwendungsfälle einheitlich darstellen [4], [5], [6].

Bild 1/1 zeigt den Informationsfluß in einem technischen Prozeß. Informationen aus der Anlage werden durch Meßfühler gewonnen. Sie können analoge — stetig veränderliche — Meßwerte wie z. B. Temperaturen, Drücke, Durchflußmengen oder digitale Signale, wie z. B. Ventilstellungen oder Grenzwerte von analogen Werten liefern. Für die Weiterleitung der Informationen ist häufig eine Umformung erforderlich, z. B. von einer mechanischen in eine elektrische Größe. Die Meßwerte werden zum Leitstand weitergegeben und dort auf Anzeige- oder Registriergeräten gemeldet.

Vom Leitstand gehen umgekehrt über die Schaltanlage Signale in den Prozeß, die dort z. B. Antriebsmotoren ein- oder ausschalten oder die Stellung von Ventilen verändern. Um fehlerhafte Schaltungen zu verhindern, sind in der Schaltanlage Verriegelungen vorgesehen, die z. B. einen Schaltvorgang nur zulassen, wenn in der Anlage bestimmte Vorbedingungen erfüllt sind. Deshalb werden Meßwerte über die Meßumformer auch in die Schaltanlage geleitet.

Eingriffe in den Prozeß werden auch mit Regeleinrichtungen vorgenommen. Deshalb werden Meßwerte an die Regler weitergeleitet, die wiederum über die Schaltanlage auf den Prozeß einwirken. Die Regler selbst können vom Leitstand durch Vorgabe von Sollwerten beeinflußt werden.

Ein Prozeßrechner ist über eine Eingabe- und eine Ausgabeeinheit mit der Anlage verbunden. Über die Eingabe gelangen die Meßwerte in den

Rechner. Außerdem können Signale vom Leitstand an die Eingabe gesendet werden, und umgekehrt können vom Rechner über die Ausgabe Nachrichten zum Leitstand gelangen. Bei einer prozeßgekoppelt-offenen Arbeitsweise ist dies der einzige Informationsweg aus dem Rechner hinaus, im geschlossenen Betrieb gehen weitere Signale über die Schaltanlage oder die Regler auch in die Prozeßanlage.

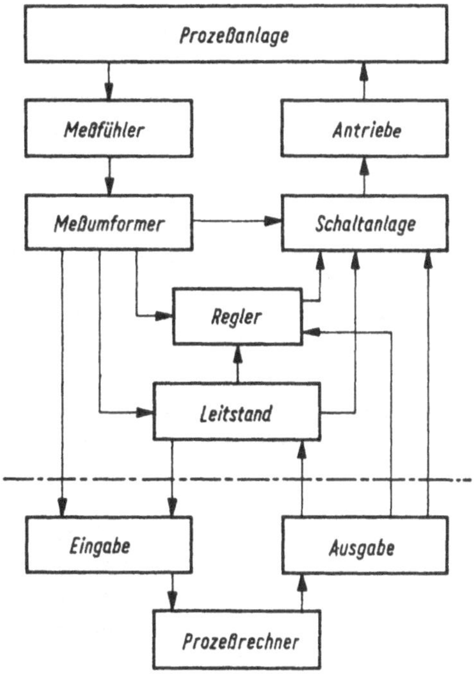

1/1 Verbindung zwischen Prozeßrechner und Industrieanlage

Der Prozeßrechner bildet das Zentrum der Einrichtungen zur Informationsverarbeitung, der eigentliche technische Prozeß liegt an der Peripherie. Die meisten Zwischenglieder dienen dem Transport und der Umformung von Signalen. Eine Sonderstellung hat der Leitstand. Ist der Rechner und damit auch Ein- und Ausgabe außer Betrieb, so stellt er das Zentrum dar. Bei automatischem Betrieb wird die Verbindung zwischen Leitstand und Reglern sowie Schaltanlage meistens getrennt, damit nicht widersprechende Steuersignale vom Rechner und vom Leitstand in den Prozeß gelangen können. Vom Personal kann dann nur noch über den Rechner in den Prozeß eingegriffen werden. Damit werden jedoch nicht mehr einzelne Anlageteile direkt gesteuert, sondern es können nur noch übergeordnete Anweisungen gegeben werden, die den Gesamtprozeß beeinflussen.

1.3 Die Aufgaben des Ingenieurs beim Einsatz von Prozeßrechnern

Nur selten wird ein Prozeßrechner nachträglich in eine bereits vorhandene Anlage eingefügt; in den meisten Fällen wird vielmehr der Prozeß gleich so ausgelegt, daß er mit einem Rechner betrieben werden kann oder muß. Daraus ergeben sich neue Aufgaben für den Ingenieur, der sich mit der Planung, dem Bau und der Inbetriebnahme von Industrieanlagen befaßt [7].

Im Planungsstadium muß der Einsatz des Rechners bei der Projektierung der Einrichtungen zur Überwachung, Steuerung und Regelung des Prozesses berücksichtigt werden. Als erstes ist eine Verfahrensanalyse durchzuführen, bei der die physikalischen Vorgänge im Zusammenwirken aller Teile der Anlage sowie bei allen möglichen Betriebszuständen zu klären sind. Sie bilden die Grundlage für die Festlegung der Meßstellen für die Überwachung, der Stellglieder und Antriebe für die Steuerung und der Aufteilung der Regelkreise. Zusätzlich muß jetzt geklärt werden, welche dieser Meß- und Steuerstellen an den Rechner angeschlossen werden sollen, damit er die ihm zugedachten Aufgaben erfüllen kann.

Auf dieser Grundlage ist als nächstes die Auswahl der Geräte zu treffen. Manche Meßgeber und Meßumformer können parallel an die Anzeige- und Registriergeräte des Leitstands und an den Rechner angeschlossen werden, für andere Meßwerte müssen getrennte Geber für den Rechner und den Leitstand vorgesehen werden. Die Schaltanlage ist so auszulegen, daß Antriebe alternativ vom Leitstand und vom Rechnerausgang angesteuert werden können. Ebenso müssen die Regler dafür geeignet sein, daß ihre Sollwerte von beiden Stellen verändert werden können. Schließlich muß der Prozeßrechner selbst ausgesucht werden. Die Auslegung der Eingabe und Ausgabe ist durch die Zahl und Art der angeschlossenen Meß- und Steuergeräte weitgehend bestimmt. Zusätzlich sind die Geräte zum Verkehr zwischen Leitstand und Rechner, wie z. B. Tastaturen und Schreibmaschinen, bei dem Aufbau der Ein- und Ausgabe zu berücksichtigen.

Für die Auswahl des eigentlichen Rechners sind als wesentliche Kriterien die Größe seines Speichers und seine Geschwindigkeit maßgebend. Im Speicher werden die Programme aufgehoben, die den Arbeitsablauf der Anlage bestimmen. Ihr Umfang ist durch die Aufgaben gegeben, die der Rechner in dem Prozeß ausführen soll. Sie dürfen aber nicht nur als einfache Aufgabenstellung bekannt sein, wie z. B. „Anfahren der Anlage" oder „Laufende Berechnung bestimmter Kenngrößen", weil daraus die Länge der Programme ganz und gar nicht abgeschätzt werden kann. Vielmehr ist es bei der vorangegangenen Verfahrensanalyse erforderlich, alle dem Rechner zu übertragenden Aufgaben sehr weit ins Einzelne gehend zu formulieren, um daraus die für die Programme benötigte Speicherkapazität ermitteln zu können. Für die Auslegung einer konventionellen Überwachungsanlage braucht eine so genaue Analyse des Prozesses nicht oder erst später zu erfolgen. Meßstellen, Antriebe und Regler müssen nur so bestimmt werden, daß damit in jeder Betriebssituation der Zustand des Prozesses sicher erkannt, gesteuert und geregelt werden kann. Welche Meßwerte jeweils zu beobachten sind und in welcher Reihenfolge und mit welcher Geschwindigkeit Steuerungsmaßnahmen durch das Bedienungspersonal zu erfolgen haben, kann später in einer Betriebsvorschrift festgelegt werden. Bei Verwendung eines Rechners werden diese Angaben schon jetzt benötigt, um daraus seine Speicherkapazität und Geschwindigkeit abzuleiten.

Der nächste Abschnitt beim Bau einer Anlage umfaßt die Fertigung der einzelnen Geräte und ihre Montage. Während bei den meisten Anlageteilen ihre Funktion durch die in der Planung erstellten Unterlagen festgelegt ist und bei der Fertigung der Geräte „eingebaut" wird, ist das bei einer digitalen Rechenmaschine nur in sehr beschränktem Maße der Fall. Das eigentliche Gerät, die "hard ware", läßt nämlich noch eine Vielzahl von Anwendungsmöglichkeiten zu, erst das gespeicherte Programm, die "soft ware", bestimmt im einzelnen die Funktion des Rechners. Es muß deshalb parallel zur Fertigung die Programmierung des Prozeßrechners vorgenommen werden.

Hierunter versteht man die Übersetzung der bei der Planung festgelegten Aufgabenstellung in die Sprache des Rechners. An dieser Stelle kann dazu erst soviel angedeutet werden: Alle Einzelschritte der Programme zur Dokumentation, Überwachung und Steuerung müssen genau in ihrer Reihenfolge und gegenseitigen Abhängigkeit festgelegt werden. Man bedient sich dabei besonderer Darstellungen wie z. B. Ablaufplänen, die die Aufgabe in einer der Arbeitsweise von Prozeßrechnern angepaßten Form wiedergeben, ohne jedoch die Besonderheiten eines speziellen Rechners zu berücksichtigen. Diese Arbeit wird zum großen Teil schon bei der Planung vorgenommen. Als Nächstes wird aus der allgemein gehaltenen Form des Programms das spezielle Maschinenprogramm abgeleitet, welches die Aufgaben im Code der in der Anlage eingesetzten Rechenmaschine darstellt. Schließlich erfolgt die — sehr zeitraubende — Prüfung der Programme.

Zur Vorbereitung des späteren Betriebs muß rechtzeitig mit der Schulung des Bedienungs- und Wartungspersonals begonnen werden. Auch hier bringt die Automatisierung zusätzliche Aufgaben mit sich. Wenn es auch ein Ziel der Automatisierung ist, Personal einzusparen, so steigen aber damit die Anforderungen an das verbleibende Personal. Es muß jetzt in der Lage sein, auch den Prozeßrechner zu bedienen; vor allem muß es aber bei einem Ausfall des Rechners noch einen Notbetrieb aufrechterhalten, falls nicht für diesen Fall eine automatische Abschaltung der ganzen Anlage vorgesehen wird. Diese Betriebsweise ist schwieriger als in Prozessen, die nicht mit Automatisierungseinrichtungen ausgerüstet sind, weil dem Personal hier die dauernde Übung fehlt.

Der letzte Abschnitt beim Bau der Anlage stellt die Inbetriebnahme dar. Soweit es die Struktur des Prozesses erlaubt, werden einzelne Baugruppen getrennt auf ihre richtige Funktion geprüft und dann schrittweise miteinander gekoppelt. Beim Rechner ist als erstes zu kontrollieren, ob jede Meßstelle ordnungsgemäß über die Eingabe angeschlossen ist, so daß der Meßwert fehlerfrei im Rechenautomaten erscheint. Ebenso muß für jeden Antrieb der Signalfluß vom Rechner über die Ausgabe und Schaltanlage geprüft werden. Dann erfolgt die Erprobung der Programme. Während der Fertigungszeit kann zwar schon geprüft werden, ob die Umwandlung der allgemein formulierten Programme in das Maschinenprogramm richtig erfolgt ist; eine Kontrolle, ob die Gliederung der Aufgaben in Einzelschritte wie Abfragen von Meßwerten und Ausgaben von Stellbefehlen fehlerfrei ist oder ob die Aufgabenstellung selbst die Technologie des Prozesses richtig erfaßt, kann nur in beschränktem Maße durchgeführt werden. Deshalb wird der Rechner erst in prozeßgekoppelt-offener Arbeitsweise eingesetzt, womit die Dokumentations- und Überwachungsprogramme vollständig geprüft und ggf. verbessert werden können. Zur Kontrolle der Steuerungsprogramme läßt man den Rechner während der Steuervorgänge offen mitlaufen; an Stelle der Steuerbefehle werden nur Signale ausgedruckt oder angezeigt. Ist der beabsichtigte Stellbefehl richtig, so wird er manuell ausgeführt. Nachdem auf diese Weise alle Programme geprüft sind, kann zum Abschluß der Kreis geschlossen werden; der Rechner übernimmt im closed-loop-Betrieb die automatische Steuerung des Prozesses.

Entsprechend den vielen Aufgaben beim Bau einer großen Anlage werden dafür Ingenieure verschiedener Fachrichtungen benötigt, wie z. B. Verfahrenstechniker für die Gesamtplanung, Maschinenbauer und Starkstromtechniker mit speziellen Kenntnissen über die einzelnen Baugruppen, Bauingenieure sowie Meß- und Regelungstechniker. Beim Einsatz eines Prozeßrechners kommen Schwachstromtechniker und Programmierer hinzu. Während die Tätigkeit der ersteren mit der Arbeit mancher anderer Ingenieure sehr verwandt ist, haben die Programmierer neuartige Aufgaben zu erfüllen, die beim Bau konventioneller Anlagen nicht auftreten. Die Arbeit der Programmierer wird manchmal von Mathematikern ausgeführt.

Von wenigen Fällen abgesehen, sind aber mathematische Kenntnisse zum Aufstellen von Programmen für eine bestimmte Anlage nur in verhältnismäßig geringem Umfang erforderlich; die normale mathematische Ausbildung von Ingenieuren ist völlig ausreichend.

Die Arbeitsgruppe beim Bau einer Anlage darf sich nicht nur aus Ingenieuren mit hohen Spezialkenntnissen von einzelnen Anlageteilen zusammensetzen, sondern jeder muß selbstverständlich auch über den gesamten Prozeß einen guten Überblick haben und die Aufgaben seiner Mitarbeiter kennen, weil nur dann eine reibungslose Zusammenarbeit möglich ist und die geplante Anlage ein geschlossenes Ganzes wird. Deshalb sollten bei der Automatisierung alle beteiligten Ingenieure auch gewisse Kenntnisse über Prozeßrechner besitzen. Der schaltungstechnische Aufbau des Geräts ist dabei nicht von Interesse; lediglich für die Anpassung der Meßgeräte und Schaltanlage werden einige technische Daten benötigt. Dagegen muß jeder Mitarbeiter den funktionellen Aufbau des Prozeßrechners und das Prinzip der Steuerung durch ein gespeichertes Programm gut beherrschen; denn nur mit diesem Wissen kann er beurteilen, ob eine bestimmte Aufgabe mit dem Rechner überhaupt gelöst werden kann oder ob durch Änderung im Aufbau der Anlage die Automatisierung erleichtert wird. In den folgenden Kapiteln soll deshalb Aufbau und Programmierung von Digitalrechnern in einiger Ausführlichkeit behandelt werden, bevor mit besonderen Fragen beim Einsatz des Rechners in technischen Prozessen begonnen wird.

2. Der Aufbau digitaler Rechenautomaten

2.1 Der klassische Universalrechner

Jeder Digitalrechner läßt sich in verschiedene Funktionsgruppen gliedern, denen bei der Abwicklung einer Rechnung bestimmte Aufgaben zufallen. Allerdings kann für die heute üblichen Rechner kein allgemein gültiges Schema ihrer Organisation mehr angegeben werden, jedoch beruht ihr Aufbau in mehr oder weniger starkem Maße auf den grundlegenden Arbeiten des *Institute of Advanced Studies* (IAS) in Princeton unter *Burks, Goldstine und von Neumann* [8], und viele der heute noch benutzten Digitalrechner haben die gleiche Gliederung wie die erste IAS-Anlage. Deshalb soll zunächst der Aufbau dieses „klassischen Universalrechenautomaten" [9] näher betrachtet werden.

Bild 2/1 zeigt die Gliederung des klassischen Digitalrechners in verschiedene Funktionsgruppen. Zur Durchführung einer Aufgabe müssen dem Rechner die Ausgangszahlen der Rechnung und die Rechenvorschrift, das Programm, mitgeteilt werden. Diese Informationen gelangen über die *Eingabe* in den *Speicher*. Für die Ausführung arithmetischer Operationen

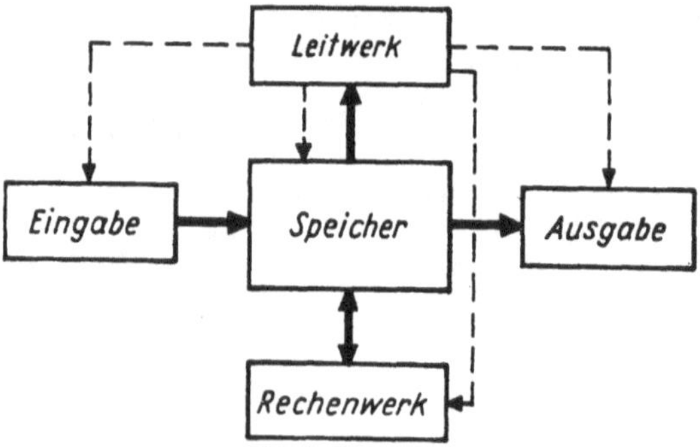

2/1 Gliederung des klassischen Digitalrechners

werden die Zahlen vom Speicher in das *Rechenwerk* transportiert und dort miteinander verknüpft. Die Zwischen- und Endergebnisse der Rechnungen gehen wieder zurück in den Speicher. Wenn eine Aufgabe vollständig durchgerechnet ist, werden die Endergebnisse — u. U. zusammen mit Überschriften und Erläuterungen — vom Speicher über die *Ausgabe* ausgeliefert. Die Steuerung aller dieser Vorgänge erfolgt durch das *Leitwerk*. Es erhält dazu aus dem Speicher das Programm in Form einer Folge von *Befehlen*, die es nacheinander verarbeitet.

Die Verbindung zwischen den verschiedenen Funktionsgruppen geschieht auf zwei Arten: Als Transport von Informationen — in Bild 2/1 mit ausgezogenen Linien dargestellt — und durch Steuersignale — mit gestrichelten Linien gekennzeichnet.

Alle Funktionsgruppen haben als gemeinsame Aufgabe das Verarbeiten von Informationen, sie unterscheiden sich in der Art, wie sie die Informationen behandeln. Bevor auf die Arbeitsweise der verschiedenen Baugruppen näher eingegangen wird, sollen deshalb die Prinzipien der Darstellung von Informationen in Digitalrechnern dargelegt werden.

2.2 Darstellung von Informationen

Jede Information wird im Digitalrechner in *binärer* — zweiwertiger — Form dargestellt. Das Element dieser Darstellung heißt *Bit*[1]. Es ist eine Variable, die nur zwei diskrete Werte annehmen kann, welche mit *O* und *L* bezeichnet werden. Technische Realisierungen eines Bits sind z. B. Schalter mit den beiden Stellungen „Auf" und „Zu", magnetisierbare Bauelemente mit zwei möglichen Richtungen des Magnetfeldes oder — zum Informationstransport — elektrische Impulse mit zwei verschiedenen Spannungen.

Zur Darstellung umfangreicher Informationen müssen mehrere Bits kombiniert werden. Im Rechner werden Gruppen mit einer festen Anzahl von n Bits als Informationseinheit zusammengefaßt; damit lassen sich 2^n verschiedene Aussagen bilden. Informationen, die in den Rechner eingegeben werden sollen, werden vom Benutzer vorher *aufgeschrieben*; die Ergebnisse werden vom Rechner *ausgedruckt*. Für die Ein- und Ausgabe muß deshalb die Zahl n der Bits einer Informationseinheit so gewählt werden, daß damit die Buchstaben des Alphabets, die Dezimalziffern und u. U. einige zusätzliche Symbole dargestellt werden können. Diesen Typ von Informationseinheit nennt man ein *Zeichen*. Die Zuordnung der möglichen Bit-Kombinationen zu bestimmten Symbolen heißt *Code* [10]. Eine häufig benutzte Bitzahl für Zeichen ist $n = 6$, womit $2^6 = 64$ verschiedene Symbole dargestellt werden können. Oft wird auch der Fernschreibcode verwendet, der mit fünf Bits arbeitet. Zur Eingabe in den Fernschreiber dient ein Lochstreifen mit fünf parallelen Bahnen, in den verschiedene

[1] Die Bezeichnung "bit" stammt aus dem Amerikanischen. Sie ist als Abkürzung für binary digit entstanden.

Lochkombinationen eingestanzt sind, Bild 2/2. Jeder Bahn entspricht ein Bit; ein Loch bedeutet *L*, ein „Nicht-Loch" *O*.

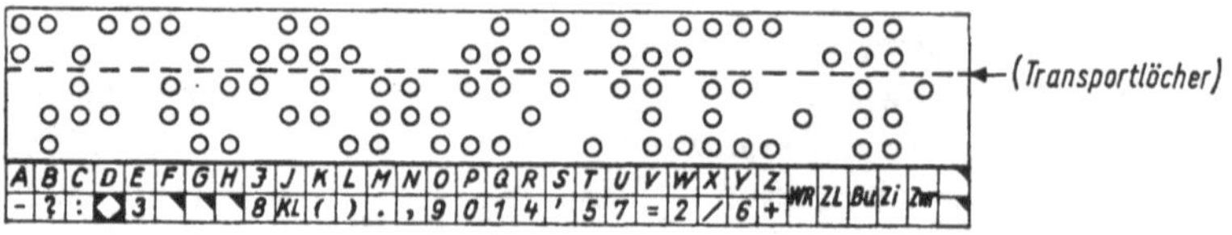

2/2 Lochstreifen mit Fernschreibcode CCIT 2

Es sind $2^5 = 32$ Lochkombinationen möglich. Diese Zahl ist kleiner als die Anzahl aller Buchstaben, Ziffern und Zeichen. Deshalb sind zwei Sonderzeichen, **Bu** und **Zi**, vorgesehen. Nachdem das Zeichen **Bu** auf dem Streifen erscheint, werden alle folgenden Muster solange als **Bu**chstaben gedeutet, bis **Zi** auftritt, woraufhin die weiteren Zeichen als **Zi**ffern oder Sonderzeichen verarbeitet werden. 30 der 32 möglichen Kombinationen können also doppelte Bedeutung besitzen[1].

Für die interne Verarbeitung von Informationen im Rechner werden meistens größere Informationseinheiten zusammengefaßt, die dann als Wort bezeichnet werden. Die Zahl der Bits, die *Wortlänge*, beträgt bei verschiedenen Rechnern zwischen 12 und 60 Bits. Ein Wort kann in mehrere Zeichen gegliedert sein, jedes Zeichen wird dabei durch eine Gruppe von nebeneinanderliegenden Bits innerhalb des Wortes dargestellt. Bild 2/3

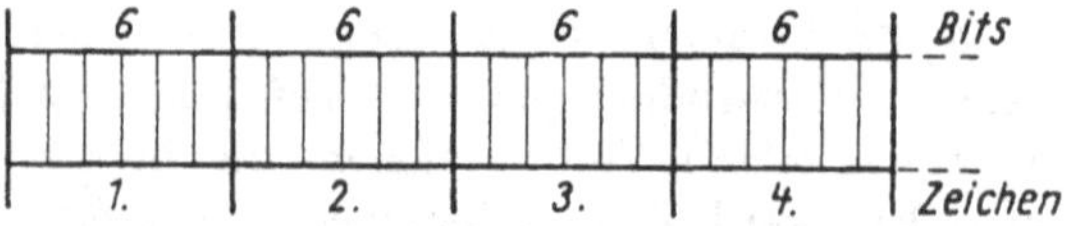

2/3 Alphawort mit 4 Zeichen zu 6 Bit

zeigt als Beispiel ein Wort von 24 Bits, das vier Zeichen von 6 Bits aufnimmt. Die Zeichen sind in ihrem Zeichencode verschlüsselt, sie können Buchstaben, Ziffern oder Sonderzeichen sein. Eine derartige Informationsdarstellung wird als *alphanumerisch* bezeichnet, der Worttyp heißt *Alphawort.*

Von besonderer Wichtigkeit ist für einen Rechenautomaten natürlich die Darstellung von Zahlen. Bei Verwendung des dezimalen Zahlensystems

[1] Der internationale Fernschreibcode CCIT 2 (Bild 2/2) benutzt nur 26 Kombinationen in zweifacher Bedeutung.

kann ein *Zahlwort* ähnlich wie ein Alphawort in Zeichen gegliedert sein, es dürfen aber nicht beliebige Zeichen verwendet werden, sondern nur Ziffern und die Vorzeichen + oder —, die z. B. als erstes Zeichen im Wort stehen müssen. Diese Zahldarstellung bringt es mit sich, daß von den 2^n verschiedenen Aussagen, die sich mit n Bits bilden lassen, nur ein geringer Teil für Zahlworte verwendet wird; bei Zeichen mit $n = 6$ Bits werden von den 64 möglichen Informationen nur 10 für die Dezimalziffern benutzt. Das hat zur Folge, daß die zur Verarbeitung von Zahlen vorgesehenen Baugruppen des Rechenautomaten, wie Speicher und Rechenwerk, größer dimensioniert werden müssen, als es eigentlich erforderlich ist. Deshalb werden Zahlen meist in anderer Form als die alphanumerischen Informationen dargestellt.

Zur binären Notierung der zehn Dezimalziffern genügen bereits 4 Bits. Hiermit lassen sich $2^4 = 16$ Bitmuster herstellen, so daß der „Ausnutzungsgrad" dieser Zahldarstellung schon erheblich besser ist als bei alphanumerischen Zeichen. Für das Vorzeichen ist bereits ein Bit ausreichend, da es ja nur die beiden Möglichkeiten + oder — gibt. Bild 2/4 zeigt ein Beispiel für ein *Dezimalwort*, das aus 6 Ziffern mit 4 Bits und einem Vorzeichenbit besteht.

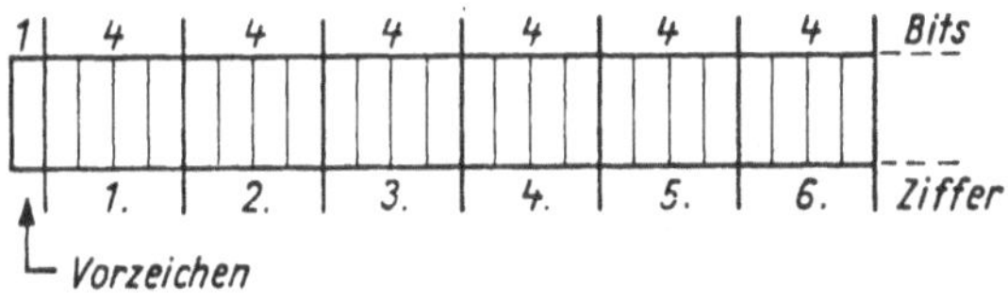

2/4 Zahlwort mit 6 Dezimalziffern zu 4 Bit und einem Vorzeichenbit

Eine andere Möglichkeit zur Darstellung von Zahlen, die der Arbeitsweise der Digitalrechner besser angepaßt ist, ergibt sich durch Verwendung eines besonderen Zahlsystems. Hierzu sei der Aufbau der gebräuchlichen Dezimalzahlen etwas näher betrachtet. Eine Dezimalzahl X wird als eine Reihe von Ziffern z aufgeschrieben. Zwischen zwei der Ziffern kann ein Komma stehen; ist es nicht vorhanden, so soll es neben der rechten äußeren Ziffer stehen:

$$X = z_n\, z_{n-1}\, z_{n-2} \ldots z_1\, z_0,\, z_{-1}\, z_{-2} \ldots$$

Der Wert der Zahl X ergibt sich aus dem Wert der einzelnen Ziffern und ihrer Stellung relativ zum Komma, er ist

$$X = \sum_{-m}^{n} z_\nu \cdot 10^\nu .$$

In gleicher Form kann man andere Zahlsysteme aufbauen, indem man an Stelle der Zahl 10 eine andere Zahl B als *Basis des Zahlsystems* wählt.

Die *Ziffern* z eines solchen Systems haben die Werte 0, 1, 2 ..., $B - 2$, $B - 1$:

$$X = \sum z_\nu \cdot B^\nu .$$

Die durch den Index gekennzeichnete Stellung einer Ziffer z_ν gibt den Exponenten der Potenz B^ν an, durch den Wert der Ziffer wird festgelegt, wie oft die Potenz B^ν in der Zahl vorkommt. Derartige Zahlsysteme heißen *polyadisch* [11].

Wählt man als Basis $B = 2$, so erhält man das *Dualsystem*. Es besitzt als Ziffern die beiden Werte 0 und 1. Bei Verwendung von Dualzahlen im Digitalrechner besteht ein *duales Zahlwort* aus einem Bit für das Vorzeichen und einer größeren, nicht weiter unterteilten Gruppe von Bits, von denen jede eine Dualziffer darstellt. Jeder Kombination von Bits in einem Wort ist damit umkehrbar eindeutig eine Zahl zugeordnet. Durch den binären Charakter des Dualsystems wird eine optimale Ausnutzung von Speichern erreicht. Dies ist ein wesentlicher Grund dafür, daß die Mehrzahl aller Digitalrechner mit Dualzahlen arbeitet.

Dualzahlen können allerdings nur für die interne Informationsverarbeitung im Rechner verwendet werden. Die Ein- und Ausgabe muß in dezimaler Form geschehen, weil die Handhabung von Dualzahlen für den Benutzer viel zu unbequem ist. Mit 10 Dualziffern lassen sich z. B. die Zahlen von 0 bis 1023 darstellen, wozu im Dezimalsystem „fast" nur drei Ziffern erforderlich sind. Deshalb muß für die Eingabe und Ausgabe eine Umwandlung der Zahldarstellung erfolgen.

Für die Transformation einer Dualzahl in eine Dezimalzahl werden die in der Dualzahl vorkommenden Potenzen von 2 addiert, z. B.:

$$\begin{aligned} LOOLLOL = \quad & 1 \cdot 2^6 = 64 \\ & + 0 \cdot 2^5 = + 0 \\ & + 0 \cdot 2^4 = + 0 \\ & + 1 \cdot 2^3 = + 8 \\ & + 1 \cdot 2^2 = + 4 \\ & + 0 \cdot 2^1 = + 0 \\ & + 1 \cdot 2^0 = + 1 \\ & \qquad = 77 \end{aligned}$$

Will man umgekehrt eine Dezimalzahl in eine Dualzahl umwandeln, so muß man feststellen, welche Zweierpotenzen in der Zahl vorkommen. Die entsprechenden Stellen in der Dualzahl haben die Ziffern L, die anderen O. Hierzu dividiert man die Zahl durch die höchste Zweierpotenz, die in ihr enthalten ist; das Ergebnis ist 1. Der bei der Division eventuell verbleibende Rest wird durch die nächstniedrigere Potenz dividiert mit dem Ergebnis 0 oder 1; mit dem verbleibenden Rest verfährt man genauso.

Das folgende Beispiel zeigt den Ablauf der Rechnung:

	$37{,}5:32$	$=1$	$(32 = 2^5)$
Rest	$5{,}5:16$	$=0$	$(16 = 2^4)$
Rest	$5{,}5:\ 8$	$=0$	$(\ 8 = 2^3)$
Rest	$5{,}5:\ 4$	$=1$	$(\ 4 = 2^2)$
Rest	$1{,}5:\ 2$	$=0$	$(\ 2 = 2^1)$
Rest	$1{,}5:\ 1$	$=1$	$(\ 1 = 2^0)$
Rest	$0{,}5:\ 0{,}5$	$=1$	$(\ 0{,}5 = 2^{-1})$
Rest	0	$37{,}5 = L\,O\,O\,L\,O\,L,L$	

Die Umwandlung in eine andere Zahldarstellung erfolgt durch den Rechner meist während der Eingabe- und Ausgabevorgänge. Dabei können auch andere Verfahren als die eben geschilderten zur Anwendung kommen. Sie hängen davon ab, welche Einrichtungen zur arithmetischen und logischen Informationsverarbeitung der Rechner besitzt.

Bei den bisher betrachteten Arten von Zahlwörtern — Alphawort, Dezimalwort, Dualwort — wird nicht vermerkt, zwischen welchen Ziffern innerhalb des Wortes das Komma steht. Bei Rechenoperationen mit solchen Zahlwörtern kann deshalb die Kommastellung auch nicht berücksichtigt werden. Das Rechenwerk verknüpft die beiden Operanden vielmehr so, als ob das Komma bei beiden an der gleichen Stelle stünde. Bei Additionen und Subtraktionen besitzt das Ergebnis dieselbe Kommastellung, bei Multiplikationen und Divisionen kann sich das Komma verschieben. Diese Art von Zahlwörtern wird als Darstellung mit *festem Komma* bezeichnet. Hiermit läßt sich ein Bereich von Zahlen wiedergeben, dessen Umfang und Genauigkeit durch die Anzahl der Ziffern im Wort begrenzt ist. Als Beispiel sei ein dreistelliges dezimales Zahlwort mit dem Komma hinter der niedrigsten Ziffer betrachtet, $z_2\, z_1\, z_0$. Alle hiermit darstellbaren Zahlen X müssen zwischen $+999 \geq X \geq -999$ liegen, die kleinste Differenz zwischen zwei dieser Zahlen beträgt 1.

Bei technisch-wissenschaftlichen Aufgaben treten häufig in einer Rechnung Zahlen sehr unterschiedlicher Größenordnung auf. Bei Verwendung von Zahlwörtern mit Festkomma kann es geschehen, daß einige — sehr große — Werte außerhalb des darstellbaren Zahlbereichs liegen und andere — sehr kleine — Werte nicht mit genügender Genauigkeit wiedergegeben werden können. Hierfür benutzt man dann einen weiteren Typ von Zahlwörtern, die *Gleitkommazahlen*. Die Zahlen werden dabei in zwei Teile zerlegt. Der erste gibt die bedeutenden, von Null verschiedenen Ziffern an, der zweite die Kommastellung in Form einer Potenz:

$$X = p \cdot B^q\,,$$

also z. B. mit der Basis $B = 10$

$$87\,000 = 0{,}87 \cdot 10^5$$

$$-\,0{,}037 = -\,0{,}37 \cdot 10^{-1}\,.$$

p wird als *Mantisse*, q als *Exponent* bezeichnet. Ein *Gleitkommawort* gliedert sich in drei Teile: Ein Bit wird für das Vorzeichen der Mantisse verwendet, eine zweite Gruppe von Bits ist für die Mantisse selbst vorgesehen, in der dritten Gruppe steht die *Charakteristik*, die aus dem Exponenten q durch Addition einer Konstanten und Weglassen des Vorzeichens gebildet wird. Die folgenden Beispiele zeigen einige Gleitkommawörter mit vierstelliger Mantisse und einer zweistelligen Charakteristik $\bar{q}$, welche durch Addition von 50 zum Exponenten q entsteht:

$$\begin{array}{rcll} & & & \pm \quad p \quad \bar{q} \\ 438{,}1 & = & 0{,}4381 \cdot 10^{3} & \triangleq \ + \ 4381 \ 53 \\ -\ 17{,}1 & = & -\ 0{,}1710 \cdot 10^{2} & \triangleq \ - \ 1710 \ 52 \\ -\ 3 \cdot 10^{-12} & = & -\ 0{,}3000 \cdot 10^{-11} & \triangleq \ - \ 3000 \ 39 \end{array}$$

Die Mantisse muß in dem Zahlenbereich

$$0{,}1000 \leq p \leq 0{,}9999$$

liegen. Da die Charakteristik ohne Vorzeichen angegeben wird, sind für $\bar{q}$ die ganzen Zahlen zwischen

$$0 \leq \bar{q} \leq 99$$

und als Exponenten die Werte

$$-\ 50 \leq q \leq +\ 49$$

zugelassen. Daraus ergibt sich als gesamter Zahlbereich für diese Gleitkommadarstellung

$$0{,}1 \cdot 10^{-50} = 10^{-51} \leq X \leq 0{,}9999 \cdot 10^{49}.$$

Der Zahlbereich einer Gleitkommadarstellung ist also im wesentlichen durch die Stellenzahl der Charakteristik bestimmt. Ein Maß für die Genauigkeit ist die Differenz zweier benachbarter Zahlen; diese beträgt eine Einheit der letzten Stelle der Mantisse; denn Zahlen zwischen p und $p + 0{,}0001$ lassen sich nicht wiedergeben. Für praktische Anwendungen werden für die Mantisse höhere Stellenzahlen als in dem Beispiel verwendet, weil sonst bei der Bildung von Differenzen annähernd gleichgroßer Zahlen und bei längeren Rechnungen durch Rundungsfehler die Ergebnisse zu ungenau werden können.

Es können natürlich auch duale Zahlwörter mit gleitendem Komma gebildet werden. Mantisse und Charakteristik sind dabei Dualzahlen mit einer bestimmten Anzahl von Bits, und die Basis der Potenz ist 2:

$$X = p \cdot 2^{q}.$$

Die folgenden Beispiele zeigen duale Gleitkommaworte mit vierstelliger Mantisse und vierstelligen Exponenten:

$$\begin{array}{rcll} & & & \pm \quad p \quad \bar{q} \\ +\ LLOL & = & +\ 0{,}LLOL \cdot 2^{OLOO} & \triangleq \ O \ \ LLOL \ LLOO \\ -\ L{,}OOL & = & -\ 0{,}LOOL \cdot 2^{OOOL} & \triangleq \ L \ \ LOOL \ LOOL \\ -\ 0{,}OOLOL & = & -\ 0{,}LOLO \cdot 2^{-OOLO} & \triangleq \ L \ \ LOLO \ OLLO \end{array}$$

Die Mantisse liegt im Zahlenbereich

$$0{,}5 = \mathit{0{,}LOOO} \leq p \leq \mathit{0{,}LLLL} = 0{,}9375\,,$$

die Charakteristik zwischen

$$0 = \mathit{OOOO} \leq \bar{q} \leq \mathit{LLLL} = 15\,,$$

der Exponent mit $\bar{q} = q + \mathit{LOOO}$ entsprechend zwischen

$$-8 = -\mathit{LOOO} \leq q \leq +\mathit{OLLL} = +7\,.$$

Eine weitere Art von Informationen, die im Rechner verarbeitet werden, sind die *Befehle*, die die Vorschrift für die vom Rechner zu bearbeitende Aufgabe beinhalten. Der Aufbau eines *Befehlswortes* kann erst im Zusammenhang mit dem Leitwerk und der Programmierung genauer erklärt werden. Schließlich ist es möglich, für bestimmte Sonderaufgaben das Rechnerwort in beliebiger Weise zu gliedern, die vom Benutzer jeweils bestimmt werden kann. Dieser letzte Typ der Informationsdarstellung wird manchmal als *freies Wort* bezeichnet.

Die Informationseinheiten, Zeichen und Wort, enthalten neben den Bits zur eigentlichen Informationswiedergabe meistens noch ein oder mehrere zusätzliche Bits für Prüfzwecke. In einem Digitalrechner ist es wie in jedem technischen Gerät möglich, daß einzelne Bauelemente einmal versagen. Bei Informationstransporten oder bei arithmetischen Operationen würden dadurch fehlerhafte Ergebnisse entstehen. Solche Fehler können mit Hilfe der *Prüfbits* erkannt werden. Meistens wird jeder Informationseinheit ein sog. *Paritätsbit* hinzugefügt. Der Name resultiert aus der Art der damit verbundenen Prüfung: Das *Paritätsbit* gibt an, ob die Quersumme aller Bits eine *gerade* oder ungerade Zahl ist. Die Informationseinheit wird dabei als ganze Dualzahl aufgefaßt. Nach jedem Informationstransport wird die Quersumme gebildet und das Ergebnis mit dem Paritätsbit verglichen. Die Ermittlung dieser Größe geschieht mit den einfachen Rechenregeln:

$$\mathit{O} + \mathit{O} = \mathit{O} \qquad \mathit{L} + \mathit{O} = \mathit{L}$$
$$\mathit{O} + \mathit{L} = \mathit{L} \qquad \mathit{L} + \mathit{L} = \mathit{O}$$

Mit dieser Prüfung wird erkannt, wenn sich ein Bit der Informationseinheit geändert hat; treten dagegen zwei Fehler gleichzeitig auf, so werden sie nicht bemerkt. Bei kleiner Wortlänge ist das ausreichend, weil die Wahrscheinlichkeit für das Auftreten von Fehlern an sich schon sehr gering ist, bei großer Wortlänge benutzt man manchmal mehrere Prüfbits, um die Sicherheit zu steigern.

Bei manchen Rechnern werden die verschiedenen Worttypen durch zusätzliche Kennzeichen unterschieden. Vor der Verarbeitung eines Wortes wird dann geprüft, ob die Information vom richtigen Typ ist. Dadurch wird z. B. vermieden, daß ein Alphawort vom Rechenwerk als Dualzahl verarbeitet wird. Diese Kennzeichnung dient vor allem zum leichten Erkennen von Programmfehlern.

Schließlich enthalten die Informationseinheiten mancher Rechner ein *Speicherschutzbit*. Es ist ein Kennzeichen dafür, daß in den Speicherplatz, auf dem die Information steht, keine andere Information hineintransportiert werden darf. Die Ursachen falscher Transportoperationen können wieder Programmfehler, aber auch ein Versagen des Leitwerks sein.

Der Transport und die Verarbeitung von Informationen im Rechner können *parallel* oder *in Serie* geschehen. Beim Paralleltransport werden alle Bits einer Informationseinheit gleichzeitig auf parallelen Leitungen weitergegeben, beim Serientransport erfolgt die Weitergabe zeitlich nacheinander auf einer Leitung. Manchmal wird auch eine Mischung beider Methoden angewandt. Das Wort wird in mehrere gleichlange Bitgruppen, z. B. in Zeichen mit 6 Bits, aufgeteilt; die einzelnen Zeichen werden parallel transportiert, die verschiedenen Zeichen des Wortes nacheinander in Serie. Die Methode des Informationstransportes bestimmt in hohem Maße die Arbeitsgeschwindigkeit des Rechenautomaten.

Die Art der Informationsdarstellung, die Wortlänge und die Geschwindigkeit sind für den Anwendungsbereich eines Rechners von ausschlaggebender Bedeutung. Für umfangreiche technisch-wissenschaftliche Rechnungen, z. B. die Lösung partieller Differentialgleichungen, muß eine große Wortlänge mit hoher Geschwindigkeit gepaart werden, damit die Ergebnisse mit genügender Genauigkeit in einer erträglichen Zeit anfallen. Das andere Extrem sind einfache kaufmännische Anwendungen, z. B. eine Lohnabrechnung, bei der einfache Rechnungen mit Zahlen unterschiedlicher Länge auszuführen sind. Hierfür benutzt man oft Rechner mit *variabler Wortlänge*. Als Informationseinheit dient dabei das Zeichen; durch das Programm kann der Rechner eine beliebige Zahl von Zeichen zu einem Wort zusammenfassen.

Bei der Anwendung von Digitalrechnern in technischen Prozessen werden als Zahlen hauptsächlich Meßwerte verarbeitet. Durch die Meßfühler und Übertragungseinrichtungen zwischen technischer Anlage und Rechner ist die Genauigkeit dieser Werte begrenzt, so daß zu ihrer Darstellung drei bis vier Dezimalziffern ausreichen. Ist die durch die Art des Prozesses bestimmte Rechnergeschwindigkeit nicht zu hoch, so kann man hier ebenfalls Rechner mit variabler Wortlänge einsetzen. Meistens benutzt man *Kurzwortrechner* mit einer Wortlänge zwischen 12 und 24 Bits, die durch Paralleltransport hohe Geschwindigkeiten erreichen.

2.3 Speicher

Der Speicher dient zur Aufnahme aller Informationen, die im Rechner verarbeitet werden. Er setzt sich aus einer Anzahl gleichartiger Speicherelemente, den *Speicherplätzen*, zusammen, die jede eine Informationseinheit aufnehmen können. Das Element zur Speicherung eines Wortes fester Länge wird als *Speicherzelle* bezeichnet, die Speichereinheit für ein Zeichen heißt *Speicherstelle*.

Während einer Rechnung werden die dabei benötigten Informationen — Zahlen und Befehle — vom Speicher zu anderen Teilen des Rechners transportiert und dort verarbeitet. Bei jedem Transport wird jeweils eine Informationseinheit von einem Speicherplatz übertragen. Der *Speicherinhalt*, die Information, bleibt dabei erhalten, sie wird für den Transport nur kopiert. Dieser Vorgang wird kennzeichnend *Lesen* genannt.

Nach der Verarbeitung gelangen die Ergebnisse zurück in den Speicher. Der vorherige Inhalt des beteiligten Speicherplatzes wird automatisch *gelöscht*, er geht verloren. Der Transport in den Speicher heißt *Schreiben* oder *Speichern*[1].

Welcher Speicherplatz bei einer Transportoperation beteiligt ist, wird durch die Befehle des Programms bestimmt. Voraussetzung für die Unterscheidung der Speicherzellen ist eine individuelle Kennzeichnung, die in Form einer fortlaufenden Numerierung vorgenommen wird. Die Nummer eines Speicherplatzes wird als seine *Adresse* bezeichnet. Jedem Speicherplatz können damit zwei verschiedene Zahlen zugeordnet werden, nämlich der *Inhalt* der Zelle und ihre *Adresse*. Beide Zahlen können zufällig auch einmal übereinstimmen, ihre Bedeutung ist aber völlig verschieden: Die Adresse gibt den Ort an, auf welchem im Speicher eine Zahl — oder allgemeiner eine Information — gefunden werden kann, der Inhalt ist die Information selbst. Der Inhalt einer Speicherzelle kann wechseln, die Adresse ist ihr fest zugeordnet.

Häufig werden in einem Rechner zwei verschiedene Speichertypen verwendet, der *Haupt-* oder *Arbeitsspeicher* und der *Hilfsspeicher*. Der Hauptspeicher arbeitet in der oben beschriebenen Weise mit allen übrigen Funktionsgruppen des Rechners zusammen. Er zeichnet sich durch kurze *Zugriffszeiten* aus. Hierunter versteht man die Zeit zwischen einer Anforderung an den Speicher und der Ausführung der Transportoperation.

Der Hilfsspeicher verkehrt nur mit dem Hauptspeicher, nicht mit den übrigen Funktionsgruppen des Rechners. Jede Information muß also aus dem Hilfsspeicher zuerst in den Arbeitsspeicher gebracht werden, bevor sie

---

[1] Am Rande sei erwähnt, daß auch sogenannte *Festspeicher* Verwendung finden, deren Inhalt nur gelesen, nicht gelöscht oder überschrieben werden kann.

in anderen Teilen weiterverarbeitet werden kann; umgekehrt läßt sich der Hilfsspeicher vom Rechner nur über den Hauptspeicher füllen.

Die Zugriffszeit des Hilfsspeichers ist meistens wesentlich größer als die des Arbeitsspeichers. Sie setzt sich aus einer relativ langen Vorbereitungszeit und der Zeit für den eigentlichen Informationstransport zusammen. Letztere ist vom Umfang der Informationsmenge abhängig; die Transportgeschwindigkeit ist jedoch sehr hoch, so daß diese Zeit im allgemeinen klein ist gegenüber der Wartezeit. Die Größe der Wartezeit ist dagegen unabhängig von der Informationsmenge; deshalb werden nicht einzelne Zeichen oder Worte zwischen den Speichern ausgetauscht, sondern größere Informationsblöcke, die sich aus einer festen oder variablen Zahl von Zeichen oder Worten zusammensetzen, so daß die Gesamtzugriffszeit, bezogen auf eine Informationseinheit, wieder kleiner wird. Dementsprechend ist der Hilfsspeicher so in Speicherplätze aufgeteilt, daß jeder Platz einen Informationsblock aufnehmen kann. Die Nummern der Hilfsspeicherplätze werden als *Blockadressen* bezeichnet.

Zur Erläuterung der Eigenschaften von Speichern seien im folgenden die wichtigsten technischen Ausführungsformen beschrieben [9], [12], [13].

Beim *Magnetkernspeicher* sind in einer Ebene Ringkerne aus ferritischem Material in Matrixform angeordnet, Bild 2/5. Durch die Kerne jeder Zeile und Spalte ist jeweils eine *Adreßleitung* gefädelt; eine *Leseleitung* führt diagonal durch alle Ringe [14].

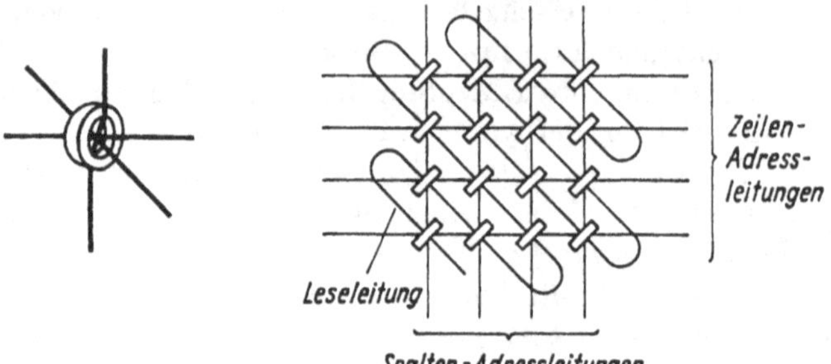

2/5 Schema eines Magnetkernspeichers

Die Magnetisierungskennlinie der Ringkerne besitzt die Form einer annähernd rechteckigen Hysteresisschleife; die beiden Remanenzwerte werden zur Speicherung der beiden Werte *O* und *L* eines Bits benutzt, Bild 2/6.

Das Schreiben in diesen Speicher geschieht nach folgendem Prinzip:

Durch je eine Zeilen- und Spalten-Adreßleitung wird ein Stromimpuls i geschickt. Ein einziger Impuls ergibt nur eine Verschiebung des Magnetisierungszustandes auf dem waagerechten Teil der Kennlinie, beide zusammen können eine Ummagnetisierung bewirken, falls der Kern vorher in dem Zustand war, der der entgegengesetzten Richtung des Stromes *i* und damit der Feldstärke *H* entspricht. Das „Umkippen" kann also nur in dem Magnetkern erfolgen, in dem sich beide Adreßleitungen kreuzen. Durch die Richtung der Ströme ist festgelegt, ob *O* oder *L* gespeichert wird.

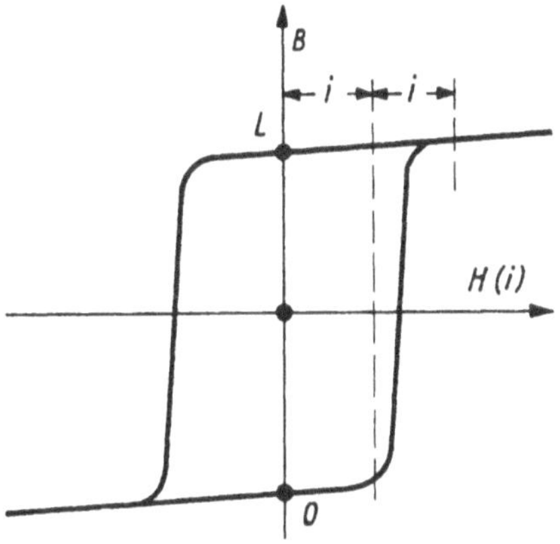

2/6 Magnetisierungskennlinie von Ferriten

Das Lesen aus dem Speicher geschieht in zwei Schritten. Beim ersten Schritt wird in den Kern ein *L* geschrieben. Erfolgt eine Ummagnetisierung, war der Inhalt also vorher *O*, so wird in der Leseleitung ein Spannungsimpuls induziert; war der Inhalt *L*, so bleibt dieses Signal aus. An der Spannung in der Leseleitung kann also der vorherige Inhalt des Speicherplatzes eindeutig erkannt werden; er wird aber im Fall der Ummagnetisierung geändert. Deshalb muß dann im zweiten Schritt der alte Speicherinhalt regeneriert werden. Falls ein Spannungsimpuls in der Leseleitung auftrat, wird dazu über die Adreßleitungen ein *O* in den Speicher geschrieben. Der zweite Schritt entfällt, wenn der Inhalt vorher *L* war[1].

Beim Transport der Informationseinheit in Serie werden die zu einem Zeichen oder Wort gehörenden Magnetkerne nacheinander über ihre Adreßleitungen an die Steuerung angeschaltet. Beim Paralleltransport setzt sich der Speicher aus so vielen Speicherebenen zusammen, wie das

[1] Bei praktisch ausgeführten Kernspeichern wird meist noch eine vierte Leitung durch alle Kerne geführt. Damit kann jede Transportoperation mit derselben Impulsfolge in den Adreßleitungen durchgeführt werden; die Unterscheidung zwischen Lesen, Schreiben und Regenerieren erfolgt durch Steuerimpulse in der vierten Leitung.

Zeichen oder Wort Bits enthält. Die verschiedenen Ebenen werden dann gleichzeitig angesteuert.

Bei vielen Rechnern ist die Zahl der Speicherplätze nicht fest vorgeschrieben; je nach Anwendung kann der Speicher in Blöcken von z. B. $2^{12} = 4096$ Worten oder 10 000 Zeichen bis zu einer Maximalgröße erweitert werden. Ein Block wird durch eine quadratische Ferritkernmatrix dargestellt. Magnetkernspeicher werden nur als Haupt-, nicht als Hilfsspeicher benutzt.

Eine zweite Gruppe von Speichern verwendet das aus der Tonbandtechnik bekannte Prinzip der magnetischen Aufzeichnung von Informationen. Eine magnetisierbare Schicht gleitet unter einem Elektromagneten, dem sogenannten Kopf, vorbei. Beim Schreiben werden verschiedenartige Stromimpulse für die Werte *O* und *L* durch die Spule des Kopfes geschickt, wodurch der gerade im Feld des Magneten befindliche Teil der Folie magnetisiert wird. Beim Lesen induziert das Feld der Folie im Kopf Spannungen, die über Verstärker als Signale weitergegeben werden. Die Speicherplätze sind definiert durch ihre Lage auf der Schicht.

Die verschiedenen nach diesem *magnetomotorischen Prinzip* arbeitenden Speichertypen unterscheiden sich durch die Anordnung der Folie und der Köpfe. Beim *Magnetbandspeicher* ist der Aufbau der gleiche wie beim

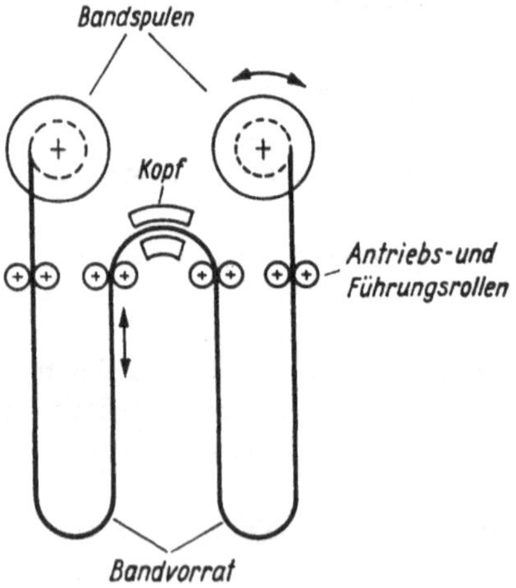

2/7 Aufbau eines Magnetbandspeichers

Tonbandgerät, Bild 2/7. Auf dem Band sind nebeneinander mehrere Spuren angeordnet, die jede mit einem Kopf versehen sind. Die Zahl der Spuren liegt meist zwischen 6 und 9, so daß ein Zeichen parallel gespeichert werden kann. Zum Lesen oder Schreiben wird das Band in Bewegung gesetzt. Hat es die gewünschte Position erreicht, dann beginnt der eigentliche Informationstransport. Nach seinem Abschluß wird das Band wieder angehalten. Die Bandgeschwindigkeit beträgt 2 bis 6 m/sec, die Zeichendichte bis 1200 Bits/cm [15]. Die Länge des Bandes kann bis zu 1000 m betragen. Damit kann zwar eine sehr hohe Speicherkapazität erreicht werden, jedoch ist die Zugriffszeit dann auch entsprechend hoch. Sie liegt in der Größenordnung von mindestens einigen Sekunden, so daß Magnetbänder nur als Hilfsspeicher Verwendung finden. Die Spulen mit den Bändern können ausgetauscht werden, so daß Magnetbandspeicher auch zur Ein- und Ausgabe brauchbar sind. Allerdings sind dann Zusatzgeräte zur Übertragung der Informationen zwischen den Bändern und anderen Medien, wie Lochkarten oder Lochstreifen, erforderlich.

Eine andere Form der Magnetbandgeräte sind die *Schleifenbandspeicher*. Sie benutzen endlose Bänder, welche lose in einer abgeschlossenen Kassette lagern. Ihre Länge ist 5 bis 10 m, so daß die Zugriffszeit hier kürzer, die Speicherkapazität aber auch entsprechend kleiner ist als beim Spulenbandspeicher.

Bei *Magnettrommelspeichern* ist die Folie auf dem Umfang eines ständig rotierenden Zylinders angeordnet, Bild 2/8. Er ist in axialer Richtung in *Spuren* unterteilt, die jede einen Magnetkopf besitzen. Der Umfang ist in mehrere *Sektoren* gegliedert. Bei einer Informationsverarbeitung in Serie

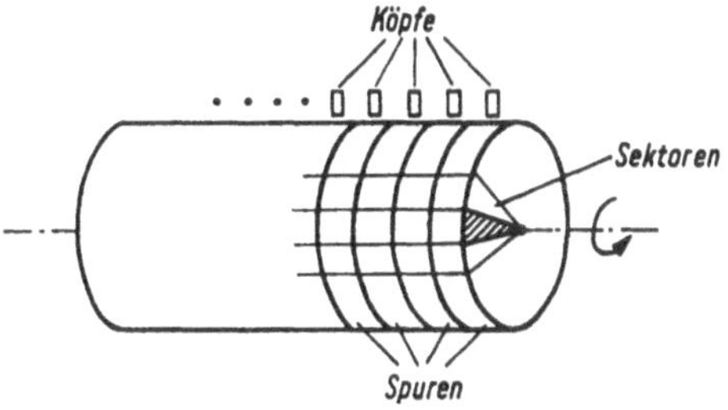

2/8 Aufbau eines Magnettrommelspeichers

liegen die Bits des Wortes auf einer Spur hintereinander in einem Sektor. Bei Parallelverarbeitung ist die Zahl der Spuren für ein Zeichen oder Wort gleich der Anzahl der Bits; jeder Sektor speichert in einer Spur also nur ein Bit der Informationseinheit. Die Zugriffszeit zur Magnettrommel ist hauptsächlich durch die Drehzahl bestimmt. Sie ist im Mittel gleich der Zeit, die für eine halbe Trommelumdrehung benötigt wird, und beträgt einige Millisekunden. Die Speicherkapazität liegt zwischen 10^5 und 10^6 Bits.

In älteren Digitalrechnern werden Magnettrommeln auch als Hauptspeicher verwendet, während sie bei neueren Prozeßrechnern ausschließlich als Hilfsspeicher eingesetzt werden.

Die *Magnetplattenspeicher* stehen hinsichtlich der Speicherkapazität und Zugriffszeit in der Mitte zwischen Band- und Trommelspeicher. Bei ihnen rotieren ein oder mehrere kreisförmige Metallscheiben um eine gemeinsame Achse, Bild 2/9. Beide Plattenseiten dienen als Speicher. Sie besitzen konzentrische Spuren, die weiter in Sektoren unterteilt sind. Die Köpfe

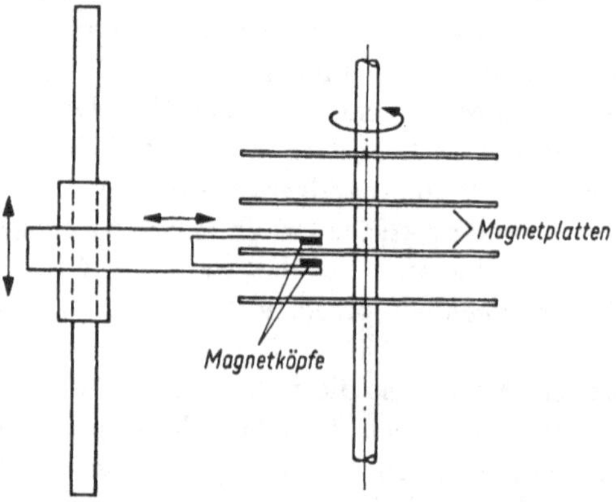

2/9 Aufbau eines Magnetplattenspeichers

zum Schreiben und Lesen sind an einem Kopfträger befestigt, der sich in axialer Richtung zur Auswahl der Platte und in radialer Richtung zur Einstellung auf die Spur bewegt. Die Adresse eines Speicherplatzes enthält also Angaben über Nummer der Platte, Plattenseite, Spur und Sektor: Der Wechsel der Spur auf einer Scheibe dauert 100 bis 500 msec, der Übergang auf eine andere Platte wenige Sekunden. Die Kapazität einer Scheibe beträgt etwa 10^7 bis 10^8 Bits. Es gibt auch Speicher mit auswechselbaren Platten.

Andere Speichertypen, die sich vor allem durch geringeren Raumbedarf und höhere Geschwindigkeit auszeichnen, werden bisher erst wenig in industriellen Prozeßrechnern eingesetzt, so daß hier nicht näher darauf eingegangen werden soll [16].

2.4 Rechenwerk

Die Hauptaufgabe des Rechenwerks besteht in der Ausführung der arithmetischen Operationen. Alle Digitalrechner besitzen Rechenwerke für die Addition und Subtraktion von Zahlen in Festkommadarstellung, die meisten können multiplizieren und dividieren, wenige führen auch Rechnungen mit Zahlen in Gleitkommadarstellung und höhere Rechenarten, wie Radizieren oder Vektoroperationen, durch. Eine weitere Aufgabe ist die logische Verarbeitung von Informationen durch Operationen der *Booleschen Algebra*, wobei die einzelnen Bits zweier Informationseinheiten paarweise miteinander verknüpft werden. Schließlich wird das Rechenwerk zum Vergleichen von Informationen herangezogen.

Das Rechenwerk des klassischen Universalrechners enthält drei *Register*, die zur Zwischenspeicherung der Zahlen dienen, welche bei einer Rechenoperation beteiligt sind. Die Zahlen besitzen feste Wortlänge. Die eigentlichen Rechenoperationen erfolgen in besonderen elektrischen Netzwerken, Bild 2/10.

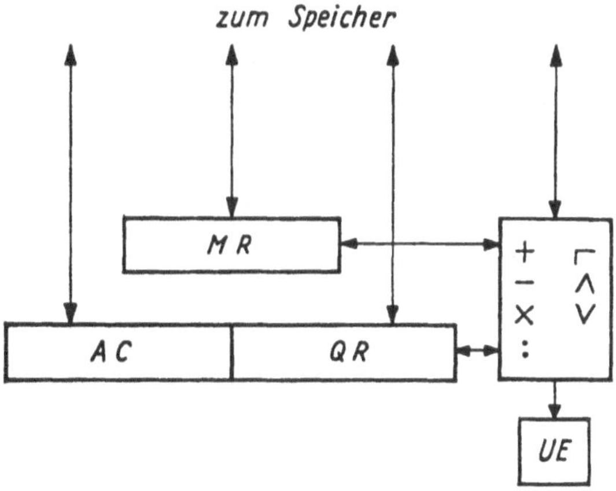

2/10 Gliederung des Rechenwerks

Für Zahlen in Festkommadarstellung laufen die Rechenvorgänge folgendermaßen ab:

Bei *Additionen* und *Subtraktionen* gelangt der erste Summand mit einer Transportoperation aus dem Speicher in das Hauptregister, den *Akkumulator* AC. Durch einen Additionsbefehl wird der zweite Summand vom Speicher zum Addierwerk tranportiert, gleichzeitig gelangt auch der Inhalt von *AC* dorthin. Es folgt die Verknüpfung der beiden Summanden, und das Ergebnis wird zurück nach *AC* gebracht[1]. Bei Zahlen fester Wortlänge ist durch die Stellenzahl der Bereich der darstellbaren Zahlen begrenzt. Bei einer Addition kann es deshalb geschehen, daß die Summe außerhalb des

[1] Bei manchen Rechnern wird der zweite Summand in *MR* zwischengespeichert und von dort zum Addierwerk transportiert.

Zahlbereiches liegt, wenn in der höchsten Stelle ein Übertrag auftritt, z. B. bei einem fünfstelligen Zahlwort:

	56 372
	+ 82 964
Summe	139 336
Übertrag	10 110

In diesem Fall werden nur die hinteren fünf Ziffern nach *AC* gebracht, so daß dort ein falsches Ergebnis erscheint. Um solche Fehler erkennen zu können, besitzt das Rechenwerk ein *Überlaufregister* UE zur Aufnahme eines Bit. Beim Auftreten eines Überlaufs wird *UE* auf 1 gesetzt und kann dann vom Programm abgefragt werden. Bei der *Multiplikation* wird der Multiplikand nach *AC*, der *Multiplikator* in das Register *MR* transportiert, von dort gelangen die beiden Faktoren in das Multiplizierwerk. Das Produkt zweier Zahlen gleicher Länge hat (maximal) die doppelte Stellenzahl wie die Faktoren, so daß zu seiner Speicherung zwei Register benötigt werden. Die führenden Ziffern des Ergebnisses werden deshalb nach *AC*, die hinteren in das dritte Register *QR* gebracht. *QR* wird hierbei also als Verlängerung des Akkumulators benutzt. Bei der *Division* steht der Dividend in *AC* und *QR*, der Divisor im *MR*. Das Ergebnis, der *Quotient*, gelangt nach *QR*. Das Ergebnis einer Division zweier Zahlen fester Wortlänge hat nun häufig eine größere Stellenzahl als Zähler Z und Nenner N, der Extremfall ist ein periodischer Dezimalbruch mit unendlich vielen Stellen. Dann kann in *QR* nicht das exakte Ergebnis der Division erscheinen; es werden nur die führenden Ziffern Q nach *QR* gebracht, der Rest R gemäß

$$Z = N \cdot Q + R$$

gelangt in den Akkumulator *AC*. Auch bei der Division von Festkommazahlen kann ein Überlauf auftreten, wenn bei gleicher Kommastellung der Dividend dem Betrag nach größer als der Divisor ist; wie bei der Addition wird dann das Überlaufregister gesetzt.

Rechenoperationen mit *Gleitkommazahlen* laufen nach dem gleichen Schema ab. Das Produkt zweier Zahlen erhält dieselbe Wortlänge wie die Faktoren, indem die hinteren Ziffern der Mantisse abgeschnitten werden; das Ergebnis wird deshalb allein in *AC* gespeichert. Ein Überlauf kann theoretisch bei allen Operationen, auch bei der Multiplikation auftreten; wegen des großen Zahlenbereiches ist er jedoch sehr unwahrscheinlich, so daß eine Prüfung des Überlaufregisters durch das Programm meist völlig entfallen kann.

Bei *Booleschen Operationen* steht ein Operand im Akkumulator, der andere im Speicher; das Ergebnis wird wieder nach *AC* gebracht. Bei

Vergleichen sind die Operanden in derselben Form angeordnet, sie werden jedoch nicht verändert.

2.5 Leitwerk

Das Leitwerk steuert die Funktionsgruppen des Rechners mit Hilfe eines *Programms*, das sich aus einer Folge von Befehlen zusammensetzt. Jeder Befehl besteht aus einem *Adreßteil* und einem *Operationsteil*. Der Adreßteil kann eine oder mehrere Adressen enthalten. Er gibt an, in welchen Speicherstellen die Informationen zu finden sind, der Operationsteil sagt aus, in welcher Form diese Informationen verarbeitet werden sollen.

Das Leitwerk besitzt zwei Register, den *Befehlszähler* BZ und das *Befehlsregister* BR, Bild 2/11. *BZ* enthält die Adresse des Speicherplatzes, auf dem sich der Befehl des Programms befindet, der als nächster verarbeitet werden soll. In *BR* wird der Befehl zwischengespeichert, der gerade in Ausführung begriffen ist. Mit *BR* ist die *Operationssteuerung* OS verbunden, von der die Arbeit aller Funktionsgruppen des Rechners koordiniert wird.

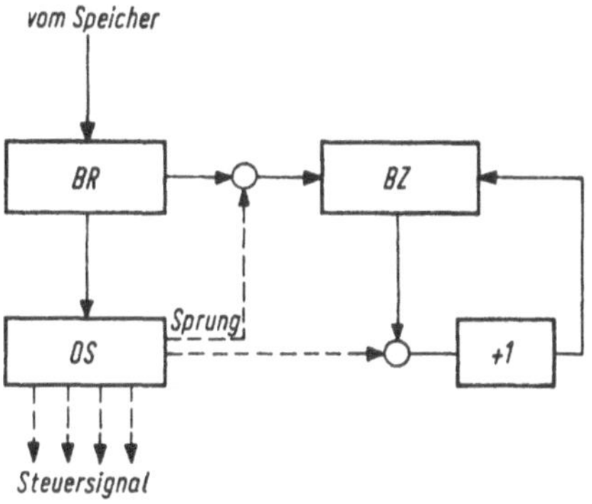

2/11 Gliederung des Leitwerks

Die Abwicklung eines Befehls durch das Leitwerk geschieht in mehreren Schritten. Zuerst wird der Befehl aus dem durch den Inhalt des Befehlszählers bestimmten Speicherplatz in das Befehlsregister transportiert. Meistens stehen die Befehle eines Programms in aufeinanderfolgenden Zellen des Speichers. Deshalb wird als zweites der Inhalt von *BZ* in einem + 1 — Addierwerk um 1 erhöht, so daß jetzt in *BZ* die Adresse des folgenden Befehls gespeichert ist. Im dritten Schritt wird der Operationsteil von *OS* entschlüsselt, danach erfolgt die eigentliche Ausführung des Befehls.

Bei den Befehlen eines Digitalrechners lassen sich mehrere Typen unterscheiden. Die *Transportbefehle* bewirken die Übergabe einer Informationseinheit zwischen dem Speicher und den Registern des Rechenwerkes. Die *Verknüpfungsbefehle* verarbeiten zwei Informationseinheiten; sie steuern Operationen im Rechenwerk. Mit *Sprungbefehlen* kann die normale Reihenfolge der Befehlsverarbeitung unterbrochen werden. Sie geben in ihrem Adreßteil an, auf welchem Speicherplatz der nächste Befehl zu finden ist. Bei ihrer Verarbeitung durch die Operationssteuerung wird ihr Adreßteil in den Befehlszähler gebracht. Sprungbefehle können auch unter bestimmte Bedingungen gestellt werden. So kann z. B. die Ausführung eines Sprunges von dem Vorzeichen einer Zahl im Rechenwerk abhängig gemacht werden. Der Sprungbefehl wird nur ausgeführt, wenn die Bedingungen erfüllt sind, wenn also z. B. das Vorzeichen negativ ist, andernfalls läuft das Programm in der normalen Reihenfolge weiter. *Eingabe-* und *Ausgabebefehle* bewirken die Steuerung der Ein-Ausgabegeräte und den Informationstransport zwischen diesen und dem Speicher oder dem Akkumulator. Im Unterschied zu den eigentlichen Transportbefehlen wird von ihnen nicht nur eine Informationseinheit — ein Wort oder ein Zeichen — verarbeitet, sondern der Umfang der transportierten Informationsmenge richtet sich nach der Art des Ein- oder Ausgabegerätes. Er kann z. B. bei einem Magnetbandgerät ein großer Informationsblock, bei einem Fernschreiber ein Zeichen von fünf Bits sein. — Neben diesen bei allen Digitalrechnern benutzten Befehlstypen können je nach Bauart des Rechners noch weitere Sonderbefehle hinzukommen.

2.6 Eingabe und Ausgabe

Die bisher beschriebenen Funktionsgruppen — Speicher, Rechenwerk und Leitwerk — bilden den eigentlichen Kern eines Digitalrechners. Sie sind bei der Verarbeitung eines Programms ständig in Betrieb, ohne sie ist der Rechner nicht funktionsfähig. Man faßt diese Teile beim mechanischen Aufbau in einem oder mehreren Schränken zusammen, die dann als *Zentraleinheit* bezeichnet werden.

Die Funktionsgruppen *Eingabe* und *Ausgabe* dienen dem Austausch von Informationen zwischen der Zentraleinheit und der Außenwelt. Je nach Art der äußeren Informationsträger können hierzu verschiedene Einrichtungen verwendet werden, die den gemeinsamen Namen *Peripheriegeräte* führen. Während die Zentraleinheit des klassischen Universalrechners nur in engen Grenzen durch stufenweisen Ausbau der Speicherkapazität variiert werden kann, läßt sich durch Wahl von Art und Anzahl der Peripheriegeräte der Rechner verschiedenen Anwendungsbereichen anpassen.

Zu den Peripheriegeräten gehören bekannte Einrichtungen, die auch unabhängig vom Digitalrechner in der Informationstechnik Verwendung finden, wie Leser und Stanzer für Lochstreifen und Lochkarten, Schreibmaschinen und Fernschreiber, Tabelliermaschinen und Zeilendrucker, Schalter und Tasten sowie optische und akustische Anzeigegeräte. Für Prozeßrechner gibt es Geräte zur Eingabe von Meßwerten und zur Ausgabe von Stellbefehlen, die in Kap. 2.7 näher beschrieben werden. Schließlich werden alle Hilfsspeicher — Magnettrommel-, Magnetband- und Magnetplattenspeicher — zu den Peripheriegeräten gerechnet, auch wenn sie nicht nur zur Datenein- und -ausgabe dienen; ihre Zusammenarbeit mit der Zentraleinheit erfolgt aber auf die gleiche Weise wie die der anderen Geräte.

Bei den meisten Peripheriegeräten ist die Geschwindigkeit, mit der die Daten von den äußeren Informationsträgern gelesen oder darauf geschrieben werden können, kleiner als die Transportgeschwindigkeit der Informationen im Rechner; Lochstreifen können beispielsweise mit max. 1000 Zeichen pro Sekunde gelesen und mit 300 Z/sec gestanzt werden. Zwischen Außengerät und Rechner wird deshalb ein *Pufferregister* gesetzt. Es dient als Zwischenspeicher zur Aufnahme einer Informationseinheit und kann mit dem Peripheriegerät mit niedriger, mit dem Rechner mit hoher Geschwindigkeit verkehren.

Oft werden die Informationen außen mit einem anderen Code dargestellt als im Rechner. Ein Beispiel ist der Fernschreibcode, der zur Wiedergabe von Zeichen fünf Bits benutzt, während im Rechner dazu sechs Bits verwendet werden müssen, vgl. S. 18. Bei der Ein- und Ausgabe muß deshalb eine Übersetzung stattfinden. Das kann entweder dadurch geschehen, daß im Peripheriegerät ein elektrisches Netzwerk als Codewandler vorgesehen wird, oder der Rechner nimmt die Übersetzung mit besonderen Programmen vor, die nach jeder Informationseingabe und vor jeder Ausgabe ablaufen müssen.

Die Informationswandlung bei der Ein- und Ausgabe wird schwieriger, wenn Rechner und Peripheriegerät andere Informationseinheiten verwenden. Verarbeitet der Rechner z. B. Dualzahlen fester Wortlänge und erfolgt die Ein- und Ausgabe über Lochstreifen mit Zeichen als Informationseinheiten, so wird die Übersetzung immer durch Programme ausgeführt. Zwar lassen sich auch für solche Fälle verdrahtete Codewandler bauen; da über die Lochstreifen aber nicht nur Zahlen, sondern auch die Befehle der Programme eingegeben werden, ist die Art der Übersetzung vom Typ der eingegebenen Information abhängig, so daß der gerätetechnische Aufwand sehr groß würde.

Beim Transport eines einzelnen Zeichens oder Wortes wird die Information im klassischen Rechner meist vom Akkumulator aufgenommen. Bei der Eingabe wird sie durch einen Befehl nach *AC* gebracht und mit dem folgenden Befehl gespeichert; bei der Ausgabe laufen die Befehle in umgekehrter Reihenfolge ab. Der Transport größerer Informationsmengen, z. B. von einer Lochkarte oder einem Magnetband, kann direkt zwischen Speicher und Peripheriegerät erfolgen. Die Informationseinheiten werden dabei nacheinander in aufeinander folgende Speicherplätze geschrieben oder aus ihnen gelesen.

2.7 Peripheriegeräte zur Kopplung des Digitalrechners mit dem technischen Prozeß

Zur Überwachung und Steuerung eines technischen Prozesses muß der Digitalrechner Meßwerte aus der Anlage empfangen, deren Auswertung mit Hilfe eines Programms ein klares Bild über den Momentanzustand des Prozesses gibt. Aus diesen Informationen werden unter Zuhilfenahme des mathematischen Modells des Prozesses die gerade erforderlichen Steuerungsmaßnahmen abgeleitet, die der Rechner dann in Form von Stellbefehlen in die Anlage senden muß. Ein gemeinsames Kennzeichen des Signalflusses zwischen Prozeß und Rechner in Ein- und Ausgaberichtung ist es, daß zwischen einer großen Zahl von räumlich getrennten Stellen im Prozeß und dem zentralen Rechner Informationen übertragen werden. Entsprechend dieser Struktur bezeichnet man die Peripheriegeräte des Rechners, die die Verbindung zum Prozeß herstellen, häufig als *Multiplexer* oder *Verkehrsverteiler* [17].

2.7.1 Eingabe von Meßwerten

Ein Prozeßrechner muß alle einer Messung zugänglichen physikalischen Größen des Prozesses verarbeiten können. Da er aber nur digitale Informationen auswerten kann, müssen die Meßwerte in dieser Form in den Rechner eingegeben werden. Ein kleiner Teil der Prozeßgrößen kann direkt als *Digitalwert* gemessen werden. Hierunter fallen alle Meldekontakte, wie sie z. B. zur Anzeige der Endstellung eines Ventils oder in einem Kontaktmanometer zur Meldung der Überschreitung eines Grenzdruckes Verwendung finden. Bei diesen Werten handelt es sich um *binäre Signale*, die im Rechner durch ein Bit dargestellt werden. Alle zählenden Meßgeräte wie Durchflußmengenmesser oder elektrische kWh-Zähler liefern ihr Meßergebnis in Ziffernform. Für viele andere physikalische Größen sind ebenfalls digitale Meßverfahren bekannt, häufig sind die dazu erforderlichen Geräte jedoch wesentlich teurer als die herkömmlichen Meßeinrichtungen.

Die meisten physikalischen Größen werden mit *analogen Meßverfahren* erfaßt. Hierunter versteht man die Darstellung einer zu messenden, stetig veränderlichen Größe durch eine andere, ebenfalls stetig veränderliche Größe; der Wert der zweiten Größe ist der ersten eindeutig zugeordnet; er ist ein *analoges Bild* der Meßgröße. Das bekannteste Beispiel ist die Wiedergabe eines Meßwertes auf einem Zeigerinstrument: Die Winkelstellung des Zeigers ist dem Meßwert analog zugeordnet. Andere Beispiele sind die Spannung eines Thermoelementes oder der Widerstand eines Widerstandsthermometers, die sich analog der gemessenen Temperatur einstellen. Häufig ändert sich der Analogwert proportional oder linear mit dem Meßwert.

Für die Eingabe in den Prozeßrechner werden die Analogwerte mit Hilfe von *Analog/Digital-Umsetzern* in Ziffernform gebracht [18]. Die Analogwerte müssen dabei als Gleichspannungen vorliegen; ein Analog/Digital-Umsetzer stellt also ein Gerät zur digitalen Spannungsmessung dar. Es gibt auch A/D-Umsetzer für andere physikalische Größen, sie haben für Prozeßrechner jedoch keine Bedeutung, vergl. [18]. Die meisten Analogwerte lassen sich ohne großen Aufwand in eine Gleichspannung umformen — auch wenn kein Prozeßrechner eingesetzt wird, erfolgt die Übertragung der Meßwerte in die zentrale Warte auf elektrischem Wege.

Neben den Informationen, die der Rechner durch Messungen direkt aus dem Prozeß erhält, müssen auch Anweisungen verarbeitet werden, die das Bedienungspersonal an den Rechner gibt. Viele dieser Signale haben physikalisch denselben Charakter wie Meßwerte. Durch Betätigung von Schaltern kann das Anfahren oder Abstellen von Anlageteilen veranlaßt werden, über Tastaturen werden Änderungen des Betriebszustandes eingeleitet, mit Potentiometern kann eine Sollwertstellung von Betriebsgrößen angeordnet werden. Die Betätigungselemente liefern also binäre, digitale oder analoge Signale. Deshalb kann deren Eingabe in den Rechner mit denselben Peripheriegeräten geschehen, die zur Meßwerteingabe vorgesehen sind.

Bild 2/12 zeigt den grundsätzlichen Aufbau des Eingabeteils eines Verkehrsverteilers. Alle Meßstellen sind an einen *Meßstellenumschalter* angeschlossen. Soll ein Analogwert in den Rechner eingegeben werden, so wird die Meßstelle mit dem A/D-Wandler verbunden. Nach dem Umsetzen in die Digitaldarstellung gelangt die Zahl in ein *Zwischenregister*, um von dort in den Rechner transportiert zu werden. Digitale Meßwerte werden vom Meßstellenumschalter direkt zum Zwischenregister durchgeschaltet[1].

Die Steuerung dieser Vorgänge kann durch das Leitwerk des Rechners erfolgen. Meistens gibt man den Verkehrsverteilern jedoch eine eigene

[1] Häufig werden für die Analog- und Digitaleingabe auch zwei getrennte Peripheriegeräte verwendet.

Programmsteuerung. Ihr werden durch Befehle des Rechners die Meßstellennummern und die Art der Eingabe mitgeteilt, anschließend arbeitet sie selbständig weiter.

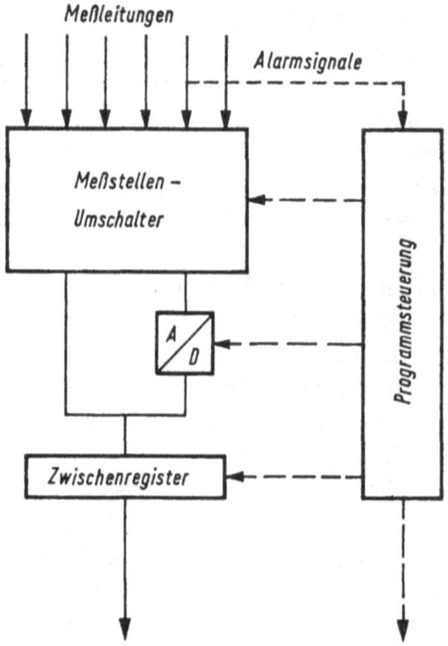

2/12 Verkehrsverteiler zur Meßwerteingabe

Mit diesen Mitteln geschieht eine Eingabe von Meßwerten nur dann, wenn sie vom Programm veranlaßt wird. Für manche Anwendungen ist es jedoch wichtig, daß dem Rechner sofort mitgeteilt wird, wenn sich ein Binärwert ändert. Zum Beispiel muß nach einer Schalterbetätigung durch das Bedienungspersonal sofort das zugeordnete Steuerungsprogramm mit der Arbeit beginnen, ebenso kann die Stellungsänderung eines Kontaktes eine Störung im Prozeßablauf melden, die sofortige Gegenmaßnahmen erforderlich macht. Zu diesem Zweck besitzt der Verkehrsverteiler eine Einrichtung zur Verarbeitung von *Alarmsignalen.* Bei Änderung bestimmter Binärwerte wird eine Meldung an den Rechner gegeben, der daraufhin sein laufendes Programm unterbricht und auf ein Sonderprogramm springt, in welchem die Meldung verarbeitet wird.

2.7.2 Ausgabe von Stellbefehlen

Ähnlich wie bei der Meßwerteingabe muß bei der Ausgabe von Stellbefehlen zwischen dem Rechner und den Anlageteilen des Prozesses eine

Signalumformung erfolgen, damit alle Gerätetypen vom Rechner gesteuert werden können.

Ein großer Teil der Stellbefehle wird zum Ein- und Ausschalten — z. B. von Antrieben — benötigt. Diese *Steuersignale* haben also binären Charakter. Eine einfache Form der binären Steuerung erhält man durch Ein- und Ausschalten eines Stroms in einer Steuerleitung; das zu steuernde Gerät ist in Betrieb, solange die Steuerleitung Strom führt. Der einfachste Fall ist gegeben, wenn die Steuerleitung und die Leitung für die Energieversorgung des Geräts identisch sind, wie es z. B. für die Steuerung von Lampen üblich ist.

Wesentlich häufiger wird für binäre Steuervorgänge eine *Impulssteuerung* angeordnet. Dabei ist für das Ein- und Ausschalten je eine Steuerleitung vorhanden; eine Schaltung wird vorgenommen, indem an eine der beiden Leitungen für eine kurze Zeit eine Spannung gelegt wird.

Für die Steuerung mancher Geräte ist die Ausgabe von allgemeinen *Digitalwerten* erforderlich. Hierzu gehören Stellglieder, die eine diskrete Zahl von Zwischenstellungen einnehmen können, z. B. die Regelstäbe von Kernreaktoren; jeder Stellung ist ein Zahlwort zugeordnet. Die Ansteuerung erfolgt meist parallel, d. h., jedes Bit des Zahlwertes wird auf einer eigenen Steuerleitung übertragen. Die Umsetzung des Digitalwertes in eine Zwischenstellung wird von einer Steuerschaltung des Gerätes vorgenommen. — Eine andere Anwendung ist die Ausgabe von Digitalwerten auf Leuchtanzeigern. Hiermit können dem Bedienungspersonal wichtige Meßwerte oder errechnete Betriebsgrößen gemeldet werden.

Die *Ausgabe von Analogwerten* wird vor allem für das Einstellen von Sollwerten an Regelkreisen benötigt. Außerdem sind sie erforderlich, wenn errechnete Betriebswerte mit Punkt- oder Linienschreibern in Kurvenform registriert werden sollen. Meist werden die Analogwerte in Form von Spannungen oder eingeprägten Strömen benötigt. Sie werden dann als Digitalwert ausgegeben und mit *Digital/Analog-Umsetzern* erzeugt. Eine andere Form der Analogausgabe besteht in dem Aussenden von Spannungsimpulsen, deren Dauer proportional dem Analogwert ist. Der Steuerimpuls kann zum Schalten eines Motors verwendet werden, der die Verstellung eines Potentiometers vornimmt; die Impulsdauer bestimmt die Größe der Verstellung.

Der Aufbau des Ausgabeteils eines Verkehrsverteilers ist der Eingabe sehr ähnlich, die Daten werden nur in umgekehrter Richtung transportiert.

2.7.3 Uhren

Bei der Überwachung und Steuerung technischer Prozesse durch einen Digitalrechner müssen häufig Programme nach einem genau bestimmten

Zeitplan ablaufen, der durch die technologischen Eigenschaften des Prozesses bedingt ist. Wird z. B. durch den Rechner ein Antriebsmotor eingeschaltet, dann muß eine durch die Trägheit der Maschine bestimmte Zeit gewartet werden, bis das Programm durch eine Messung an dem angetriebenen Aggregat feststellen kann, ob das Einschalten ordnungsgemäß vollzogen worden ist. Diese Arbeitsweise eines Digitalrechners unter Berücksichtigung des Zeitverhaltens einer gekoppelten Anlage wird als *Realzeitbetrieb* bezeichnet.

Zur Verwirklichung des Realzeitbetriebs muß der Rechner Uhren besitzen, die meistens an dem Verkehrsverteiler angeschlossen sind. Die Uhren werden als Zählwerk ausgebildet, so daß die Zeit als digitaler Meßwert in den Rechner eingelesen werden kann. Für die Messung der (absoluten) Tageszeit verwendet man häufig ein Zählwerk, dessen Inhalt in jeder Sekunde um 1 erhöht wird. Daraus läßt sich mit einem Programm Datum und Uhrzeit in Stunden, Minuten und Sekunden ausrechnen.

Werden diese Werte z. B. für das Ausdrucken eines Betriebsprotokolls häufig benötigt, dann ist es vorteilhaft, die Aufteilung in Stunden, Minuten und Sekunden im Zeitzähler selbst vorzunehmen, um den Rechner nicht mit Nebenarbeiten zu belegen, die auch auf einfache Weise mit anderen Mitteln erledigt werden können.

Bei den meisten Aufgaben des Realzeitbetriebes wird nicht die absolute Zeit, sondern eine Zeitdifferenz benötigt; im obigen Beispiel des Einschaltens eines Antriebes muß nach Ablauf einer bestimmten Zeit ein Meßwert geprüft werden.

Solche Aufgaben können zwar auch unter Benutzung einer Absolutzeituhr bearbeitet werden, indem durch Addition der *Zeitdifferenz* zur momentanen Zeit der Zeitpunkt berechnet wird, an welchem der Rechner ein bestimmtes Programm durchführen soll; eine wesentliche Vereinfachung bringt jedoch die Verwendung von *Differenzzeituhren.*

Dieser Uhrentyp ist ein Zählwerk, das als „Wecker" arbeitet. Mit einem Befehl wird die Uhr auf eine Zeitdifferenz voreingestellt und der Zählvorgang eingeleitet. Jeweils nach Ablauf einer Zeiteinheit wird der Inhalt des Zählers um 1 erniedrigt. Beim Zählerstand „Null" gibt die Differenzzeituhr ein Signal an den Rechner, der daraufhin sein Programm unterbricht und auf ein anderes Programm springt, welches die zeitabhängige Aufgabe abwickelt; anschließend geht es weiter im unterbrochenen Programm. Die Wirkungsweise ist also dieselbe wie bei den Alarmsignalen der Meßwerteingabe. Häufig müssen vom Rechner mehrere Vorgänge abgewickelt werden, die sich zeitlich überlappen. Für diesen Zweck kann der Verkehrsverteiler mehrere Differenzzeituhren enthalten. Die in einem Prozeß auftretenden Zeitdifferenzen sind oft von unterschiedlicher Größenordnung; sie können zwischen Millisekunden und Minuten schwanken. Um die Zeitmessung hinreichend genau zu machen, muß die Zeiteinheit für die Zählung mindestens um eine Größenordnung kleiner als die kürzeste Zeitdifferenz des Prozesses sein. Will man mit derselben Uhr auch die längste Zeit erfassen, so benötigt der Zähler eine hohe Stellenzahl. Eine andere Möglichkeit besteht in der Verwendung von Uhren mit unterschiedlichen Taktzeiten, wodurch die Stellenzahl klein gehalten werden kann.

2.8 Simultanarbeit von Funktionsgruppen im Digitalrechner

Beim klassischen Universalrechner werden, wie in den vorigen Abschnitten geschildert, alle Vorgänge zentral vom Leitwerk gesteuert, wobei ein Befehl nach dem anderen ausgeführt wird. Das Leitwerk ist also ständig in Tätigkeit, während von den übrigen Funktionsgruppen je nach Art des Befehls nur ein Teil arbeitet. Bei arithmetischen Operationen wird z. B. nur zu Beginn der Speicher benutzt, um einen Operanden ins Rechenwerk zu bringen, anschließend arbeitet allein das Rechenwerk. Bei den langsamen Ein- und Ausgabevorgängen ist für lange Zeit nur das Peripheriegerät beschäftigt, erst während des eigentlichen Informationstransportes wird auch der Speicher oder der Akkumulator beteiligt. Die Geschwindigkeit bei der Abwicklung eines Programms hängt deshalb sehr davon ab, in welchem Umfang die verschiedenen Funktionsgruppen, die mit unterschiedlicher Geschwindigkeit arbeiten, benötigt werden. Bei Aufgaben mit umfangreichen Rechnungen und geringer Ein- und Ausgabe, wie sie für technisch-wissenschaftliche Anwendungen typisch sind, erreicht der klassische Universalrechner eine relativ hohe Arbeitsgeschwindigkeit, während bei Ein-Ausgabe-intensiven Programmen z. B. aus dem kommerziellen Bereich die Effektivgeschwindigkeit geringer ist.

Eine Steigerung der Arbeitsgeschwindigkeit von Digitalrechnern läßt sich einmal durch eine Geschwindigkeitserhöhung bei den einzelnen Funktionsgruppen erreichen; jedoch sind diesem Weg enge Grenzen gesetzt. Wesentlich größeren Erfolg hatte man dagegen in den letzten Jahren, indem man von dem Prinzip des klassischen Rechners abging, alle Befehle nacheinander abzuwickeln; vielmehr wurde die Programmsteuerung so ausgelegt, daß mehrere Aufgaben gleichzeitig ablaufen können, wobei möglichst alle Funktionsgruppen simultan arbeiten. Die Arbeitsweise sei am Beispiel der Steuerung von Peripheriegeräten erläutert.

Eine Ein- oder Ausgabeoperation wird durch einen Befehl eingeleitet. Das Leitwerk gibt an die Programmsteuerung des Peripheriegerätes Signale, die die Art der Operation festlegen. Nachdem diese Informationen übertragen sind, fährt der Rechner in seinem Programm mit dem nächsten Befehl fort, während das Peripheriegerät selbständig mit der Durchführung der Operation beginnt. Nach Ablauf einer Vorbereitungszeit ist das Gerät zur Eingabe (bzw. Ausgabe) der ersten Informationseinheit in den Rechner bereit. Die Programmsteuerung sendet ein Signal in die Zentraleinheit; daraufhin wird während der nächsten Speicherzykluszeit die Information zwischen Peripheriegerät und Speicher übertragen. Anschließend arbeiten beide Teile wieder parallel weiter, bis die nächste Information zum Transport bereitsteht, woraufhin sich die *Speicherunterbrechung* wiederholt. Sind auf diese Weise schließlich alle Informationen eingegeben, so sendet die Programmsteuerung an die Zentraleinheit ein anderes Signal, das den Abschluß der Operation meldet. Dadurch weiß der Rechner, daß jetzt mit der Verarbeitung der eingegebenen Daten begonnen werden kann.

Auf diese Weise können alle mit dem Rechner verbundenen Peripheriegeräte simultan zur Zentraleinheit arbeiten. Derartige Einrichtungen, die neben einer wesentlichen Geschwindigkeitserhöhung gegenüber dem klassischen Universalrechner auch eine bessere Ausnutzung aller Funktionsgruppen mit sich bringen, gehören heute zur Standardausrüstung fast aller Rechenmaschinen. Eine weitere Steigerung der Geschwindigkeit läßt sich erreichen, indem man auf ähnliche Art mehrere Speicher und Rechenwerke parallel arbeiten läßt.

2.9 Betriebssicherheit von Prozeßrechnern

Mit den beschriebenen Geräten ist es grundsätzlich möglich, alle Aufgaben der Überwachung, Steuerung und Regelung eines technischen Prozesses von einem Digitalrechner übernehmen zu lassen. Bei praktischen Anwendungsfällen ist es jedoch häufig unzweckmäßig, alle diese Aufgaben in einem einzigen zentralen Rechner zu konzentrieren. Der Prozeßrechner kann ja wie jedes technische Gerät einmal ausfallen, wobei dann plötzlich alle ihm zugeteilten Aufgaben nicht mehr erledigt werden. Dadurch kann der Prozeß aber in einen unzulässigen Betriebszustand geraten, und als Folge sind Schäden in der Anlage möglich. Aus diesem Grund muß man in manchen konkreten Anwendungsfällen eine Aufteilung der Aufgaben auf den zentralen Rechner und dezentrale Gerätesysteme wie Meßwertanzeiger und -schreiber, Gefahrmeldeanlagen, Steuerungs-, Verriegelungs- und Schutzeinrichtungen vornehmen, von denen bei Auftreten eines Gerätefehlers nur ein geringer Teil ausfällt.

Ein wesentliches Kriterium für die Art des Rechnereinsatzes ist also seine Betriebssicherheit. Zu ihrer Beurteilung benutzt man die Begriffe *mittlere Zeit zwischen zwei Ausfällen* (mean time between failure, MTBF) und *Verfügbarkeit*. Der erste ist definiert als

$$\text{MTBF} = \frac{\text{Betriebszeiten ohne Fehler}}{\text{Zahl der Fehler im Beobachtungszeitraum}}\,.$$

Beim Auftreten eines Fehlers kommt es zu einer *Ausfallzeit*, die sich aus der Zeit bis zum Eintreffen eines Wartungsingenieurs und der Zeit für Fehlererkennung und Reparatur zusammensetzt. Die Verfügbarkeit ist damit definiert als

$$\text{Verfügbarkeit} = \frac{\text{Betriebszeiten}}{\text{Betriebszeiten} + \text{Ausfallzeiten}}\,.$$

Die Zeit zur Fehlererkennung und Reparatur ist in den meisten Fällen kurz, sie beträgt etwa 1—2 Stunden. Wenn die mittlere Zeit zwischen zwei Ausfällen einen großen Wert besitzt, läßt sich daher eine hohe Verfügbarkeit erreichen, auch wenn nicht ständig ein Wartungsingenieur anwesend ist, weil dann die Wartezeit bis zum Eintreffen des Ingenieurs nur wenig ins Gewicht fällt.

In gewissen Zeitabständen muß der Rechner einer vorbeugenden Wartung unterzogen werden. Sofern die Anlage nicht dauernd in Betrieb ist, können diese Arbeiten während der Stillstandszeiten vorgenommen werden. Andernfalls müssen die Wartungszeiten bei der Berechnung der Verfügbarkeit zu den Ausfallzeiten im Nenner addiert werden. Wartungsarbeiten sind vor allem an den mechanischen Peripheriegeräten erforderlich. Der Zeitbedarf für Arbeiten an den elektronischen Geräten ist unbedeutend.

Während der Wartung von Schreibmaschinen und Fernschreibern wird meist ein Reservegerät an den Rechner angeschlossen, so daß dadurch ebenfalls kaum eine Verringerung der Verfügbarkeit eintritt.

3. Einführung in die Programmierung

Das folgende Kapitel befaßt sich mit den grundlegenden Verfahren zur Programmierung der Zentraleinheit eines klassischen Universalrechners. Diese Methoden bleiben auch bei der Anwendung von Prozeßrechnern uneingeschränkt gültig. Dagegen haben die Programme für die Ein- und Ausgabe von Daten bei neueren Digitalrechnern und vor allem auch bei Prozeßrechnern einen wesentlich anderen Aufbau als für klassische Rechner. Diesen Fragen ist deshalb ein eigener Abschnitt (Kap. 4) gewidmet.

3.1 Aufgaben der Programmierung

Die Vorbereitung einer maschinellen Rechnung läßt sich in mehrere Schritte gliedern. Diese Schritte sind den Arbeiten ganz analog, welche bei der Planung technischer Anlagen zusätzlich oder gründlicher vorgenommen werden müssen, wenn der Prozeß mit einem Digitalrechner automatisiert werden soll.

1. Schritt: *Formulierung der Aufgabe*

Als erstes ist eine klare, eindeutige Beschreibung der Aufgabenstellung auszuarbeiten. Sie wird in Form mathematischer Gleichungen niedergelegt, die die Grundlage für die weiteren Rechnungen bilden. Handelt es sich um die Berechnung eines physikalisch-technischen Vorganges, so muß ein mathematisches Modell ausgewählt werden, das den Prozeß hinreichend genau beschreibt.

2. Schritt: *Formulierung des Rechenverfahrens*

Die beim ersten Schritt gewonnenen mathematischen Gleichungen geben — von ganz einfachen Fällen abgesehen — noch keinen Weg für ihre Lösung an. Deshalb muß als nächstes das Rechenverfahren festgelegt werden. Das geschieht ebenfalls wieder mit mathematischen Formeln, die jedoch nur einfache Rechenoperationen, etwa die vier Grundrechenarten und elementare Funktionen enthalten, während die Ergebnisse des ersten Schritts beliebige Ausdrücke, z. B. auch Differential- und Integralgleichungen, sein dürfen. Das Rechenverfahren, der *Algorithmus*, setzt sich aus einer Folge einzelner Rechenanweisungen zusammen. Eine Anweisung zur Berechnung z. B. der Größe

$$z = \sqrt{x^2 - y^2}$$

aus den bekannten Werten x und y schreibt man in der Form einer *Plangleichung*

$$z \Leftarrow \sqrt{x^2 - y^2}\,.$$

Durch das sogenannte *Ergibtzeichen* $\Leftarrow$ wird die Richtung des Rechenganges festgelegt; es kommt klar zum Ausdruck, welche Größen bekannt sind und wie daraus ein neuer Wert zu berechnen ist.

3. Schritt: *Formulierung des Programms für den Digitalrechner*

Als nächstes ist aus der algorithmischen Formulierung der Aufgabe das Programm für den Digitalrechner zu entwickeln. Hierbei müssen die Plangleichungen durch eine Folge von Befehlen der Rechenmaschine ersetzt werden. Anschließend erfolgt die Prüfung des Programms auf dem Rechner. Dieser oft sehr umfangreiche Teil bildet keinen weiteren Schritt bei den Vorbereitungen einer maschinellen Rechnung; denn der dritte Schritt kann ja erst dann als abgeschlossen gelten, wenn das Ergebnis richtig ist. Mit diesem Schritt, dem *Codieren*, sind die Vorbereitungen beendet.

Allen drei Schritten ist gemeinsam, daß sie eine Formulierung derselben Aufgabe liefern. Der wesentliche Unterschied ist die Art der Darstellung. Beim ersten und zweiten Schritt sind die Elemente der Darstellung mathematische Formelzeichen, beim dritten die Befehle eines Digitalrechners, die jeweils nach bestimmten Regeln miteinander verknüpft werden. Das System der Elemente und der Verknüpfungsregeln kann man als eine *Sprache* bezeichnen. Die verschiedenen Schritte sind dann Formulierungen derselben Aufgabe in verschiedenen Sprachen; der Übergang von einem zum nächsten Schritt entspricht einem Übersetzungsvorgang.

Dieses Bild ist allerdings beim Übergang vom ersten zum zweiten Schritt nicht ganz zutreffend, denn im ersten Schritt wird nur die Aufgabenstellung, im zweiten auch das Rechenverfahren festgelegt. Die zweite Stufe liefert also nicht nur eine andere Darstellung, sie enthält sachlich auch mehr als die erste. Dagegen ist der Übergang zum dritten Schritt wirklich nur eine Änderung der Darstellungsform.

Jede für die Bearbeitung mit einem Rechenautomaten geeignete Darstellung eines Problems bezeichnet man als *Programm*, die dabei verwendete Sprache als *Programmsprache*.

Da das Ergebnis des zweiten Schrittes inhaltlich gleichwertig mit dem des dritten ist, sind beides Programme für dieselbe Aufgabe. Das dritte ist ein *Maschinenprogramm* für einen bestimmten Digitalrechner, es ist in dessen *Maschinensprache* abgefaßt. Das zweite ist eine weniger spezielle Darstellung des Problems, in der nur allgemeine Eigenschaften von Rechenvorgängen, nicht die Charakteristika eines bestimmten Digitalrechners auftreten. Man nennt diese Programmsprache eine *problemorientierte Sprache*.

Häufig wird die Übersetzung von der problemorientierten Sprache in die Maschinensprache in zwei Stufen unter Einschaltung einer Zwischensprache, der sogenannten *maschinenorientierten Sprache*, durchgeführt. Hierunter versteht man eine Darstellungsform von Programmen, die schon die speziellen Eigenschaften eines bestimmten Digitalrechners berücksichtigt. Maschinenorientierte Sprachen benutzen ebenso wie Maschinensprachen Befehle als „Vokabeln". Ihre Befehle sind jedoch einfacher zu merken als die entsprechenden Maschinenbefehle; außerdem sind zur Erleichterung der Programmierung zusätzlich Befehle vorhanden, denen keine Befehle der Maschinensprache direkt entsprechen. Maschinenorientierte Sprachen sind stets so aufgebaut, daß ihre Übersetzung in die Maschinensprache vom Digitalrechner selbst mit Hilfe eines *Übersetzungsprogramms* vorgenommen wird. Es gibt aber auch problemorientierte Sprachen, die maschinell übersetzt werden können. Für technisch-wissenschaftliche Rechnungen wird vor allem die international eingeführte Sprache ALGOL (**Algo**rithmic **L**anguage) [19], [20], [21], [22] verwendet, daneben ist FORTRAN (**For**mula **tran**slation system) der Firma IBM sehr verbreitet [23], [24]. Viel benutzt wird auch die Sprache COBOL (**Co**mmon **B**usiness **O**riented **L**anguage) [25] für kaufmännische Aufgaben. Allgemein läßt sich sagen, daß in allen Bereichen, in denen Digitalrechner schon etwas länger angewendet werden, die Programmierung mit problemorientierten Sprachen erfolgt. In neueren Büchern über Digitalrechner wird deshalb oft die Programmierung hauptsächlich mit problemorientierten Sprachen beschrieben, während die Verwendung von Maschinensprachen nur am Rande behandelt wird, z. B. [26], [27].

Für die Prozeßsteuerung und -überwachung gibt es aber noch keine allgemein eingeführte Sprache; vielmehr muß sich der Programmierer für jedes neue Anwendungsgebiet seine Sprache erst selber schaffen. Deshalb soll hier die Programmierung mit einer maschinenorientierten Sprache im Vordergrund stehen.

3.2 Hilfsmittel zur Beschreibung von Programmen

3.2.1 Eigenschaften des Digitalrechners

Zur Erläuterung von Programmierungsverfahren werden im folgenden auch mehrere Programmbeispiele gegeben. Hierzu ist es zweckmäßig, einige Eigenschaften des dabei benutzten Digitalrechners etwas genauer festzulegen, als es in Kap. 2 zur Erklärung der Arbeitsweise von Rechnern erforderlich war.

Die Zentraleinheit hat die Struktur des klassischen Universalrechners.

Informationen werden mit *fester Wortlänge* dargestellt, die Zahl der Bits wird jedoch nicht festgelegt. Die Länge wird bei einigen Beispielen jeweils so gewählt, daß die besonderen Eigenschaften des Programms damit deutlich werden.

Der Rechner kann Zahlen mit *festem und gleitendem Komma* verarbeiten. Soweit Zahlenbeispiele angegeben werden, wird mit *Dezimalzahlen* gearbeitet; es können aber auch *Dualzahlen* verwendet werden. Das *Befehlswort* besitzt einen *Operationsteil* und eine *Adresse*. Außerdem kann ein *Modifizierungsteil* hinzukommen, dessen Bedeutung bei der Adreßrechnung in Kap. 3.8 erklärt wird. Operations- und Modifizierungsteil besetzen die führenden Bits des Befehlswortes; die Adresse ist in den hinteren Bits als Festkommazahl verschlüsselt:

OPC	Mod	Adresse

Im Rechenwerk wird der *Akkumulator* AC und das *Quotientenregister* QR für die Programmierung benötigt, das dritte Register *MR* kann vorhanden sein, besitzt aber keine Adresse und kann deshalb nicht vom Programm erreicht werden.

3.2.2 Einige Begriffe und Abkürzungen

Der *Inhalt eines Speicherplatzes* wird durch spitze Klammern $\langle\ \rangle$ gekennzeichnet; in den Klammern steht die Adresse. Als Adresse kann dabei die *Maschinenadresse* in Ziffernform oder auch eine *symbolische Adresse* benutzt werden, z. B. $\langle 1387\rangle$, $\langle AC\rangle$, $\langle n\rangle$. Hiermit ist also das Wort gemeint, welches auf Platz 1387, im Akkumulator oder auf Platz n gespeichert ist. Die *Adresse einer Information* wird durch inverse spitze Klammern notiert. Für $\langle 900\rangle = +783$ gilt also $900 = \rangle +783 \langle$. *Transporte* im Rechner werden mit einem Pfeil $\rightarrow$ bezeichnet. Links von diesem Zeichen steht eine Information, rechts eine Adresse. Beide können wieder explizit oder symbolisch angegeben werden, z. B. $+327 \rightarrow 1820$, $x \rightarrow 250$, $\langle AC\rangle \rightarrow m$. Das Ergibtzeichen $\Leftarrow$ wurde bereits in Kap. 3.1 kurz erklärt. Der Wert des rechts stehenden Ausdrucks wird gebildet und dem links stehenden zugeordnet, z. B.

$$z \Leftarrow +\sqrt{x^2+y^2}\,.$$

Besitzen also zum Zeitpunkt der Rechnung x und y die Werte 3 bzw. 4, so wird der Größe z der Wert 5 erteilt. Auf beiden Seiten dürfen auch dieselben Symbole auftreten, z. B.

$$k \Leftarrow k+1\,.$$

Ist also k vor der Ausführung der Rechnung 10, so ergibt sich danach für k der Wert 11.

Für jedes Programm wird ein *Speicherplan* aufgestellt, der einen groben Überblick über die Aufteilung des Speichers zeigt:

Platz	Typ	Inhalt
3000	P	
.	.	
.	.	
.	.	
3500	P	
1000	K	a_1
1001	K	a_2
1002	V	x, x^2
1003	V	$-, y$

Die linke Spalte gibt den Platz an, auf dem sich das Wort im Speicher befindet. Die folgende Spalte „Typ" kennzeichnet die Art der gespeicherten Information.

Es bedeutet P = Programm, K = Konstante, V = veränderlicher Speicherinhalt. Die letzte Spalte enthält die eigentliche Information. Bei variablem Speicherinhalt können die verschiedenen Werte in der Reihenfolge eingetragen werden, wie sie nacheinander beim Ablauf des Programms an diese Stelle geschrieben werden. Steht als erstes das Zeichen —, dann ist der Inhalt des Platzes zu Anfang beliebig.

Die Befehlsfolgen des Programms werden in eine *Befehlsliste* eingetragen:

Nr.	Platz	Befehl			Bemerkungen
		OPC	Adr	Mod	

In der ersten Spalte werden die Befehle laufend durchnumeriert, damit sie in Programmbeschreibungen leicht identifiziert werden können. Die zweite Spalte enthält die Adresse des Speicherplatzes, auf dem sich der Befehl befindet. Die dritte Spalte nimmt den eigentlichen Befehl auf; sie ist entsprechend seinem Aufbau in drei Gruppen für den Operationscode OPC, die Adresse Adr und evtl. Modifikationen Mod unterteilt. In der letzten Spalte können schließlich Erläuterungen eingetragen werden.

3.2.3 Die Befehle des Digitalrechners

Im folgenden werden die Befehle für die Zentraleinheit des Rechners beschrieben. Allerdings wird die Bedeutung mancher Operationen erst dann ganz klar werden, wenn sie in den Programmbeispielen Verwendung finden. Der Hauptzweck der folgenden Aufstellung besteht darin, alle Befehle an einer Stelle zusammenzufassen, so daß beim Studium der Programme für die Beantwortung aller Fragen, die die Befehle betreffen, auf diesen Abschnitt zurückgegriffen werden kann.

Der Operationsteil jedes Befehls wird durch drei Buchstaben gekennzeichnet, die als mnemotechnische Abkürzung für den Text zur Beschreibung der Funktion des Befehls ausgewählt sind. Der eigentliche Befehlscode — die Zuordnung bestimmter Bitkombinationen des Befehlswortes zu den verschiedenen Befehlstypen — soll nicht festgelegt werden; für die Erläuterung von Programmierungsmethoden ist er ohne Bedeutung.

Mit n wird der Adreßteil des Befehls bezeichnet.

A) *Transportbefehle*

TSA	Transport vom Speicher in den Akkumulator
$\langle n\rangle \to AC$	
TAS	Transport vom Akkumulator in den Speicher
$\langle AC\rangle \to n$	
TSQ	Transport vom Speicher in das
$\langle n\rangle \to QR$	Quotientenregister
TQS	Transport vom Quotientenregister
$\langle QR\rangle \to n$	in den Speicher

B) *Arithmetische Befehle*

Bei den arithmetischen Befehlen dient der dritte Buchstabe des Operationsteils zur Feststellung der Art der verarbeiteten Zahlworte. Es bedeutet

F = Festkommawort
G = Gleitkommawort

ADF, ADG	Addieren
$\langle AC\rangle + \langle n\rangle \to AC$	
SBF, SBG	Subtrahieren
$\langle AC\rangle - \langle n\rangle \to AC$	
AQF	Addieren im Quotientenregister
$\langle QR\rangle + \langle n\rangle \to QR$	(nur Festkommazahlen)
SQF	Subtrahieren im Quotientenregister
$\langle QR\rangle - \langle n\rangle \to QR$	(nur Festkommazahlen)
MLF	Multiplizieren von Festkommazahlen
$\langle AC\rangle \cdot \langle n\rangle \to AC, QR$	

Bei der Multiplikation mit Worten in Festkommadarstellung hat das Produkt die doppelte Länge der Faktoren; die vorderen Stellen werden in *AC*, die hinteren in *QR* gespeichert. *AC* und *QR* erhalten dasselbe Vorzeichen.

MLG $\langle AC\rangle \cdot \langle n\rangle \to AC$	Multiplizieren von Gleitkommazahlen

Bei Gleitkommamultiplikation hat das Produkt dieselbe Länge wie die Faktoren, *QR* wird nicht benötigt.

DVF $\langle AC, QR\rangle : \langle n\rangle \to QR$ Rest $\to AC$	Dividieren von Festkommazahlen
DVG $\langle AC\rangle : \langle n\rangle \to AC$	Dividieren von Gleitkommazahlen

C) *Stellenversetzen*

SLA $\langle AC\rangle \cdot 10^n \to AC$	Stellenversetzen nach links im Akkumulator
SRA $\langle AC\rangle \cdot 10^{-n} \to AC$	Stellenversetzen nach rechts im Akkumulator
SLQ $\langle AC, QR\rangle \cdot 10^n \to AC, QR$	Stellenversetzen nach links im Akkumulator und Quotientenregister
SRQ $\langle AC, QR\rangle \cdot 10^{-n} \to AC, QR$	Stellenversetzen nach rechts im Akkumulator und Quotientenregister

Bei *SLQ* und *SRQ* wird der Inhalt von *AC* und *QR* *gemeinsam* nach links oder rechts verschoben.

SLZ	Stellenversetzen nach links mit Zählen $\langle AC\rangle$ wird solange nach links verschoben, bis die erste Stelle von Null verschieden ist. Die Zahl n der Stellen, um die $\langle AC\rangle$ verschoben wird, wird in *QR* gespeichert: $10^n \langle AC\rangle \to AC,\ n \to QR$

D) *Befehle zur logischen Informationsverarbeitung*

Diese Gruppe von Befehlen dient zur Ausführung von Operationen der *Booleschen Algebra*, die einen Kalkül für die Verknüpfung binärer Größen darstellt. Dementsprechend werden die Operanden *bitweise* verarbeitet. Es gibt Befehle für die Konjunktion zweier Größen $a \wedge b$ („logisches Und"), die Disjunktion $a \vee b$ („logisches Oder“) und die Negation $\bar{a}$, die nach folgendem Schema definiert sind:

a	b	$a \wedge b$	$a \vee b$	$\bar{a}$
O	O	O	O	L
O	L	O	L	L
L	O	O	L	O
L	L	L	L	O

LGU Logisches Und
$\langle AC \rangle \wedge \langle n \rangle \to AC$

LGO Logisches Oder
$\langle AC \rangle \vee \langle n \rangle \to AC$

NEG Negation
$\overline{\langle AC \rangle} \to AC$

E) *Sprungbefehle*

SPR Unbedingter Sprung
$n \to BZ$

USP Unterprogrammsprung
$\langle BZ \rangle \to n;\ n + 1 \to BZ$

SGR Sprung, falls $\langle AC \rangle$ größer als 0
$\langle AC \rangle > 0 : n \to BZ$

SKL Sprung, falls $\langle AC \rangle$ kleiner als 0
$\langle AC \rangle < 0 : n \to BZ$

SGL Sprung, falls $\langle AC \rangle$ gleich 0
$\langle AC \rangle = 0 : n \to BZ$

SUE Sprung bei Überlauf
$\langle UE \rangle = L : n \to BZ$

ZSK Zählskip
1. $\langle n \rangle - 1 \to n$
2. $\langle n \rangle \neq 0$: Der nächste Befehl wird übersprungen („geskipt“).

Der Befehl dient zur Organisation zyklischer Programme, vergl. Kap. 3.7.

F) *Befehle für Indexregister*

Der Rechner besitzt neun Indexregister *I* 1 bis *I* 9, vergl. Kap. 3.8.1. Die Nummer *k* des in einem Befehl angesprochenen Registers *I k* wird im Modifizierungsteil angegeben.

TSI	Transport vom Speicher in ein Indexregister
$\langle n \rangle \rightarrow Ik$	
TIS	Transport vom Indexregister in den Speicher
$\langle Ik \rangle \rightarrow n$	
ADI	Addition zum Indexregister
$\langle n \rangle + \langle Ik \rangle \rightarrow Ik$	
SBI	Subtraktion vom Indexregister
$\langle Ik \rangle - \langle n \rangle \rightarrow Ik$	
SKI	Skip in Abhängigkeit vom Indexregister
$\langle n \rangle = \langle Ik \rangle$:	Der nächste Befehl wird übersprungen.

3.2.4 Programmablaufpläne

Bei längeren, vielfach verzweigten Programmen läßt sich der Zusammenhang der verschiedenen Programmteile aus Befehlsliste und Speicherplan nur sehr schwer ablesen. Deshalb benutzt man hierfür sogenannte *Programmablaufpläne*, mit denen die Programmstruktur in Form einer graphischen Darstellung gut übersehen werden kann. Derartige Pläne werden häufig auch als *Flußdiagramme* oder *Strukturdiagramme* bezeichnet [66].

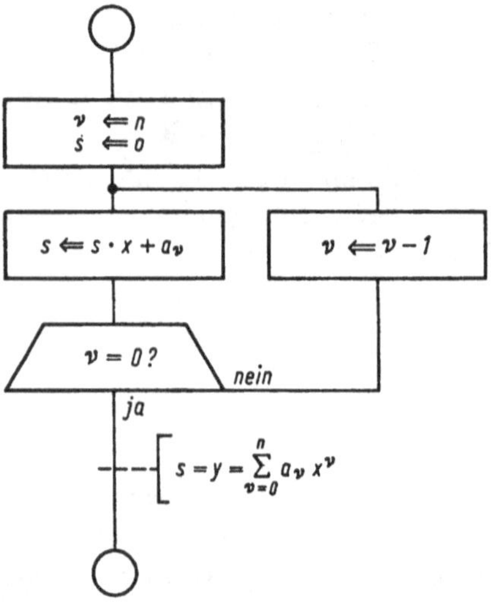

3/1 Ablaufplan für Polynomberechnung nach dem Horner-Schema

Ein Programmablaufplan setzt sich aus einzelnen Kästchen zusammen, die durch Linien miteinander verbunden sind; Bild 3/1 zeigt als Beispiel einen Ablaufplan zur Berechnung eines Polynoms nach dem Horner-Schema.

Die verschiedenen in Ablaufplänen benötigten Symbole lassen sich in drei Gruppen teilen:

1. Operationen.
2. Übergänge zwischen Operationen sowie Begrenzungen.
3. Zusatzsymbole zur Erläuterung, die selbst nicht zum Programm gehören.

1. Für die *Operationen* werden folgende Sinnbilder verwendet:

Unverzweigte Operation

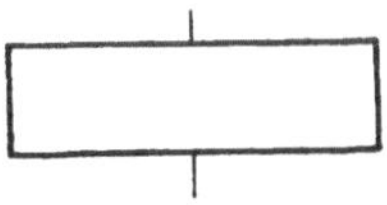

Der rechteckige Kasten (beliebiger Größe) dient zur Darstellung aller Operationen, die keine Verzweigungen enthalten und die nur im Rechner selbst, nicht in den Ein- und Ausgabegeräten ablaufen. Ein Kästchen kann für eine oder mehrere Operationen verwendet werden, die dann in der Reihenfolge von oben nach unten ausgeführt werden. Die Operationen können z. B. durch „Ergibt"-Anweisungen, wie in Bild 3/1, beschrieben werden. Es darf aber auch Klartext in das Kästchen eingetragen werden.

Ein-Ausgabe-Operation

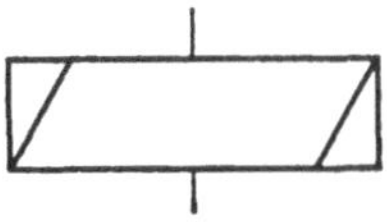

Dieses Sinnbild gilt für Operationen mit Ein- und Ausgabegeräten, sonst gelten die gleichen Regeln wie für die unverzweigte Operation.

Verzweigungen

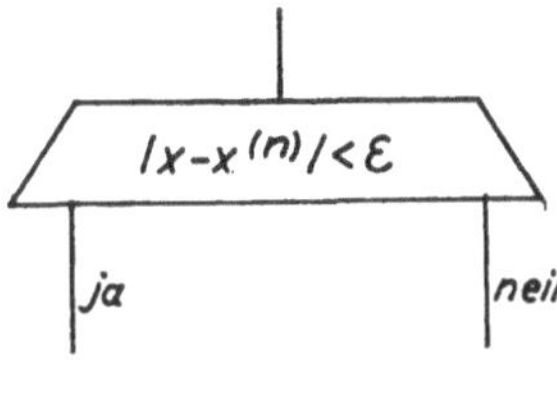

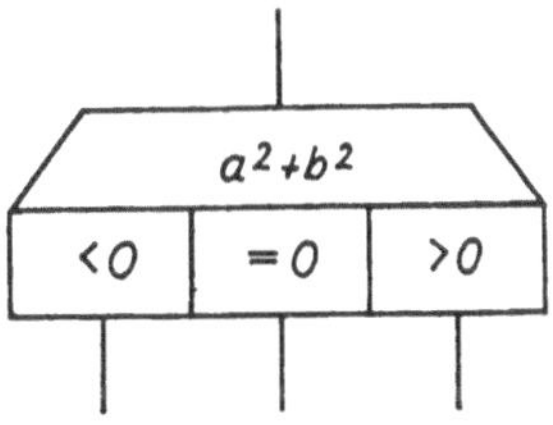

Eine Verzweigung wird durch ein trapezförmiges Sinnbild dargestellt. Der Kasten besitzt einen Eingang an der kürzeren der parallelen Seiten und zwei oder mehr Ausgänge an der längeren Seite. Die zu prüfende Bedingung wird in dem Trapez eingetragen. Die Ergebnisse der Prüfung werden an die Ausgangslinien oder in rechteckige Kästen geschrieben, an die die Ausgangslinien anschließen.

Schalter

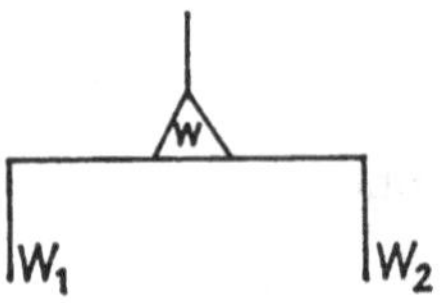

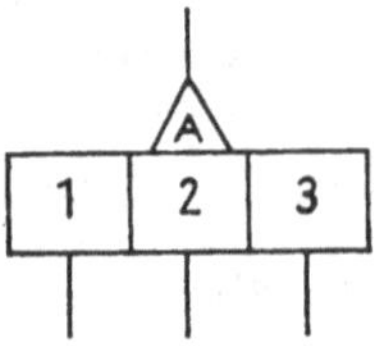

Der Schalter ist ein allgemeiner Fall der Verzweigung. Diese erfolgt hier auf Grund von Entscheidungen, die an anderen Stellen des Programms getroffen werden. Der Eingang befindet sich an der Spitze des Dreiecks, in welchem der Name des Schalters, z. B. ein Buchstabe oder eine Zahl, eingetragen wird; die Bezeichnung der Ausgänge geschieht wie bei der gewöhnlichen Verzweigung.

Schalter stellen

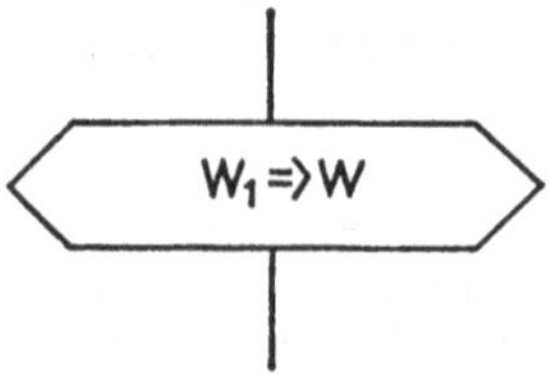

Diese Operation kennzeichnet die Voreinstellung von Schaltern. Das Kästchen besitzt je einen Eingang und Ausgang. In einem Sinnbild kann das Stellen mehrerer Schalter vermerkt werden.

Unterprogramm

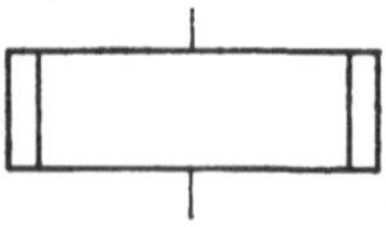

Dieses Sinnbild dient zur Darstellung von Programmteilen, die an anderer Stelle ausführlich beschrieben sind. Es kann mehrere Eingänge und Ausgänge besitzen.

2. Die *Übergänge* werden durch Voll-Linien dargestellt.

Vorzugsrichtung ist dabei von oben nach unten oder von links nach rechts. Zur Verdeutlichung der Ablaufrichtung können die Linien durch Pfeile ergänzt werden:

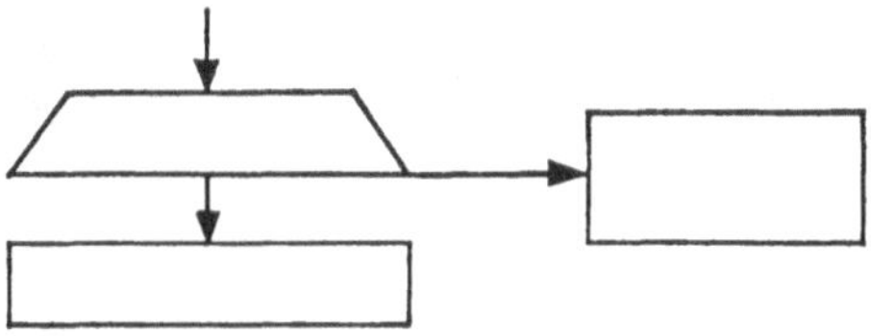

Zusammenführung

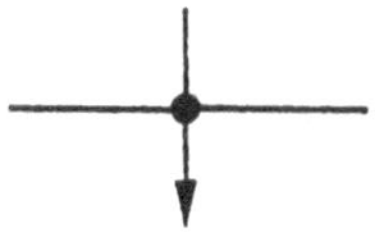

Sollen mehrere Programmzweige zusammengeführt werden, so wird der Knotenpunkt durch einen vollen Kreis gekennzeichnet. Eine Kreuzung zweier Linien bedeutet noch keine Zusammenführung.

Übergangsstellen

Bei sehr umfangreichen Programmablaufplänen kann es vorteilhaft sein, nicht jede Übergangslinie zwischen verschiedenen Operationen auszuziehen. In diesem Fall können die Anschlußstellen durch Kreise dargestellt werden, wobei Ausgangspunkt und Ziel dieselbe Bezeichnung besitzen müssen. Mehrere Ausgangsstellen dürfen ein gemeinsames Ziel haben.

Grenzstelle

Beginn und Ende eines Programms werden wie Übergangsstellen durch Kreise bezeichnet.

3. *Zusatzsinnbilder*

Erläuterungen

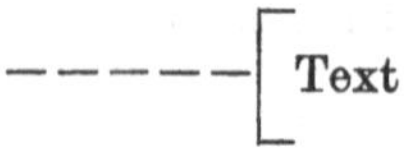

Dieses Symbol kann an jeder Stelle eines Ablaufplanes angebracht werden. Es ist nicht Teil des eigentlichen Programms, sondern dient nur zur Erläuterung.

Bezugspunkt

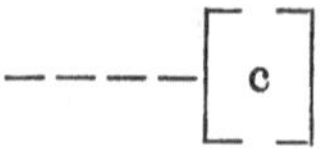

Hierdurch können bestimmte Stellen eines Programms, auf die an anderer Stelle Bezug genommen wird, kurz markiert werden. Die Kennzeichnung soll durch Zahlen oder Buchstaben erfolgen.

Eingriff von außen

Dieses Sinnbild kann an oder in den Kästchen des Ablaufplanes vermerkt werden, um zu kennzeichnen, daß hier eine Operation vom Bedienungspersonal des Rechners vorzunehmen ist. Bild 3/2 zeigt ein Anwendungsbeispiel.

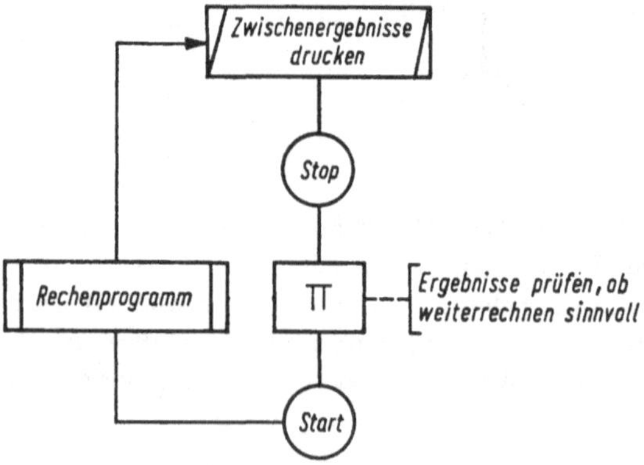

3/2 Programm mit einem Eingriff durch das Bedienungspersonal

3.3 Lineare Programme

Lineare oder *gestreckte Programme* zeichnen sich dadurch aus, daß bei ihnen die Reihenfolge der Befehlsausführung eindeutig festliegt; sie enthalten keine von irgendwelchen Bedingungen wie etwa Zwischenergebnissen abhängige Verzweigungen. In den meisten Fällen sind dabei die Befehle hintereinander im Speicher angeordnet. Ein Programm ist aber auch dann linear, wenn in ihm ein unbedingter Sprungbefehl vorkommt, so daß nach dessen Ausführung der folgende Befehl von einer anderen Stelle des Speichers in das Leitwerk gelangt.

Auch jedes nichtlineare *verzweigte Programm* setzt sich aus linearen Stücken zusammen, sie bilden — gemessen an der Zahl der Befehle — den Hauptanteil der Programme. Der Aufbau linearer Programme soll an zwei Beispielen zur Berechnung arithmetischer Ausdrücke geschildert werden. Dabei werden dezimale Festkommazahlen verwendet.

1. Programmbeispiel

Es soll aus den Konstanten a, b, c der Ausdruck

$$d \Leftarrow a + b - c$$

berechnet werden.

a) *Programmablaufplan*

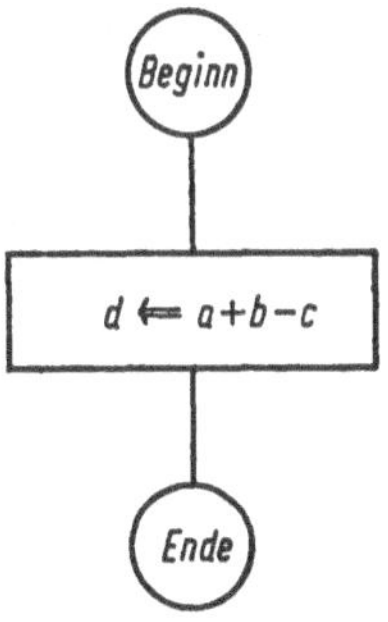

b) *Speicherplan*

Platz	Typ	Inhalt
2000	K	$a = +\ 1348$
2001	K	$b = -\ 7841$
2002	K	$c = -\ 2166$
2003	V	$-, d$
2500	P	Programm
.	.	
.	.	
2503	P	

c) *Befehlsliste*

Nr.	Platz	Befehl OPC	Adr	Mod	Bemerkungen
1	2500	TSA	2000		$a \to AC$
2	2501	ADF	2001		$a + b$
3	2502	SBF	2002		$a + b - c \Rightarrow d$
4	2503	TAS	2003		$d \to 2003$

d) *Erläuterungen*

Der Ablauf dieser Befehlsfolge kann gut an den Zwischenergebnissen im Akkumulator abgelesen werden. Mit den Zahlen aus dem Speicherplan ergibt sich:

Nr.	AC
1	+ 1348
2	− 6493
3	− 4327
4	− 4327

2. Programmbeispiel

In einem kartesischen Koordinatensystem sind zwei Punkte $P_1 (x_1, y_1, z_1)$ und $P_2 (x_2, y_2, z_2)$ gegeben. Es soll das Quadrat ihres Abstandes $\overline{P_1 P_2}^2$ berechnet werden:

$$s^2 \Leftarrow (x_1 - x_2)^2 + (y_1 - y_2)^2 + (z_1 - z_2)^2 .$$

a) *Programmablaufplan*

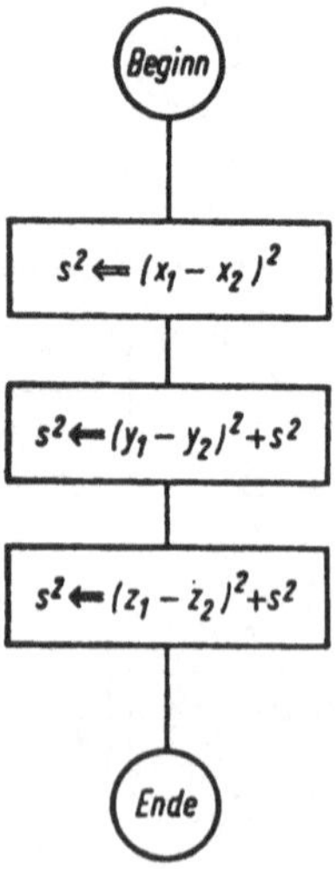

b) *Speicherplan*

Platz	Typ	Inhalt
1500	K	$x_1 = +\ 0300$
1501	K	$y_1 = -\ 0150$
1502	K	$z_1 = -\ 1120$
1600	K	$x_2 = +\ 0750$
1601	K	$y_2 = +\ 2160$
1602	K	$z_2 = -\ 1900$
1640	V	$-, d$
.		
.		
.		
1650	V	$-, s^2$
1651	V	
2000	P	Programm
.		
.		
.		
2021	P	

c) *Befehlsliste*

Nr.	Platz	Befehl OPC	Adr	Mod	Bemerkungen
1	2000	TSA	1500		$x_1 - x_2 \Rightarrow d$
2	2001	SBF	1600		$\rightarrow 1640$
3	2002	TAS	1640		
4	2003	MLF	1640		$d^2 \Rightarrow s^2$
5	2004	TAS	1650		$s^2 \rightarrow 1650, 1651$
6	2005	TQS	1651		
7	2006	TSA	1501		$y_1 - y_2 \Rightarrow d$
8	2007	SBF	1601		$\rightarrow 1640$
9	2008	TAS	1640		
10	2009	MLF	1640		$d^2 + s^2 \Rightarrow s^2$
11	2010	AQF	1651		
12	2011	ADF	1650		
13	2012	TAS	1650		$s^2 \rightarrow 1650, 1651$
14	2013	TQS	1651		

Nr.	Platz	Befehl OPC	Adr	Mod	Bemerkungen
15	2014	TSA	1502		$z_1 - z_2 \Rightarrow d$
16	2015	SBF	1602		$\rightarrow 1640$
17	2016	TAS	1640		
18	2017	MLF	1640		
19	2018	AQF	1651		$d^2 + s^2 \Rightarrow s^2$
20	2019	ADF	1650		
21	2020	TAS	1650		$s^2 \rightarrow 1650, 1651$
22	2021	TQS	1651		

d) *Erläuterungen*

Der Inhalt von Akkumulator und Quotientenregister, das hier als Verlängerung von AC dient, wechselt folgendermaßen:

Nr.	AC	QR
1	+ 0300	—
2	— 0450	—
3	....	—
4	+ 0020	+ 2500
5	....	....
6	....	....
7	— 0150	....
8	— 2310	....
9	....	....
10	+ 0533	+ 6100
11	+ 0533	+ 8600
12	+ 0553	....
13	....	....
14	....	....
15	— 1120	....
16	+ 0780	....
17	....	....
18	+ 0060	+ 8400
19	+ 0061	+ 7000
20	+ 0614	....
21	....	....
22	....	....

Bei den Multiplikationen in Befehl 4, 10 und 18 entstehen Zahlen doppelter Wortlänge. Deshalb muß das Speichern der Ergebnisse s^2 jeweils mit zwei Befehlen 5, 6; 13, 14 und 21, 22 erfolgen. Ebenso sind für die Additionen $d^2 + s^2 \Rightarrow s^2$ je zwei Befehle erforderlich. Bei der Addition in Befehl 19 tritt ein Übertrag auf, der sich als Addition einer 1 in der niedrigsten Stelle von AC bemerkbar macht.

3.4 Arithmetische Programme und Zahldarstellung

Die Gestaltung arithmetischer Programme wird von der Darstellung der zu verarbeitenden Zahlen beeinflußt. So mußte im zweiten Programmbeispiel berücksichtigt werden, daß bei der Multiplikation zweier Festkommazahlen das Produkt die doppelte Stellenzahl der Faktoren besitzt und deshalb durch zwei Zahlwörter dargestellt wird. Im folgenden sollen einige Richtlinien für die Auswahl der Zahldarstellung und ihre Rückwirkung auf die Rechenprogramme gegeben werden[1].

3.4.1 Rechnungen mit Festkommazahlen

Bei den ersten beiden Programmbeispielen wurden die Zahlenwerte als dezimale Festkommazahlen angegeben. Das Komma war nicht vermerkt; es wurde stillschweigend vorausgesetzt, daß es hinter der letzten Stelle steht, daß es sich also um ganze Zahlen handelt. Die Programme können aber auch dann richtige Ergebnisse liefern, wenn die Zahlen eine andere Kommastellung besitzen.

Um die Lage des Kommas in Zahlworten und ihre Änderung im Ablauf eines Programms verfolgen zu können, soll zur Bezeichnung der Kommastellung das Symbol

$$(p, q)$$

eingeführt werden. p gibt die Zahl der Stellen vor dem Komma, q hinter dem Komma an. p und q können dabei beliebige — positive und negative — ganze Zahlen sein. Ihre Summe ist gleich der *Wortlänge* l des Zahlwortes

$$p + q = l.$$

Die Wirkungsweise des Rechenwerks eines klassischen Universalrechners kann am einfachsten dadurch beschrieben werden, daß beide Ausgangswerte jeder Rechenoperation so miteinander verknüpft werden, als ob sie die Kommastellung $(0, l)$ besäßen; das Komma wird also vor der ersten Ziffer

[1] Eine genaue Darstellung der hier nur angedeuteten Probleme findet sich in [27].

des Zahlwortes angenommen. Ebenso fallen die Ergebnisse aller Rechnungen in derselben Form mit $p = 0$ an. Das Rechenwerk arbeitet also scheinbar nur mit Zahlen, die dem Betrage nach kleiner als 1 sind. Nun wird aber in einem Zahlwort die Kommastellung nicht vermerkt. Das Rechenwerk kann deshalb auch Zahlen mit beliebiger Stellung (p, q) verarbeiten. Damit die Ergebnisse der Rechnungen mit solchen Zahlen richtig sind, müssen bei einigen Operationen die Operanden bestimmte Bedingungen erfüllen.

Eine Zahl z mit der Kommastellung (p, q) kann in der Form

$$z = \bar{z}\, 10^p$$

geschrieben werden. Die beiden Zahlwörter z und $\bar{z}$ besitzen dieselbe Ziffernfolge. Sie unterscheiden sich nur in der Kommastellung; für $\bar{z}$ ist sie $(0, p + q) = (0, l)$.

Die *Summe* oder *Differenz* zweier Zahlen z_1 und z_2 mit den Kommastellungen (p_1, q_1) und (p_2, q_2) ist in dieser Darstellung

$$\begin{aligned} z_1 \pm z_2 &= \bar{z}_1\, 10^{p_1} \pm \bar{z}_2\, 10^{p_2} \\ &= (\bar{z}_1 \pm \bar{z}_2 \cdot 10^{p_2 - p_1}) \cdot 10^{p_1}. \end{aligned}$$

Haben z_1 und z_2 dieselbe Kommastellung, so wird $p_1 = p_2 = p$ und damit

$$z_1 \pm z_2 = (\bar{z}_1 \pm \bar{z}_2)\, 10^p,$$

d. h. die Ziffernfolgen $(z_1 \pm z_2)$ und $(\bar{z}_1 \pm \bar{z}_2)$ sind gleich. Für Additionen und Subtraktionen ergibt sich daraus, daß alle *Summanden dieselbe Kommastellung* (p, q) besitzen müssen, dann wird die Summe richtig und mit derselben Stellung (p, q) gebildet.

Das *Produkt* zweier Zahlen hat die Form

$$\begin{aligned} z_1 \cdot z_2 &= \bar{z}_1\, 10^{p_1} \cdot \bar{z}_2\, 10^{p_2} \\ &= \bar{z}_1 \cdot \bar{z}_2\, 10^{p_1 + p_2}. \end{aligned}$$

Die Ziffernfolgen $z_1 \cdot z_2$ und $\bar{z}_1 \cdot \bar{z}_2$ sind identisch, sie besitzen die doppelte Länge $2\,l$ der einzelnen Zahlwörter z_1 und z_2. Die Kommastellung von $z_1 \cdot z_2$ ist $(p_1 + p_2, q_1 + q_2)$.

Der *Quotient* ergibt sich als

$$\begin{aligned} z_1/z_2 &= \bar{z}_1\, 10^{p_1}/\bar{z}_2\, 10^{p_2} \\ &= \bar{z}_1/\bar{z}_2 \cdot 10^{(p_1 - p_2)}. \end{aligned}$$

Das Ergebnis wird im Rechenwerk als Zahlwort der Länge l gebildet, die Kommastellung ist $(p_1 - p_2, q_1 + p_2)$. — Bei *Multiplikation* und *Division* sind die Operanden hinsichtlich der Kommastellung also *keinen Einschränkungen* unterworfen.

Bei der Festlegung der Kommastellung für ein Programm muß neben diesen Regeln beachtet werden, daß bei Additionen, Subtraktionen und Divisionen ein *Überlauf* auftreten kann, vgl. Kap. 2.4. Hierbei gehen die führenden Ziffern verloren, so daß ein völlig falsches Ergebnis entsteht. Es besteht zwar die Möglichkeit, mit dem Befehl *SUE* vom Programm das Überlaufregister zu prüfen, jedoch wird man solche Prüfungen nur möglichst selten vornehmen, weil dafür Speicherplatz und Zeit benötigt wird, die dem eigentlichen Rechenprogramm verloren gehen. Man muß vielmehr die Zahldarstellung von vornherein so festlegen, daß ein Überlauf vermieden wird.

Hierzu ist es erforderlich, die Größenordnung aller Ausgangszahlen und Zwischenwerte, die vom Programm gebildet werden, vorher abzuschätzen. Sollen z. B. mehrere Zahlen x_i addiert oder subtrahiert werden, dann findet man die Kommastellung nach folgendem Verfahren:

1. Für jeden Wert x_i wird (p_i, q_i) so ermittelt, daß das Zahlwort keine führenden Nullen enthält.
2. Man sucht den größten Wert Max (p_i) unter den Zahlen p_i aus.
3. Es wird die Zahl n der Summanden x_i bestimmt, für die $p_i =$ Max (p_i) gilt.
4. a) Ist $n \leq 10$, so wird für die gemeinsame Kommastellung (p, q) der Wert $p =$ Max $(p_i) + 1$ gesetzt.
   b) Für $n > 10$ wird $p =$ Max $(p_i) + 2$ gesetzt.

Diese Richtlinie gründet sich auf die Tatsache, daß zwar schon die Summe zweier Zahlen, die beide < 1 sind, einen Wert > 1, also einen Überlauf haben kann, daß aber mindestens elf solcher Zahlen erforderlich sind, um die Summe > 10 werden zu lassen und damit einen Überlauf bis zur zweiten Stelle vor dem Komma hervorzurufen. Die Regel 4 müßte entsprechend erweitert werden, wenn die Zahl der Summanden größer als 100, 1000, …, 10^k wird, was in der Praxis aber selten auftritt. Allerdings stellt diese Richtlinie keine feste Regel dar, nach der mit Sicherheit ein Überlauf vermieden wird. Sind in der Summe außer den n Summanden mit $p =$ Max (p_i) noch sehr viele weitere Glieder vorhanden, dann können diese Werte ebenfalls zu einem Überlauf beitragen. In den allermeisten Fällen besitzen die Glieder einer Summe aber die gleiche Größenordnung, so daß dieser Fall praktisch ausgeschlossen ist.

Bei der Multiplikation entsteht ein Produkt, das sich aus zwei Zahlwörtern zusammensetzt. Bei vielen technisch-wissenschaftlichen Rechnungen ist nun die Genauigkeit der Ausgangswerte begrenzt; dies gilt in besonderem Maße für viele von Prozeßrechnern zu lösende Aufgaben, für die die Anfangswerte aus Messungen gewonnnen werden. Ist bei einer Multiplikation die letzte Stelle der beiden l-stelligen Faktoren mit einer Unsicherheit behaftet, dann sind bei dem $2\,l$-stelligen Produkt nur die ersten

l Stellen von Bedeutung, die hinteren Stellen sind ungenau. Es ist deshalb in solchen Fällen ausreichend, nur die erste Hälfte des Produktes, den Inhalt des Akkumulators, bei weiteren arithmetischen Operationen zu benutzen.

Andererseits kann ein Rechenprogramm aber auch zu ungenaue Ergebnisse liefern, wenn z. B. durch Subtraktion von annähernd gleich großen Zahlen die Differenz nur wenige von Null verschiedene Ziffern besitzt. Wird dann nach der Multiplikation solcher Zahlen nur noch mit dem vorderen Teil des Produktes weitergerechnet, so können grobe Fehler entstehen.

Verwendet man dagegen das Produkt in voller Länge, dann besitzen die beiden Zahlwörter wesentlich mehr Stellen, als zur genauen Darstellung der Zahl eigentlich erforderlich sind. Diesen Nachteil kann man durch Benutzung der Befehle zum *Stellenversetzen* vermeiden.

Die Verschiebung eines Zahlwortes z in einem Register um n Stellen nach links oder rechts ist gleichwertig mit einer Multiplikation mit 10^n bzw. 10^{-n}, das Ergebnis z' ist also

$$z' = z \cdot 10^n \quad \begin{array}{l} n > 0\colon \text{Linksverschiebung} \\ n < 0\colon \text{Rechtsverschiebung.} \end{array}$$

Die Zahlwörter z und z' unterscheiden sich nur in ihrer Kommastellung. Besitzt z die Stellung (p, q), so ist die Lage in z' durch $(p + n, q - n)$ gegeben. Bei einer Linksverschiebung gehen die vorderen n Ziffern verloren, die hinteren n werden mit Nullen aufgefüllt, beim Verschieben nach rechts tritt der umgekehrte Fall ein. Man muß deshalb beim Verschieben nach links darauf achten, daß die Stellenzahl n nicht größer ist als die Zahl der führenden Nullen von z, weil sonst das entstehende Zahlwort z' eine andere Zahl als z darstellt.

Die Befehle zum Stellenversetzen liefern eine Möglichkeit, die Kommastellung von Zahlwörtern durch das Programm zu ändern. Bei dem oben erläuterten Fall eines Produktes mit vielen führenden Nullen können diese durch eine Linksverschiebung beseitigt werden, so daß das Ergebnis als einfaches Zahlwort weiterverwendet werden kann.

Am folgenden Programmbeispiel sollen Methoden zur Berücksichtigung der Kommastellung gezeigt werden.

3. Programmbeispiel

Es ist der arithmetische Ausdruck

$$y \Leftarrow \frac{\sum_{n=0}^{2} a_n x^n}{x^4}$$

zu berechnen. Die Konstanten a_n haben die Werte

$$a_0 = 3{,}71, \quad a_1 = -2{,}35, \quad a_2 = 7{,}83,$$

die Variable x kann Werte zwischen $1 \leq x \leq 3$ annehmen.

a) *Programmablaufplan*

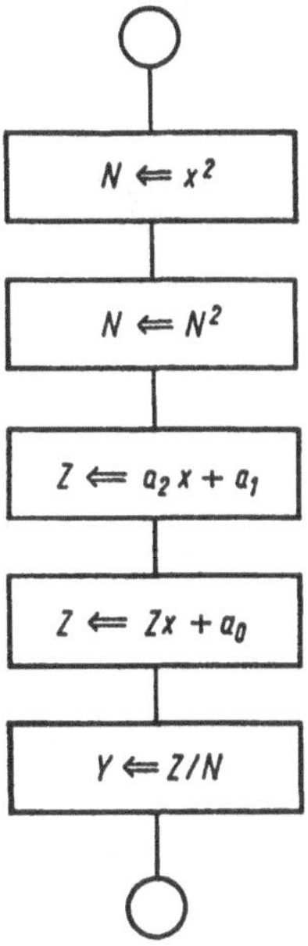

b) *Speicherplan*

Platz	Typ	Inhalt
1000	*K*	$a_0 =$ 00371 (3,2)
1001	*K*	$a_1 = -$ 02350 (2,3)
1002	*K*	$a_2 =$ 78300 (1,4)
1003	*V*	x (1,4)
1004	*V*	x^2, x^4 (1,4), (2,3)
1005	*V*	y (2,3)

c) *Befehlsliste*

Nr.	Platz	Befehl OPC	Befehl Adr	Befehl Mod	Bemerkungen
1	1500	TSA	1003		$x^2 \Rightarrow N \rightarrow 1004$
2	1501	MLF	1003		
3	1502	SLQ	0001		
4	1503	TAS	1004		

Nr.	Platz	Befehl OPC	Adr	Mod	Bemerkungen
5	1504	MLF	1004		$N^2 \Rightarrow N \rightarrow 1004$
6	1505	TAS	1004		
7	1506	TSA	1002		
8	1507	MLF	1003		$a_2 x + a_1 \Rightarrow Z$
9	1508	ADF	1001		
10	1509	MLF	1003		
11	1510	ADF	1000		$Z \cdot x + a_0 \Rightarrow Z$
12	1511	SRQ	0001		
13	1512	DVF	1004		$Z/N \Rightarrow y \rightarrow 1005$
14	1513	TQS	1005		

d) *Erläuterungen*

Der Ablauf des Programms soll wieder an Hand der Zwischenergebnisse in den Registern des Rechenwerks verfolgt werden. Für x wird dabei der Wert 2,0 verwendet.

Nr.	AC	QR
1	+ 20000	—
2	+ 04000	+ 00000
3	+ 40000	
4	+ 40000	
5	+ 16000	
6	+ 16000	
7	+ 78300	
8	+ 15660	
9	+ 13310	
10	+ 02662	
11	+ 03033	+ 00000
12	+ 00303	+ 30000
13	+ 10000	+ 01895
14	+ 10000	+ 01895

Die Variable x wird als (1,4) dargestellt. Der Nenner $N = x^4$ wird durch zweifache Multiplikation $x^2 \cdot x^2$ berechnet. x^2 hat die Darstellung (2,3). Wegen $x \leq 3$ bleibt aber $x^2 \leq 10$; deshalb wird mit Befehl 3 die Kommastellung in (1,4) geändert, so daß N in der Form (2,3) gespeichert wird. Die Kommastellung der Konstanten a_i des Zählers Z ist so gewählt, daß bei der

Berechnung von Z mit Befehl 7 bis 11 zunächst keine Kommakorrektur erforderlich ist. Erst vor der Division durch N muß Z um eine Stelle nach rechts verschoben werden, um mit Sicherheit einen Überlauf zu vermeiden.

Die bisherigen Ausführungen bezogen sich auf *Dezimalzahlen* mit festem Komma. Sie gelten aber auch für *Dualzahlen*. In dem Symbol (p, q) für die Kommastellung müssen für p und q die Anzahl der Dualstellen, die gleichbedeutend ist mit der Zahl der Bits vor und hinter dem Komma, eingesetzt werden. Eine Stellenversetzung um n Stellen entspricht dann einer Multiplikation mit 2^n.

3.4.2 Rechnungen mit Gleitkommazahlen

Wie die Ausführungen im vorigen Abschnitt gezeigt haben, kann die Berücksichtigung der Kommastellung bei arithmetischen Programmen große Mühe bereiten. Diese Schwierigkeiten fallen weitgehend fort, wenn man für die Zahlen eine *Gleitkommadarstellung* benutzt. Zur Erläuterung soll das 3. Programmbeispiel noch einmal mit Gleitkommazahlen ausgeführt werden. Das Zahlwort soll eine vierstellige Mantisse und eine zweistellige Charakteristik besitzen, die aus dem Exponenten durch Addition von 50 entsteht, vgl. Kap. 2.2.

b) *Speicherplan*

Platz	Typ	Inhalt
1000	K	$a_0 = +\ 3710\ \ 51$
1001	K	$a_1 = -\ 2350\ \ 51$
1002	K	$a_2 = +\ 7830\ \ 51$
1003	V	x
1004	V	x^2, x^4
1005	V	y

c) *Befehlsliste*

Nr.	Platz	Befehl OPC	Befehl Adr	Befehl Mod	Bemerkungen
1	1500	TSA	1003		
2	1501	MLG	1003		$x^2 \Rightarrow N \rightarrow 1004$
3	1502	TAS	1004		
4	1503	MLG	1004		$N^2 \Rightarrow N \rightarrow 1004$
5	1504	TAS	1004		

Nr.	Platz	Befehl OPC	Befehl Adr	Befehl Mod	Bemerkungen
6	1505	TSA	1002		
7	1506	MLG	1003		$a_2 x + a_1 \Rightarrow Z$
8	1507	ADG	1001		
9	1508	MLG	1003		$Z x + a_0 \Rightarrow Z$
10	1509	ADG	1000		
11	1510	DVG	1004		$Z/N \Rightarrow y \rightarrow 1005$
12	1511	TAS	1005		

d) *Erläuterungen*

Der Akkumulatorinhalt wechselt wie folgt:

Nr.	AC
1	+ 2000 51
2	+ 4000 51
3	+ 4000 51
4	+ 1600 52
5	+ 1600 52
6	+ 7830 51
7	+ 1566 52
8	+ 1331 52
9	+ 2662 52
10	+ 3033 52
11	+ 1895 51
12	+ 1895 51

Die Verwendung von Gleitkommazahlen bringt also wesentliche Vereinfachungen mit sich. Allerdings besitzen viele Digitalrechner und insbesondere Prozeßrechner keine Befehle für Gleitkommarechnungen. Man kann sich in diesen Fällen damit behelfen, an Stelle einzelner Gleitkommabefehle längere Befehlsfolgen, sogenannte *Unterprogramme* zu benutzen, vgl. Kap. 3.9. Der Nachteil dieser Methode ist neben dem höheren Speicherbedarf vor allem die längere Rechenzeit; das Geschwindigkeitsverhältnis beträgt etwa 1 : 20. Beim Einsatz von Prozeßrechnern wird in den meisten Fällen ein Programm für die Anlage einmal aufgestellt, es bleibt dann unverändert. Deshalb kann es manchmal durchaus lohnend sein, den höheren Arbeitsaufwand der Festkommaprogrammierung in Kauf zu nehmen; er wird durch die Ersparnis an Geräteumfang wieder wettgemacht.

3.5 Verzweigte Programme

Bei den bisherigen Programmbeispielen waren die Befehle auf nebeneinanderliegenden Speicherplätzen angeordnet. Sie werden in der Reihenfolge ausgeführt, in der sie gespeichert sind. Für den richtigen Programmablauf ist das nicht erforderlich, die Befehle können auch an beliebigen Speicherstellen untergebracht sein. Allerdings muß bei Unterbrechung der normalen Reihenfolge angegeben werden, an welcher Stelle im Speicher der als nächster auszuführende Befehl aufbewahrt ist. Hierzu dient der unbedingte *Sprungbefehl SPR*.

Die Bedeutung des Sprungbefehls für lineare Programme besteht vor allem darin, daß mit seiner Hilfe leicht nachträgliche Änderungen vorgenommen werden können. Entdeckt man z. B. bei der Prüfung eines Programms einen Fehler, der durch Einfügen einiger Befehle beseitigt werden kann, so läßt sich diese Korrektur mit *SPR* bewerkstelligen, während sonst viele Adressen im Programm geändert werden müßten.

Im 3. Programmbeispiel sei etwa der Befehl Nr. 12, der die Rechtsverschiebung des Zählers vor der Division bewirkt, vergessen worden, weil die Größenordnung der in der Rechnung auftretenden Zahlen falsch abgeschätzt wurde. Die Korrektur kann folgendermaßen vorgenommen werden:

Nr.	Platz	Befehl OPC	Befehl Adr	Befehl Mod	Bemerkungen
.					
.					
.					
11	1510	ADF	1000		$Zx + a_0 \Rightarrow Z$
12′	1511	SPR	1600		
13′	1600	SRQ	0001		$0{,}1\,Z \Rightarrow Z$
14′	1601	SPR	1512		
13	1512	DVF	1004		$Z/N \Rightarrow y$

Das Zusammenfügen verschiedener Programmteile mit Hilfe von unbedingten Sprungbefehlen stellt an sich noch keine echte Programmverzweigung dar. Der Sprungbefehl ist nur ein wichtiges Mittel zur Programmierung von Verzweigungen. Die Verzweigung eines Programms erfolgt stets auf Grund von Bedingungen. Die häufigste Form ist die Verzweigung in zwei Äste. Es wird dabei also eine zweiwertige Bedingung geprüft. Bei der Beschreibung durch Programmablaufpläne geschieht das meist in Form einer Frage, die die beiden Antworten „ja“ oder „nein“

zuläßt. Diese Art der Verzweigung soll als *einfach* bezeichnet werden. Jede *mehrfache Verzweigung* läßt sich aus einfachen zusammensetzen, Bild 3/3. Zur Programmierung derartiger Strukturen braucht der Befehlscode also nur Operationen zur Prüfung zweiwertiger Bedingungen zu enthalten.

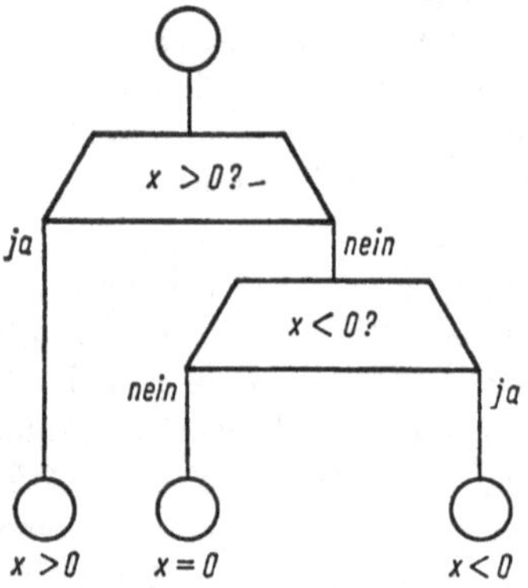

3/3 Aufbau einer mehrfachen Verzweigung

4. Programmbeispiel

Der Anfahrvorgang einer Dampfturbine muß in Abhängigkeit vom thermischen Zustand der Maschine gesteuert werden. Die dabei zu beachtenden Bedingungen lassen sich in einem *Leitwertdiagramm* darstellen [28]. Bild 3/4 zeigt dieses Diagramm in vereinfachter Form.

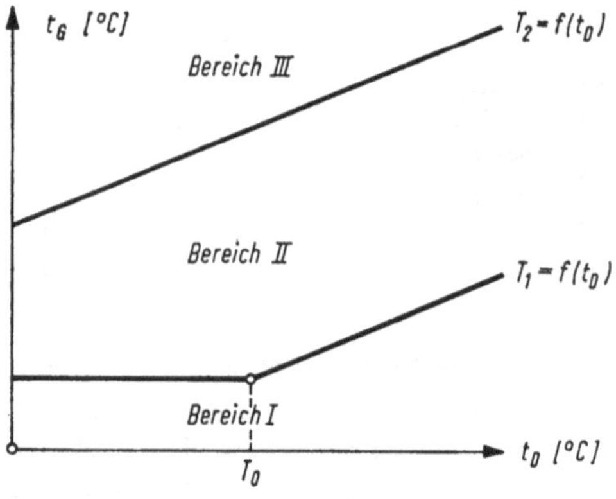

3/4 Leitwertdiagramm als Betriebsanweisung für das Anfahren einer Dampfturbine

Es wird die Temperatur des Dampfes t_D und des Turbinengehäuses t_G an einer charakteristischen Stelle gemessen. Liegt der Meßpunkt in dem Bereich I unterhalb der Kurve T_1, so ist die Maschine vorzuwärmen; im Bereich II zwischen T_1 und T_2 darf angefahren werden; im Bereich III muß die Dampftemperatur gesteigert werden, bevor man mit dem Anfahren beginnen darf.

Die Grenzkurven sind durch folgende Gleichungen gegeben:

$$T_1 = \begin{cases} a_0 & \text{für } t_D \leq T_0 \\ a_1 + a_2\, t_D & \text{für } t_D > T_0 \end{cases}$$

$$T_2 = b_1 + b_2\, t_D.$$

Das Programm soll prüfen, in welchem Bereich des Leitwertdiagramms der Meßpunkt liegt und dementsprechend zu verschiedenen Folgeprogrammen weiterlaufen.

a) *Programmablaufplan*

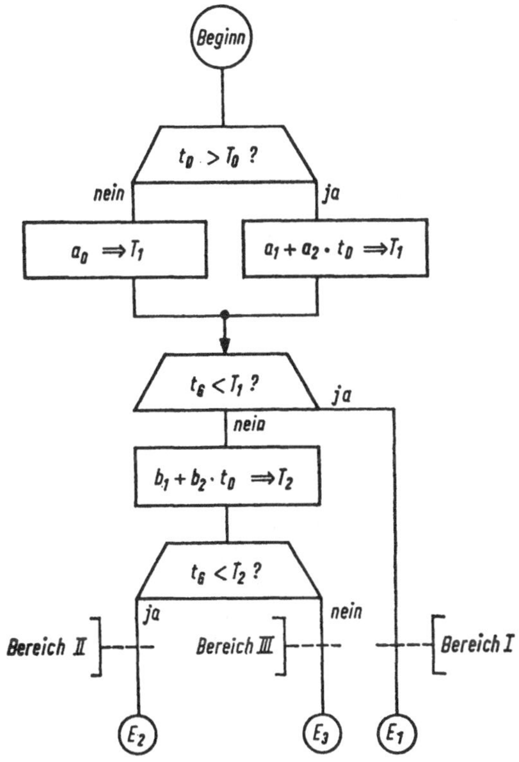

turbine; die Temperaturen des Dampfes und des Turbinengehäuses sollen so aufeinander abgestimmt werden, daß die Maschine auf ihre Betriebsdrehzahl hochgefahren werden kann. Die Prüfung des Leitwertdiagramms, wie sie im vorigen Programmbeispiel erläutert wurde, ist hier als dreifache Verzweigung „Leitwert prüfen" dargestellt.

Liegen die Temperaturen im Bereich I oder III, so wird durch geeignete Steuerungsmaßnahmen eine Temperaturänderung eingeleitet. Nach Ablauf einer Wartezeit wird mit dem Leitwertprogramm erneut geprüft, ob der gewünschte Zustand „Bereich II" erreicht ist, andernfalls muß weiter gewartet werden.

Bei einer Zustandsänderung von Bereich I nach Bereich III oder umgekehrt wird immer Bereich II durchlaufen. Da ferner die Prüfung des Leitwertdiagramms in relativ kurzen Zeitabständen durchgeführt wird, ist es nicht möglich, daß bei zwei aufeinander folgenden Prüfungen Bereich I und III vorkommt. In diesem Fall muß vielmehr ein Fehler bei der Temperaturmessung aufgetreten sein. Das Erkennen solcher Fehler erfolgt mit Hilfe der Schalter *A* und *B*. Sie werden nach der ersten Leitwertprüfung in eine dem Bereich zugeordnete Stellung gebracht und bewirken später eine Verzweigung, wenn ein Meßfehler vorliegt.

3.6 Symbolische Adressen

An den bisherigen Beispielen läßt sich schon erkennen, daß das Bestimmen der Adressen bei umfangreichen Programmen eine recht mühselige Arbeit sein kann. Sie ist zwar nach sehr einfachen Regeln auszuführen, wird aber dadurch erst recht nicht angenehmer und kann deshalb leicht zu Flüchtigkeitsfehlern führen. Es gibt dabei zwei hauptsächliche Ursachen für Fehler:

1. Bei verzweigten Programmen sind die Zieladressen von Sprungbefehlen oft noch nicht bekannt, wenn der Befehl aufgeschrieben wird, so daß diese Adressen nachträglich in die Befehlsliste eingetragen werden müssen.
2. Werden beim Prüfen eines Programms Fehler entdeckt, dann müssen oft zusätzliche Befehle in das Programm eingeschoben werden. Wie im vorigen Abschnitt gezeigt wurde, kann das unter Benutzung von Sprungbefehlen geschehen; jedoch besitzt das endgültige Programm dann mehr Befehle als eigentlich erforderlich. Will man diesen Nachteil vermeiden, so muß man die Adressen vieler Befehle ändern.

Diese Nachteile lassen sich durch Verwendung sogenannter *symbolischer Adressen* vermeiden. Dabei werden an Stelle der Speicheradressen weitgehend willkürliche Symbole geschrieben. Erst nachdem das ganze Programm fertig ist, werden die Symbole durch echte Maschinenadressen ersetzt. Für die Zuordnung von Maschinenadressen zu symbolischen

Adressen gelten recht einfache Regeln. Deshalb ist es möglich, den Übersetzungsvorgang vom Rechner selbst ausführen zu lassen, vgl. Kap. 5.

Neben den Vereinfachungen bei der Aufstellung von Programmen bringt die Verwendung symbolischer Adressen den Vorteil mit sich, daß die so formulierten Programme auf beliebige Speicherplätze gebracht werden können. Häufig kommt es vor, daß Teile eines Programms auch in anderen Programmen Verwendung finden können. Sind sie mit symbolischen Adressen geschrieben, dann können sie unverändert übernommen werden.

Für die Notierung von Adressen sollen folgende Vorschriften festgelegt werden:

1. Symbolische Adressen beziehen sich — wie jede Adresse — auf Plätze des Speichers. Sie bestehen aus 1 bis 5 Zeichen, wofür alle Ziffern, Buchstaben und Sonderzeichen zugelassen sind. Mindestens eine Stelle der Adresse muß ein Nichtziffernzeichen sein.

   Beispiele: $SINX$, $13\,A$, $B\,2/7$.

2. Als Operandenadresse in einem Befehl darf sowohl eine symbolische als auch eine echte Maschinenadresse eingesetzt werden, die wie bisher als rein numerische Adresse zu schreiben ist.

3. Als Adresse eines Befehls darf nur eine symbolische Adresse angegeben werden. Die Befehlsadresse soll in die Spalte *Platz* der Befehlsliste nur dann eingetragen werden, wenn auf diesen Befehl an einer anderen Stelle des Programms Bezug genommen wird, insbesondere also, wenn der Befehl Ziel eines Sprungbefehls ist.

4. Wird die Operandenadresse eines Befehls vom Programm verändert, so daß kein bestimmter Wert angegeben werden kann, so wird XXX eingetragen.

Die Darstellung der Befehle mit symbolischen Adressen und mit dem schon bisher benutzten dreistelligen, symbolischen Befehlscode bildet den Kern einer *maschinenorientierten Programmsprache*, deren Verwendung gegenüber der reinen Maschinensprache wesentliche Erleichterungen schafft.

5. Programmbeispiel

Speicherplan und Befehlsliste des 4. Programmbeispiels sollen mit symbolischen Adressen geschrieben werden. Die Variablen t_D und t_G werden (von einem anderen Programm) vorher auf die Plätze 1100 und 1101 gebracht.

b) *Speicherplan*

Platz	Typ	Inhalt
1100	V	t_D
1101	V	t_G
A 0	K	a_0
A 1	K	a_1
A 2	K	a_2
B 1	K	b_1
B 2	K	b_2
T 0	K	T_0

c) *Befehlsliste*

Nr.	Platz	Befehl OPC	Befehl Adr	Befehl Mod	Bemerkungen
1		TSA	1100		
2		SBF	T 0		$t_D - T_0 > 0$?
3		SGR	BEF 1		
4		TSA	A 0		$a_0 \Rightarrow T_1$
5		SPR	BEF 2		
6	BEF 1	TSA	A 2		
7		MLF	1100		$a_2 t_D + a_1 \Rightarrow T_1$
8		ADF	A 1		
9	BEF 2	SBF	1101		$T_1 - t_G > 0$?
10		SGR	BER 1		Bereich I
11		TSA	B 2		
12		MLF	1100		$b_1 t_D + b_1 \Rightarrow T_2$
13		ADF	B 1		
14		SBF	1101		$T_2 - t_G > 0$?
15		SGR	BER 2		Bereich II
16		SPR	BER 3		Bereich III

3.7 Zyklische Programme

Zyklische Programme sind dadurch gekennzeichnet, daß bestimmte Teile des Programms mehrfach durchlaufen werden. Die charakteristische Struktur zeigt Bild 3/6.

Adressen gelten recht einfache Regeln. Deshalb ist es möglich, den Übersetzungsvorgang vom Rechner selbst ausführen zu lassen, vgl. Kap. 5.

Neben den Vereinfachungen bei der Aufstellung von Programmen bringt die Verwendung symbolischer Adressen den Vorteil mit sich, daß die so formulierten Programme auf beliebige Speicherplätze gebracht werden können. Häufig kommt es vor, daß Teile eines Programms auch in anderen Programmen Verwendung finden können. Sind sie mit symbolischen Adressen geschrieben, dann können sie unverändert übernommen werden.

Für die Notierung von Adressen sollen folgende Vorschriften festgelegt werden:

1. Symbolische Adressen beziehen sich — wie jede Adresse — auf Plätze des Speichers. Sie bestehen aus 1 bis 5 Zeichen, wofür alle Ziffern, Buchstaben und Sonderzeichen zugelassen sind. Mindestens eine Stelle der Adresse muß ein Nichtziffernzeichen sein.

   Beispiele: $SINX$, $13\,A$, $B\,2/7$.

2. Als Operandenadresse in einem Befehl darf sowohl eine symbolische als auch eine echte Maschinenadresse eingesetzt werden, die wie bisher als rein numerische Adresse zu schreiben ist.

3. Als Adresse eines Befehls darf nur eine symbolische Adresse angegeben werden. Die Befehlsadresse soll in die Spalte *Platz* der Befehlsliste nur dann eingetragen werden, wenn auf diesen Befehl an einer anderen Stelle des Programms Bezug genommen wird, insbesondere also, wenn der Befehl Ziel eines Sprungbefehls ist.

4. Wird die Operandenadresse eines Befehls vom Programm verändert, so daß kein bestimmter Wert angegeben werden kann, so wird XXX eingetragen.

Die Darstellung der Befehle mit symbolischen Adressen und mit dem schon bisher benutzten dreistelligen, symbolischen Befehlscode bildet den Kern einer *maschinenorientierten Programmsprache*, deren Verwendung gegenüber der reinen Maschinensprache wesentliche Erleichterungen schafft.

5. Programmbeispiel

Speicherplan und Befehlsliste des 4. Programmbeispiels sollen mit symbolischen Adressen geschrieben werden. Die Variablen t_D und t_G werden (von einem anderen Programm) vorher auf die Plätze 1100 und 1101 gebracht.

b) *Speicherplan*

Platz	Typ	Inhalt
1100	V	t_D
1101	V	t_G
A 0	K	a_0
A 1	K	a_1
A 2	K	a_2
B 1	K	b_1
B 2	K	b_2
T 0	K	T_0

c) *Befehlsliste*

Nr.	Platz	Befehl OPC	Befehl Adr	Befehl Mod	Bemerkungen
1		TSA	1100		
2		SBF	T 0		$t_D - T_0 > 0$?
3		SGR	BEF 1		
4		TSA	A 0		$a_0 \Rightarrow T_1$
5		SPR	BEF 2		
6	BEF 1	TSA	A 2		
7		MLF	1100		$a_2 t_D + a_1 \Rightarrow T_1$
8		ADF	A 1		
9	BEF 2	SBF	1101		$T_1 - t_G > 0$?
10		SGR	BER 1		Bereich I
11		TSA	B 2		
12		MLF	1100		$b_1 t_D + b_1 \Rightarrow T_2$
13		ADF	B 1		
14		SBF	1101		$T_2 - t_G > 0$?
15		SGR	BER 2		Bereich II
16		SPR	BER 3		Bereich III

3.7 Zyklische Programme

Zyklische Programme sind dadurch gekennzeichnet, daß bestimmte Teile des Programms mehrfach durchlaufen werden. Die charakteristische Struktur zeigt Bild 3/6.

Die Anzahl der Durchläufe durch den zyklischen Teil des Programms kann fest vorgegeben oder veränderlich sein. Im ersten Fall müssen die Durchläufe gezählt werden, was z. B. dadurch geschehen kann, daß der Inhalt eines Speicherplatzes, des *Zählers*, bei jedem Durchlauf um 1 erhöht wird. Bedingung für die Beendigung des zyklischen Ablaufs ist dann, daß der Zählerstand einen bestimmten Wert hat. Im zweiten Fall ist die Zahl der Durchläufe von Ergebnissen der Rechnung abhängig. Typische Anwendungsfälle solcher Programme sind Iterationszyklen, die so lange durchlaufen werden, bis eine Größe mit ausreichender Genauigkeit berechnet ist.

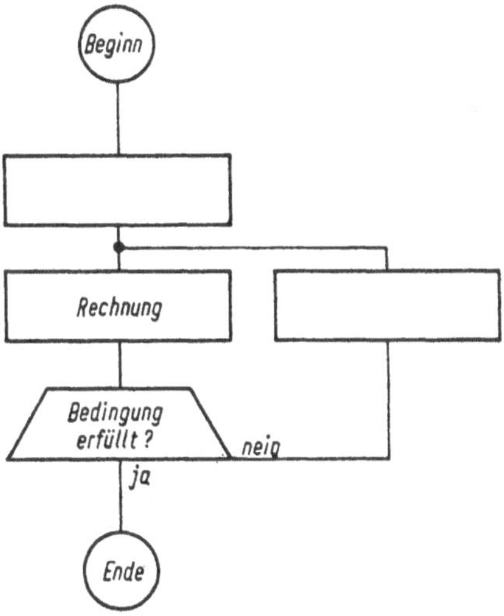

3/6 Aufbau eines zyklischen Programms

Als erstes Beispiel soll ein zyklisches Programm mit einer festen Zahl von Durchläufen betrachtet werden.

6. Programmbeispiel

Zu einer positiven ganzen Zahl N soll die Fakultät

$$N! = 1 \cdot 2 \cdot 3 \cdots (N - 1) \cdot N$$

berechnet werden. — N steht bei Beginn der Rechnung im Akkumulator, das Ergebnis $N!$ soll ebenfalls nach AC gebracht werden. N kann Werte zwischen $1 \leq N \leq 12$ annehmen; damit wird der maximale Funktionswert

$$\text{Max}\,(N!) = 12! = 479\,001\,600.$$

Es soll eine Wortlänge von 10 Dezimalstellen vorausgesetzt werden, so daß $N!$ in einem Wort mit der Zahldarstellung (10,0) aufgenommen werden kann.

a) *Programmablaufplan*

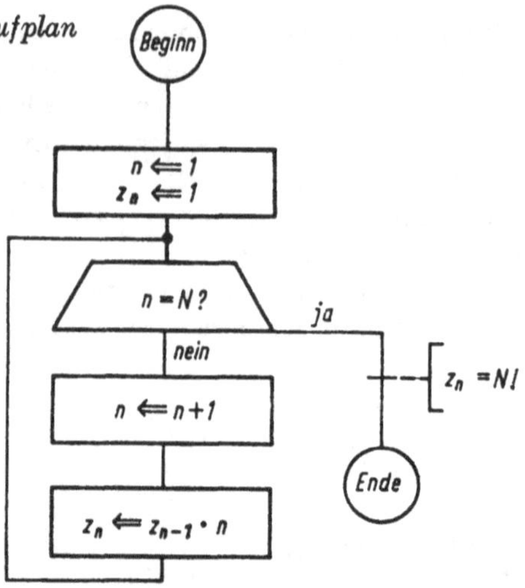

b) *Speicherplan*

Platz	Typ	Inhalt	
F 1	*K*	N	(10,0)
F 2	*K*	$Z_n = n!$	(10,0)
F 3	*V*	n	(10,0)
F 4	*K*	1	(10,0)

c) *Befehlsliste*

Nr.	Platz	Befehl OPC	Adr	Mod	Bemerkungen
1	*BEGIN*	TAS	F 1		$N \to F\,1$
2		TSA	F 4		
3		TAS	F 2		$1 \Rightarrow Z_n \to F\,2$
4		TAS	F 3		$1 \Rightarrow n \to F\,3$
5	*BEF* 5	SBF	F 1		$n = N\,?$ (5–6)
6		SGL	BEF 14		
7		TSA	F 3		$n + 1 \Rightarrow n$ (7–9)
8		ADF	F 4		
9		TAS	F 3		
10		MLF	F 2		$n\,Z_{n-1} \Rightarrow Z_n$ (10–11)
11		TQS	F 2		
12		TSA	F 3		
13		SPR	BEF 5		
14	*BEF* 14	TSA	F 2		$Z_n \Rightarrow N!$
15		SPR	ENDE		

In diesem Beispiel wird der Zähler $\langle F\,3\rangle = n$ für zwei verschiedene Zwecke verwendet; er dient einmal zum Zählen der Zyklen, zum anderen ist er ein Faktor der eigentlichen Rechnung. Das ist ein sehr spezieller Fall eines zyklischen Programms. Es kommt zwar oft vor, daß der Rechengang beim Durchlaufen des Zyklus vom Zählerstand abhängig ist, jedoch geht der Inhalt des Zählers meist nicht direkt in die Rechenformeln ein. Vielmehr treten in zyklischen Programmen häufig mit Indizes versehene Größen auf, und der Wert des Index ist bei jedem Durchlaufen des Zyklus ein anderer; er ist eine Funktion des Zählerstandes.

Ein typisches Beispiel für ein derartiges Programm ist die Berechnung eines Polynoms

$$y = \sum_{\nu=0}^{n} a_\nu x^\nu$$

nach dem Horner-Schema, vgl. Bild 3/7.

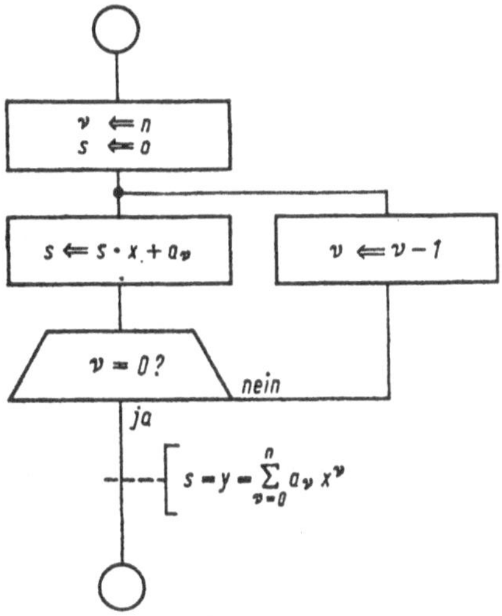

3/7 Polynomberechnung nach dem Horner-Schema

Beim Durchlaufen des Zyklus muß die Rechnung

$$s \Leftarrow s \cdot x + a_\nu$$

ausgeführt werden. Die Adressen der Speicherplätze der beteiligten Größen seien $\langle ES\rangle = s$, $\langle IX\rangle = x$, $\langle ANY\rangle = a_\nu$; dann wäre die zugehörige Befehlsfolge

TSA	*ES*
MLG	*IX*
ADG	*ANY*
TAS	*ES*.

Die Adresse ANY muß nun bei jedem Durchlauf einen anderen Wert haben, damit jeweils der richtige Koeffizient des Polynoms addiert wird. Beim ersten Durchlauf ist $ANY = \rangle a_n \langle$, beim zweiten $ANY = \rangle a_{n-1} \langle$ usw. Allgemein gilt $ANY = \rangle a_\nu \langle$, wobei ν durch den Stand des Zählers gegeben ist. Mit jeder Änderung des Zählerstandes $\nu \Leftarrow \nu - 1$ muß also auch die Adresse ANY des Additionsbefehls geändert werden.

Dieser Sachverhalt ist typisch für zyklische Programme, in denen Rechnungen mit indizierten Größen ausgeführt werden. Diese wichtige Gruppe von Programmen ist durch folgende Eigenschaften gekennzeichnet:

1. Bei jedem Durchlaufen des Programmzyklus wird die gleiche Rechnung mit (teilweise oder völlig) anderen Zahlenwerten durchgeführt.
2. Die bei der Rechnung beteiligten Zahlenwerte sind durch Indizes bestimmt, deren Wert eine Funktion des Standes des Zykluszählers ist.
3. Die Zahlenwerte stehen auf bestimmten Speicherplätzen, deren Adressen nach 2. ebenfalls aus dem Zählerstand abzuleiten sind.

Als neue Aufgabe ergibt sich also bei diesen Programmen eine Änderung von Adressen während des Programmablaufs. Im folgenden Beispiel soll ein hierfür geeignetes Verfahren erläutert werden.

7. Programmbeispiel

Berechnung des Brigg'schen Logarithmus $y = \log_{10} x$ für $0 < x < 1$. Als Näherung wird die Gleichung

$$\log_{10} \bar{x} = \sum_{\nu=0}^{9} a_\nu \left(\frac{\bar{x} - \sqrt{0{,}1}}{\bar{x} + \sqrt{0{,}1}}\right)^\nu, \quad 1 \geq \bar{x} \geq 0{,}1$$

verwendet, mit der der maximale Fehler kleiner als $1{,}5 \cdot 10^{-7}$ wird [29]. Liegt x außerhalb des Wertebereichs von $\bar{x}$, d. h. $x < 0{,}1$, so gilt

$$\bar{x} = 10^k x, \quad \log x = \log \bar{x} - k.$$

Die Berechnung von $\log x$ kann also immer auf die Auswertung der Näherungsgleichung zurückgeführt werden.

a) *Programmablaufplan*

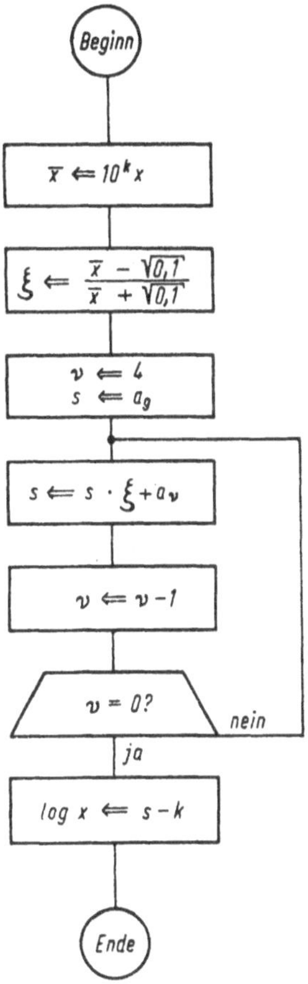

b) *Speicherplan*

Platz	Typ	Inhalt	
A 9	*K*	$a_9 = 0{,}191\,337\,714$	(1,9)
A 8	*K*	$a_8 = 0$	(1,9)
	K	$a_7 = 0{,}094\,376\,476$	(1,9)
	K	$a_6 = 0$	(1,9)
	K	$a_5 = 0{,}177\,522\,071$	(1,9)
	K	$a_4 = 0$	(1,9)
	K	$a_3 = 0{,}289\,335\,524$	(1,9)
	K	$a_2 = 0$	(1,9)
	K	$a_1 = 0{,}868\,591\,718$	(1,9)
	K	$a_0 = 0{,}5$	(1,9)

Platz	Typ	Inhalt	
KON	*K*	$\sqrt{0,1}$	(1,9)
NEUN	*K*	9	(10,0)
BEF	*K*	*ADF A* 8	—
KA	*V*	$k\ (10^k x = \bar{x})$	(1,9)
XI	*V*	$\bar{x},\ \xi = \frac{\bar{x} - \sqrt{0,1}}{\bar{x} + \sqrt{0,1}}$	(0,10)
ZW	*V*	$\bar{x} + \sqrt{0,1},\ s$	(1,9)
NY	*V*	ν	(10,0)

c) *Befehlsliste*

Nr.	Platz	Befehl OPC	Befehl Adr	Befehl Mod	Bemerkungen
1	*BEGIN*	SLZ			$10^k x \Rightarrow \bar{x}$
2		SRA	1		$\bar{x} \to XI$
3		TAS	XI		
4		ADF	KON		$\bar{x} + \sqrt{0,1} \to ZW$
5		TAS	ZW		
6		SQL	9		$k \to KA$
7		TQS	KA		
8		TSA	XI		$\frac{\bar{x} - \sqrt{0,1}}{\bar{x} + \sqrt{0,1}} \Rightarrow \xi \to XI$
9		SBF	KON		
10		DVF	ZW		
11		TQS	XI		
12		TSA	NEUN		$9 \Rightarrow \nu$
13		TAS	NY		
14		TSA	BEF		
15		TAS	LOG 2		
16		TSA	A 9		$a_9 \Rightarrow s \to ZW$
17		TAS	ZW		
18	*LOG* 1	TSA	ZW		$s \cdot \xi + a_\nu \Rightarrow s$
19		MLF	XI		
20	*LOG* 2	ADF	XXX		
21		TAS	ZW		
22		ZSK	NY		$\nu - 1 \Rightarrow \nu,\ \nu = 0\,?$
23		SPR	LOG 3		

Nr.	Platz	Befehl OPC	Befehl Adr	Befehl Mod	Bemerkungen
24		TSA	LOG 2		$\nu - 1 \Rightarrow \nu$
25		ADF	EINS		
26		TAS	LOG 2		
27		SPR	LOG 1		
28	*LOG* 3	TSA	ZW		$s - k \Rightarrow \log x$
29		SBF	KA		
30		SPR	ENDE		

d) *Erläuterungen*

Der zyklische Teil des Programms wird durch die Befehle 18 bis 27 verwirklicht. Die eigentliche Rechnung nach dem Horner-Schema erfolgt mit den ersten vier Befehlen, während alle übrigen zur Organisation des zyklischen Ablaufes verwendet werden. Hierzu dient einmal der Zähler ν. Durch den Befehl 22, *Zählskip*, wird ν bei jedem Durchlauf um 1 erniedrigt und anschließend geprüft, ob es den Wert 0 angenommen hat. Ist das der Fall, so wird mit dem folgenden Sprungbefehl der Zyklus verlassen, andernfalls wird dieser Befehl geskipt (= ausgelassen). Die Befehle 24 bis 26 bewirken dann eine Änderung der Adresse in Befehl 20, mit dem im Horner-Schema die Addition des Koeffizienten a_ν vorgenommen wird.

Da die Koeffizienten a_ν in aufeinanderfolgenden Speicherplätzen abgelegt sind, muß die Adresse bei jedem Durchlauf des Zyklus um 1 erhöht werden, es muß also zu der *Adresse* eine 1 addiert werden. Mit Befehl 25 wird nun aber der ganze *Befehl* bei der Addition beteiligt.

Die Möglichkeit zu diesem Rechnen mit Befehlen ergibt sich aus der Tatsache, daß jede Information — Zahlwort, Befehl, Alphawort — als eine Folge von Bits dargestellt wird. Welcher Informationstyp vorliegt, läßt sich aus der Bitfolge selbst nicht ersehen. Man kann also auch einen Befehl in den Akkumulator bringen und ihn als Operanden bei einer arithmetischen Operation verwenden, er wird dann wie ein Zahlwort verarbeitet. Da die Adresse in einem Befehlswort als Festkommazahl verschlüsselt ist und in dem rechten Teil des Wortes gespeichert wird,

OPC Mod Adr

ist die Addition oder Subtraktion einer Festkommazahl zu einem Befehl gleichbedeutend mit einer Adreß-Addition bzw. -Subtraktion. Allerdings hat nicht jede derartige Operation ein sinnvolles Ergebnis. Man muß darauf achten, daß die Summe aus Adresse und Konstante nicht mehr Stellen als der Adreßteil im Befehl besitzt, weil sonst mit einem Überlauf in den Modifikations- bzw. Operationsteil ein Befehl anderer Bedeutung entstehen würde. Der Adreßteil ist so lang, daß er jede mögliche Speicheradresse aufnehmen kann. Ein Überlauf wäre also gleichwertig mit der Ermittlung einer im Rechner nicht vorhandenen Adresse, er wäre ein Programmierungsfehler.

Bevor das Programm in den zyklischen Teil eintritt, muß ν seinen Anfangswert $\nu = 9$ erhalten. Mit Befehl 12 und 13 wird der eigentliche Zähler gesetzt, während mit 14 und 15 dem Additionsbefehl seine Ausgangsadresse $\rangle a_8 \langle$ gegeben wird. Außerdem muß noch die bei der Rechnung gebildete Summe s auf den Anfangswert $s = a_9$ gesetzt werden, Befehl 16 und 17.

Zu Anfang des Programms muß aus der im Akkumulator stehenden Variablen x die Rechengröße $\bar{x}$ gebildet werden, was sich mit dem ersten Befehl, *Stellenversetzen mit Zählen*, sehr einfach bewerkstelligen läßt. Die Zahl k der Stellenversetzungen erscheint im Quotientenregister in der Zahldarstellung (10,0). Wenn am Schluß des Programms $\log x$ als $s - k$ gebildet werden soll, wird es aber in der Darstellung (1,9) benötigt. Deshalb erfolgt mit Befehl 6 eine Änderung der Kommastellung, bevor k in Befehl 7 abgespeichert wird. — Die weiteren Befehle des Programms dienen einfachen arithmetischen Operationen, wie sie in den vorangegangenen Abschnitten schon besprochen wurden.

Bei diesem Beispiel besitzt das Programm eine möglichst geringe Zahl von Befehlen. Die gleiche Rechnung läßt sich auch mit längeren Programmen abwickeln. So kann man die Aufgabe mit einem linearen Programm lösen, bei dem die Befehle des zyklischen Programmteils neunmal hintereinander geschrieben werden. Hierbei entfallen die Befehle für das Zählen und das Umrechnen der Adressen; es werden nur die arithmetischen Befehle benötigt. Die Gesamtzahl der vom Rechner verarbeiteten Befehle und damit die Rechenzeit wird geringer, der Speicherplatzbedarf dagegen größer. Derartige lineare Programme, die durch „Strecken" eines zyklischen Programms entstehen, wird man also dann verwenden, wenn die Rechnung mit besonders hoher Geschwindigkeit abgewickelt werden soll. In den meisten Fällen wird man jedoch darauf achten, möglichst wenige Speicherplätze zu benutzen, weil der Preis des Speichers einen hohen Anteil an den Gesamtkosten des Rechners hat.

Für das 7. Programmbeispiel soll im folgenden eine andere Lösungsmöglichkeit gezeigt werden, bei der durch teilweises Strecken ohne wesentliche Vergrößerung des Speicherbedarfs die Bearbeitungsgeschwindigkeit höher ist als in der ersten Fassung.

8. Programmbeispiel

Aufgabenstellung wie im 7. Programmbeispiel.

a) *Programmablaufplan*

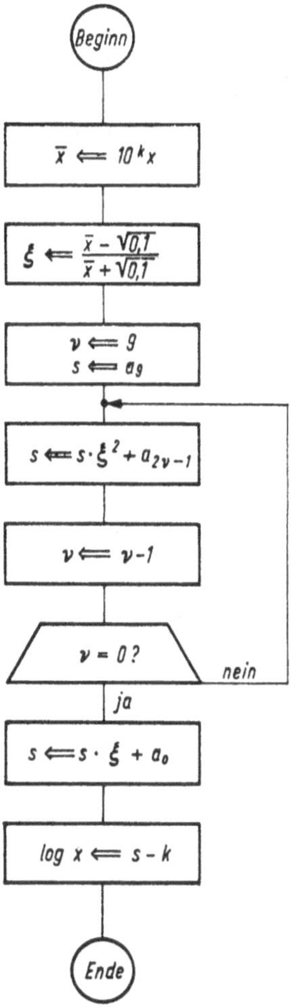

b) *Speicherplan*

Platz	Typ	Inhalt	
A 9	*K*	a_9	(1,9)
A 7	*K*	a_7	(1,9)
	K	a_5	(1,9)
	K	a_3	(1,9)
	K	a_1	(1,9)
A 0	*K*	a_0	(1,9)

Platz	Typ	Inhalt	
KON	*K*	$\sqrt{0{,}1}$	(1,9)
VIER	*K*	4	(10,0)
BEF	*K*	*ADF A* 7	—
KA	*V*	k	(1,9)
XI	*V*	$\bar{x}, \xi$	(0,10)
XI 2	*V*	ξ^2	(0,10)
ZW	*V*	$\bar{x} + \sqrt{0{,}1},\ s$	(1,9)
NY	*V*	ν	(10,0)

c) *Befehlsliste*

Nr.	Platz	Befehl OPC	Befehl Adr	Befehl Mod	Bemerkungen
1	*BEGIN*	SLZ			$10^k x \Rightarrow \bar{x}$
2		SRA	1		$\bar{x} \rightarrow XI$
3		TAS	XI		
4		ADF	KON		$\bar{x} + \sqrt{0{,}1} \rightarrow ZW$
5		TAS	ZW		
6		SQL	9		$k \rightarrow KA$
7		TQS	KA		
8		TSA	XI		$\dfrac{\bar{x} - \sqrt{0{,}1}}{\bar{x} + \sqrt{0{,}1}} \Rightarrow \xi \rightarrow XI$
9		SBF	KON		
10		DVF	ZW		
11		TQS	XI		
12		TSA	XI		$\xi^2 \rightarrow XI\,2$
13		MLF	XI		
14		TAS	XI 2		
15		TSA	VIER		$4 \Rightarrow \nu$
16		TAS	NY		
17		TSA	BEF		
18		TAS	LOG 2		
19		TSA	A 9		$a_9 \Rightarrow s \rightarrow ZW$
20		TAS	ZW		
21	*LOG* 1	TSA	ZW		$s \cdot \xi^2 + a_{2\nu-1} \Rightarrow s$
22		MLF	XI 2		
23	*LOG* 2	ADF	XXX		
24		TAS	ZW		

Nr.	Platz	Befehl OPC	Adr	Mod	Bemerkungen
25		ZSK	NY		$\nu - 1 \Rightarrow \nu,\ \nu = 0$?
26		SPR	LOG 3		
27		TSA	LOG 2		$\nu - 1 \Rightarrow \nu$
28		ADF	EINS		
29		TAS	LOG 2		
30		SPR	LOG 1		
31		TSA	ZW		$s \cdot \xi + a_0 \Rightarrow s$
32		MLF	XI		
33		ADF	A 0		
34		SBF	KA		$s - k \Rightarrow \log x$
35		SPR	ENDE		

d) *Erläuterungen*

Bei diesem Programm wird die Tatsache ausgenutzt, daß in dem Polynom die Potenzen mit geradzahligem Exponenten wegfallen, weil die Koeffizienten $a_{2\nu} = 0$ sind. Der zyklische Teil braucht also nur viermal durchlaufen zu werden, während er in der ersten Fassung im 7. Programmbeispiel neunmal benutzt wurde. Da hier insgesamt nur zwei zusätzliche Speicherplätze benötigt werden, bietet diese Fassung dank ihrer höheren Rechengeschwindigkeit erhebliche Vorteile.

In den bisherigen Beispielen 6 bis 8 wurden zyklische Programme mit einer festen Anzahl von Durchläufen behandelt. Als nächstes sollen nun an einem Beispiel die typischen Eigenschaften von Programmen mit einer variablen Zahl von Durchläufen gezeigt werden.

9. Programmbeispiel

Zu einer gegebenen Temperatur ist der Dampfdruck von Wasser zu berechnen. Die Siedetemperatur von Wasser ist eine Funktion des Drucks, die mit einer Genauigkeit von $0{,}05^0\,K$ durch folgende Gleichung berechnet werden kann [30]:

$$\vartheta_s = F(\pi) = \sum_{n=0}^{10} b_n (\log \pi)^n$$

$$\vartheta_s = \frac{T_s}{T_0}, \quad \pi = \frac{p}{p_0}$$

T_s [K] Sättigungstemperatur
p [ata] Druck
$T_0 = 1000$ [K]
$p_0 = 1000$ [ata]

Ist die Temperatur ϑ_s gegeben und will man den Dampfdruck π berechnen, so muß die Gleichung iterativ aufgelöst werden, was in Anlehnung an das Newtonsche Verfahren wie folgt geschehen kann:

$$\log \pi^{(1)} = \frac{1}{a}(\vartheta_s - \vartheta_0)$$

$$\vartheta^{(n)} = F(\pi^{(n)})$$

$$\log \pi^{(n+1)} = \log \pi^{(n)} + b\,[\vartheta^{(n)} - \vartheta_s]$$

a) *Programmablaufplan*

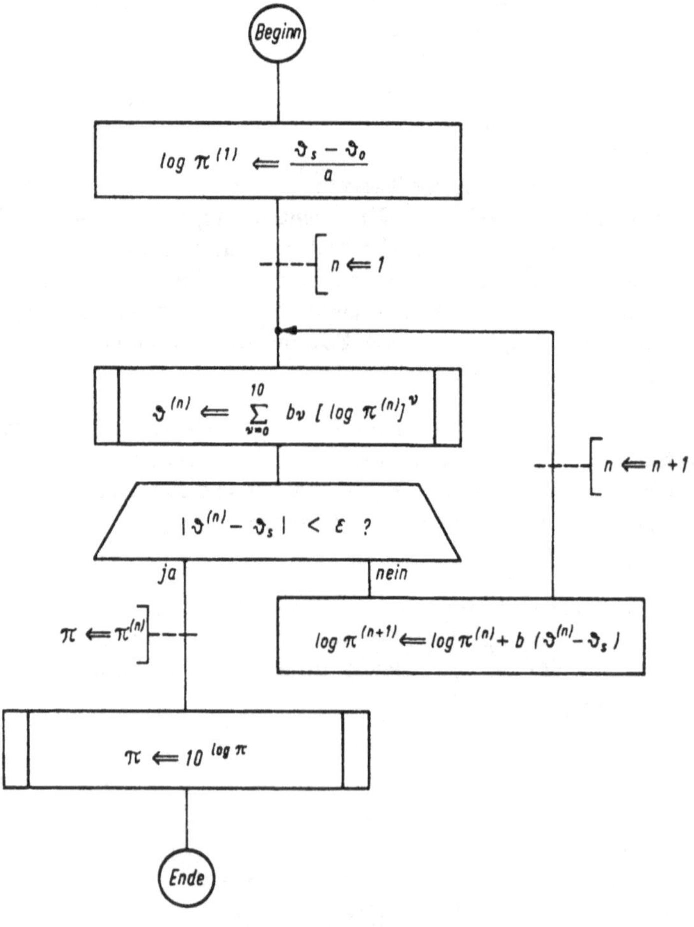

Die Berechnung von $\vartheta^{(n)}$ erfolgt durch ein Polynom mit Hilfe des Hornerschen Schemas. Der Ablaufplan entspricht dem allgemeinen

Schema von Bild 3/5, so daß dieser Teil hier vereinfacht als *Unterprogramm* dargestellt ist. Ähnliches gilt für die Berechnung von $10^{\log \pi}$.

b) *Speicherplan*

Platz	Typ	Inhalt	
B 10	*K*	b_{10}	(*GK*)
B 9	*K*	b_9	(*GK*)
.	.	.	
.	.	.	
.	.	.	
.	*K*	b_0	(*GK*)
T 0	*K*	t_0	(*GK*)
A	*K*	a	(*GK*)
B	*K*	b	(*GK*)
EPS	*K*	ε	(*GK*)
EINS	*K*	1	(*FK*)
ZEHN	*K*	10	(*FK*)
BEF	*K*	*ADG B* 9	
TS	*V*	ϑ_s	(*GK*)
LOGP	*V*	$\log \pi^{(n)}$	(*GK*)
NY	*V*	ν	(*FK*)
ZW	*V*	$s, \vartheta^{(n)} - \vartheta_s$	(*GK*)

c) *Befehlsliste*

Nr.	Platz	Befehl OPC	Befehl Adr	Befehl Mod	Bemerkungen
1	*BEGIN*	TSA	TS		$\dfrac{\vartheta_s - \vartheta_0}{a} \Rightarrow \log \pi^{(1)}$
2		SBG	TO		
3		DVG	A		
4		TAS	LOGP		
5	*A* 1	TSA	ZEHN		$10 \Rightarrow \nu$
6		TAS	NY		
7		TSA	BEF		
8		TAS	A 3		
9		TSA	B 10		$b_{10} \Rightarrow s$
10		TAS	ZW		

Nr.	Platz	Befehl OPC	Befehl Adr	Befehl Mod	Bemerkungen
11	*A* 2	TSA	ZW		$s \log \pi^{(n)} + a_{\nu-1} \Rightarrow s$
12		MLG	LOGP		
13	*A* 3	ADG	XXX		
14		TAS	ZW		
15		ZSK	NY		$\nu - 1 \Rightarrow \nu,\ \nu = 0$?
16		SPR	A 4		$\nu - 1 \Rightarrow \nu$
17		TSA	A 3		
18		ADF	EINS		
19		TAS	A 3		
20		SPR	A 2		
21	*A* 4	TSA	ZW		$s \Rightarrow \vartheta^{(n)}$
22		SBG	TS		$\vartheta^{(n)} - \vartheta_s \Rightarrow \triangle\vartheta$
23		TAS	ZW		
24		SKL	A 5		$\mid \triangle\vartheta \mid < \varepsilon$?
25		SBG	EPS		
26		SKL	EXP		
27		SPR	A 6		
28	*A* 5	ADG	EPS		
29		SGR	EXP		
30	*A* 6	TSA	ZW		$b \cdot \triangle\vartheta + \log \pi^{(n)} \Rightarrow \log \pi^{(n+1)}$
31		MLG	B		
32		ADG	LOGP		
33		TAS	LOGP		
34		SPR	A 1		
35	*EXP*				Programm $10^{\log \pi}$

d) *Erläuterungen*

Im Gegensatz zu den zyklischen Programmen mit einer festen Zahl von Durchläufen ist bei diesem Iterationszyklus kein Zähler erforderlich. Die Bedingung für die Beendigung des zyklischen Teils besteht darin, daß der errechnete Wert $\vartheta^{(n)}$ hinreichend genau mit dem gegebenen ϑ_s übereinstimmt. Man kann zwar zusätzlich auch die Zahl n der Zyklusdurchläufe zählen — z. B. um damit als Nebenergebnis ein Maß für die Güte des Iterationsverfahrens zu erhalten —, jedoch ist die Zählung für den Programmablauf nie ausschlaggebend; wesentlich ist immer ein Kriterium, das sich auf die Ergebnisse der Rechnung bezieht. — Das Programmstück zur Berechnung von $\pi \Leftarrow 10^{\log \pi}$, beginnend auf dem Speicherplatz *EXP*, ist nicht in die Befehlsliste aufgenommen worden. Diese Funktion kann näherungsweise durch ein Polynom unter Benutzung des Hornerschen Schemas berechnet werden; das Programm bringt also nichts Neues.

Das letzte Programmbeispiel enthält neben dem Iterationszyklus noch ein zweites zyklisches Programmstück, mit dem aus log $\pi^{(n)}$ die Näherungswerte $\vartheta^{(n)}$ berechnet werden. Die Programmstruktur wird grob durch Bild 3/8 dargestellt.

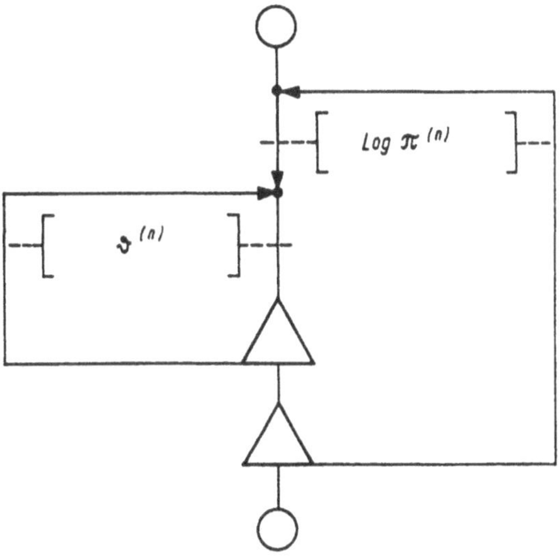

3/8 Zweifach zyklisches Programm

Die beiden Zyklen sind also ineinander geschachtelt. Nachdem der innere Zyklus mit dem Zähler ν jeweils zehnmal durchlaufen ist, erfolgt ein Durchlauf durch den äußeren Zyklus. Der Rechengang im inneren Programm wird von dem äußeren dadurch beeinflußt, daß der Wert log $\pi^{(n)}$, für den die Temperatur $\vartheta^{(n)}$ zu berechnen ist, von außen vorgeschrieben wird.

Solche *mehrfach zyklischen Programme* werden sehr häufig benötigt. Bei ihrer Formulierung erfordern die Teile besondere Aufmerksamkeit, mit denen die gegenseitige Beeinflussung der verschiedenen Zyklen festgelegt wird. Die Zahl der Befehle für diese Programmorganisation kann dabei manchmal viel größer sein als die der eigentlichen Rechenbefehle. Ein typisches Beispiel, bei dem die Probleme der Programmverschachtelung besonders deutlich werden, ist die Matrizenmultiplikation.

10. Programmbeispiel

Es ist das Produkt zweier quadratischer Matrizen zu bilden

$$c_{ik} = \sum_{j=1}^{N} a_{ij} \cdot b_{jk} \quad i,\ k = 1,\ \ldots,\ N.$$

a) *Programmablaufplan*

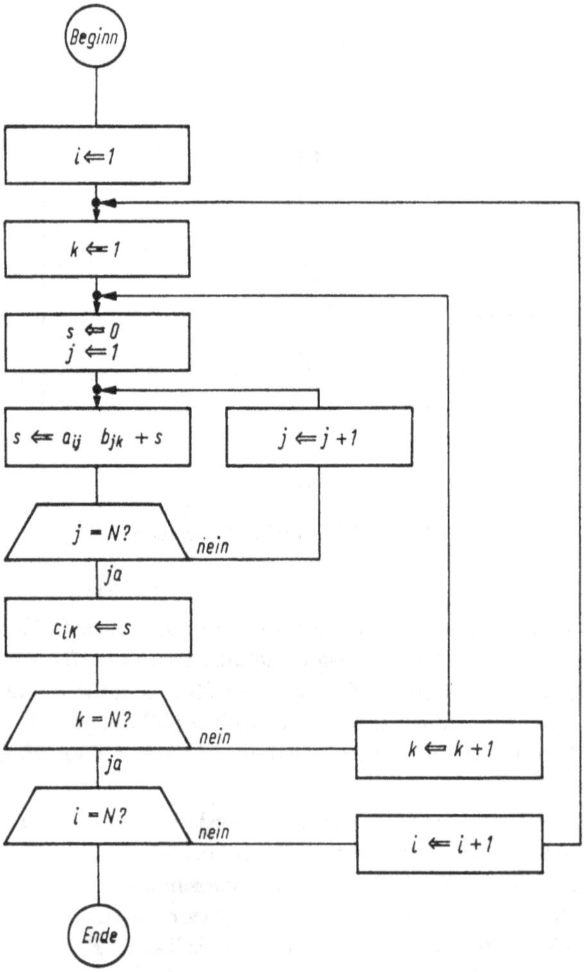

b) *Speicherplan*

Platz	Typ	Inhalt		
A 11	*K*	a_{11}	(*GK*)	Die Matrizen sind zeilenweise in aufeinanderfolgenden Zellen gespeichert
	K	a_{12}		
		⋮		
		a_{1n}		
		a_{21}		
		⋮		
		a_{2n}		
		⋮		
		a_{nn}		
B 11	*K*	b_{11}		
		⋮		
C 11	*K*	c_{11}		
		⋮		
I	*V*	i	(*FK*)	
J	*V*	j	(*FK*)	
K	*V*	k	(*FK*)	
SUM	*V*	s	(*GK*)	
EINS	*K*	1	(*FK*)	
N	*K*	*N*	(*FK*)	
BEF 1	*K*	*TAS* *C* 11		
BEF 2	*K*	*TSA* *A* 11		
BEF 3	*K*	*MLG* *B* 11		

c) *Befehlsliste*

Nr.	Platz	Befehl OPC	Adr	Mod	Bemerkungen
1	*BEGIN*	TSA	EINS		
2		TAS	I		$1 \Rightarrow i$
3		TSA	BEF 1		
4		TAS	M 6		
5	*M* 1	TSA	EINS		$1 \Rightarrow k$
6		TAS	K		
7	*M* 2	TSA	NULL		$0 \Rightarrow s$
8		TAS	SUM		
9		TSA	EINS		$1 \Rightarrow j$
10		TAS	J		
11		TSA	I		
12		SBF	EINS		Adresse $)a_{ij}($ für Befehl *M* 3 berechnen
13		MLF	N		
14		AQF	BEF 2		
15		TQS	M 3		
16		TSA	K		
17		SBF	EINS		Adresse $)b_{jk}($ für Befehl *M* 4 berechnen
18		ADF	BEF 3		
19		TQS	M 4		
20	*M* 3	TSA	XXX		
21	*M* 4	MLG	XXX		$a_{ij} \cdot b_{jk} + s \Rightarrow s$
22		ADG	SUM		
23		TAS	SUM		
24		TSA	J		
25		SBF	N		$j = N$?
26		SGL	M 5		
27		TSA	J		
28		ADF	EINS		
29		TAS	J		
30		TSA	M 3		
31		ADF	EINS		$j + 1 \Rightarrow j$
32		TAS	M 3		
33		TSA	M 4		
34		ADF	N		
35		TAS	M 4		
36		SPR	M 3		

Nr.	Platz	Befehl OPC	Adr	Mod	Bemerkungen
37	*M* 5	TSA	SUM		$s \Rightarrow c_{ik}$
38	*M* 6	TAS	XXX		
39		TSA	M 6		
40		ADF	EINS		$\rangle c_{ik}\langle + 1 \Rightarrow \rangle c_{ik}\langle$
41		TAS	M 6		
42		TSA	K		
43		SBF	N		$k = N$?
44		SGL	M 7		
45		TSA	K		
46		ADF	EINS		$k + 1 \Rightarrow k$
47		TAS	K		
48		SPR	M 2		
49	*M* 7	TSA	I		
50		SBF	N		$i = N$?
51		SGL	ENDE		
52		TSA	I		
53		ADF	EINS		$i + 1 \Rightarrow i$
54		TAS	I		
55		SPR	M 1		
56	*ENDE*				

d) *Erläuterungen*

Die eigentliche Rechnung wird mit den vier Befehlen 20 bis 23 erledigt; alle übrigen Instruktionen dienen zur Organisation des Programmablaufs. Den Hauptteil machen dabei die Adreßrechnungen aus. Bei der hier verwendeten zeilenweisen Speicherung der Matrizen läßt sich die Adresse eines beliebigen Elements $a_{\mu\nu}$ aus der des ersten a_{11} nach folgender Gleichung berechnen

$$\rangle a_{\mu\nu}\langle = \rangle a_{11}\langle + (\mu - 1)\, n + (\nu - 1)$$

(n = Anzahl der Zeilen oder Spalten der Matrix).

Mit Befehl 11 bis 15 wird danach die Operandenadresse $\rangle a_{ij}\langle$ für Befehl *M* 3 und mit 16 bis 19 die Adresse $\rangle b_{jk}\langle$ für *M* 4 ermittelt ($j = 0$). Die Änderung dieser beiden Adressen im inneren Zyklus nach Erhöhung des Zählers j um 1 geschieht mit den Befehlen 30 bis 36.

Die Elemente c_{ik} der Produktmatrix werden in der Reihenfolge berechnet, in der sie gespeichert werden. Deshalb muß zu Anfang, Befehl 3 und 4, der Speicherbefehl *M* 6 die Adresse $\rangle c_{11}\langle$ erhalten, und nach jeder Ausführung von *M* 6 wird die Adresse um 1 erhöht.

3.8 Adressenänderungen

Schon bei den einfach zyklischen Programmen bildeten die Änderungen von Adressen in den Befehlen des Programms einen wesentlichen Teil der Befehlsfolge; bei den mehrfach verschachtelten Zyklen kann ihre Bearbeitung zur Hauptaufgabe des Programmierers werden. Mit den bisher behandelten Befehlen und Programmierungsmethoden können zwar alle bei der Adreßrechnung vorkommenden Aufgaben behandelt werden; wegen des hohen Anteils der dazu benötigten Befehle am Gesamtprogramm sind jedoch Mittel geschaffen worden, um diese Programmteile einfacher und kürzer zu gestalten.

3.8.1 Indexregister

Als *Indexregister* bezeichnet man besondere Speicherplätze, die je eine Adresse aufnehmen können. Ihr Name rührt daher, daß sie hauptsächlich für Rechenprogramme mit indizierten Variablen benötigt werden. Als Indexregister verwendet man entweder bestimmte Plätze des Arbeitsspeichers, oder es werden dafür besondere Register im Leitwerk des Rechners eingerichtet.

Indexregister haben folgende Funktion: Wenn ein Befehl ein Kennzeichen für die Benutzung eines Indexregisters enthält, dann wird zu der Operandenadresse des Befehls der Inhalt des Indexregisters addiert und dann der Befehl mit der so errechneten neuen Adresse ausgeführt. Die Adreßrechnung erfolgt im Leitwerk, im Speicher bleibt der Befehl unverändert.

Zur Erläuterung der Arbeit mit Indexregistern sei angenommen, daß der Rechner neun Indexregister $I\,1$ bis $I\,9$ besitzt. Soll in einem Befehl eines dieser Register verwendet werden, dann wird im Modifizierungsteil dessen Nummer vermerkt. Steht zum Beispiel in dem Register $I\,3$ die Zahl 500,

$$\langle I\,3\rangle = 500$$

und lautet ein Befehl

OPC	Adr	Mod
TSA	1380	3

dann wird als *effektive Adresse* der Wert

$$1380 + \langle I\,3\rangle = 1380 + 500 = 1880$$

gebildet, und es wird der Befehl

$$TSA\ 1880$$

ausgeführt. Es ist auch möglich, in einem Befehl mehrere Indexregister zu verwenden. Mit

$$\langle I\,1\rangle = 20, \;\; \langle I\,4\rangle = 500$$

OPC	Adr	Mod
TAS	2200	1 4

wird also die effektive Adresse

$$2200 + \langle I\,1\rangle + \langle I\,4\rangle = 2720\,.$$

Mit Hilfe der Indexregister lassen sich die Adressen in Befehlen verändern, ohne daß mit den Befehlen vorher Adreßrechnungen durchgeführt werden müssen. Vielmehr ist jetzt der Inhalt der Indexregister zu verändern. Um diese Operationen einfach erledigen zu können, werden einige zusätzliche Befehle benötigt. Sie arbeiten jeweils mit einem Register Ik, dessen Nummer k als Modifizierungszeichen angegeben wird.

Der Transport zwischen den Registern und dem Speicher geschieht mit den Befehlen

OPC	Adr	Mod	
TSI	n	k	$\langle n\rangle \rightarrow Ik$
TIS	n	k	$\langle Ik\rangle \rightarrow n$

Zur Rechnung werden Additions- und Subtraktionsbefehle gebraucht:

ADI	n	k	$\langle Ik\rangle + \langle n\rangle \rightarrow Ik$
SBI	n	k	$\langle Ik\rangle - \langle n\rangle \rightarrow Ik$

Schließlich gibt es noch einen Skipbefehl zum Prüfen des Inhalts eines Indexregisters:

SKI	n	k	$\langle Ik\rangle = \langle n\rangle$: Der nächste Befehl wird übersprungen.

Da die Indexregister zur Aufnahme einer Adresse dienen, ist es auch möglich, in den Befehlen an Stelle des Inhalts $\langle n\rangle$ der durch die Operandenadresse n gekennzeichneten Speicherzelle direkt mit der Adresse n selbst zu arbeiten. Hierzu muß nur als Modifizierungszeichen neben die Nummer k

des Indexregisters der Buchstabe A (Absolutwert) gesetzt werden. Es bedeutet also z. B.

TSI	530	7	⟨530⟩ → *I* 7
TSI	530	7 *A*	530 → *I* 7

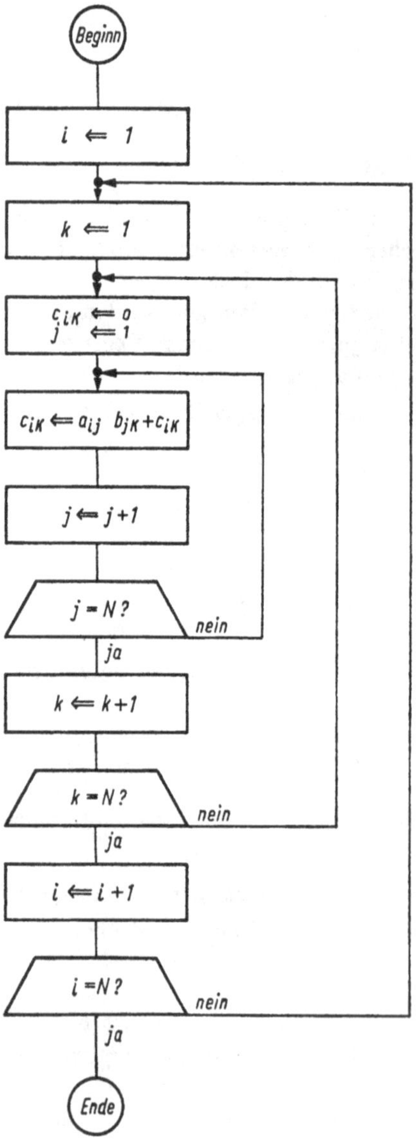

Die Befehle zum Laden der Indexregister werden benutzt, um vor Eintritt in einen zyklischen Programmzweig die Adressen auf ihre Anfangswerte zu setzen. Die arithmetischen Befehle dienen zur Adressenänderung während des zyklischen Teils, während der bedingte Skipbefehl manchmal gut geeignet ist, um das Ende des Zyklus zu erkennen. — Am Beispiel der Matrizenmultiplikation sollen die Vorteile der Benutzung von Indexregistern zur Adreßrechnung gezeigt werden.

11. Programmbeispiel

Aufgabenstellung wie im 10. Beispiel.

a) *Programmablaufplan*

b) *Speicherplan*

Platz	Typ	Inhalt
A 11	*K*	a_{11}
		a_{12}
		.
		.
		.
B 11	*K*	b_{11}
		b_{12}
		.
		.
		.
C 11	*K*	c_{11}
		c_{12}
		.
		.
		.
NULL	*K*	0

c) *Befehlsliste*

Nr.	Platz	Befehl OPC	Adr	Mod	Bemerkungen
1	*BEGIN*	TSI	0	1 A	$1 \Rightarrow i$
2	*M* 1	TSI	0	2 A	$1 \Rightarrow k$
3	*M* 2	TSA	NULL		$0 \Rightarrow c_{ik}$
4		TAS	C 11	1 2	
5		TSI	0	3 A	$1 \Rightarrow j$
6		TSI	0	4 A	
7	*M* 3	TSA	A 11	1 3	$a_{ij}\, b_{jk} + c_{ik} \Rightarrow c_{ik}$
8		MLG	B 11	4 2	
9		ADG	C 11	1 2	
10		TAS	C 11	1 2	
11		ADI	1	3 A	$j + 1 \Rightarrow j$
12		ADI	*n*	4 A	
13		SKI	*n*	3 A	$j = N$?
14		SPR	M 3		

Nr.	Platz	Befehl OPC	Adr	Mod	Bemerkungen
15		ADI	1	2 A	$k + 1 \Rightarrow k$
16		SKI	n	2 A	$k = N$?
17		SPR	M 2		
18		ADI	n	1 A	$i + 1 \Rightarrow i$
19		SKI	n^2	1 A	$i = N$?
20		SPR	M 1		
21		SPR	ENDE		

d) *Erläuterungen*

Bei der zeilenweisen Speicherung der Matrizen ergibt sich die Adresse eines beliebigen Elements $a_{\mu\nu}$ aus der des ersten a_{11} nach der Gleichung

$$\rangle a_{\mu\nu}\langle = \rangle a_{11}\langle + (\mu - 1)\, n + (\nu - 1).$$

Diese Formel ist dieselbe, die zur Errechnung der effektiven Adresse in einem Befehl verwendet wird, der mit zwei Indexregistern modifiziert ist. In dem Register für den Zeilenindex μ muß dazu der Wert $(\mu - 1)\, n$ und in dem Spaltenregister $(\nu - 1)$ stehen. Eine Erhöhung von μ um 1 ist gleichwertig mit einer Addition von n zum Inhalt des Indexregisters, während bei ν der Inhalt nur um 1 erhöht werden muß. Der Index i tritt in den Werten a_{ij} und c_{ik} auf, ist also ein Zeilenindex und wird im Register I 1 erfaßt. k wird in b_{jk} und c_{ik} als Spaltenindex benötigt und im Register I 2 gespeichert. Index j findet in a_{ij} als Spalten- und in b_{jk} als Zeilenindex Verwendung; deshalb müssen für j zwei Indexregister I 3 und I 4 eingesetzt werden. — In den Befehlen für die Adreßrechnung tritt mehrfach als Adresse n und n^2 (Befehl 19) auf. Hiermit ist die Zeilenzahl der Matrix bzw. deren Quadrat gemeint; die Zeichen sind also keine symbolischen Adressen, sondern natürliche Zahlen. Da das Programm für beliebige Werte von n richtig ist, wurden hier wegen der Allgemeingültigkeit keine bestimmten Werte eingesetzt.

Ein Vergleich mit Programmbeispiel 10 zeigt, daß durch Verwendung der Indexregister das Programm für dieselbe Aufgabe weniger als die Hälfte der Befehle benötigt.

3.8.2 Relative Adressen

Manche Digitalrechner besitzen Einrichtungen, mit denen die von den Befehlen verarbeiteten Operanden relativ zum Stand des Befehlszählers adressiert werden können. Ist n die als Operandenadresse im Befehl angegebene Zahl und ⟨*BZ*⟩ der Inhalt des Befehlszählers, so wird als effektive Adresse

$$\langle BZ\rangle + n \quad \text{oder} \quad \langle BZ\rangle - n$$

gebildet und damit die Operation ausgeführt. Als Modifizierungszeichen zur Kennzeichnung der Relativadressierung sollen die Zeichen + bzw. − verwendet werden.

Die Verwendung relativer Adressen hat folgende Bedeutung: Man möchte häufig Programme so schreiben, daß sie auf beliebige Speicherplätze geladen werden können. Dieses Verfahren bringt den Vorteil mit sich, daß man einmal aufgestellte Programme auch als Teile anderer Programme wieder verwenden kann, ohne daß an ihnen Änderungen vorgenommen werden müssen. Die Relativadressierung ist ein sehr wirksames Mittel, um dieses Ziel zu erreichen. Während bei der Verwendung symbolischer Adressen für die Verschiebung eines Programms in einen anderen Speicherbereich jedesmal eine neue Zuordnung zwischen symbolischen und Maschinenadressen getroffen werden muß, kann ein mit Relativadressen geschriebenes Programm unverändert in jeden Teil des Speichers gebracht werden.

Allerdings ist die Aufstellung von Befehlslisten mit Relativadressen genauso mühsam wie mit absoluten Adressen. Deshalb bleibt man bei der Ausarbeitung von Programmen besser bei der symbolischen Adressierung; bei der späteren Übersetzung des Programms in die Maschinensprache werden gegebenenfalls statt der absoluten relative Adressen eingesetzt.

Als Beispiel für die Anwendung relativer Adressen ist im folgenden das 5. Programmbeispiel in dieser Form wiedergegeben:

b) *Speicherplan*

Platz	Typ	Inhalt
1100	V	t_D
1101	V	t_G
n	K	a_0
$n+1$	K	a_1
$n+2$	K	a_2
$n+3$	K	b_1
$n+4$	K	b_2
$n+5$	K	T_0
$n+6$	P	Programm
.	.	.
.	.	.
.	.	.

c) *Befehlsliste*

Nr.	Platz	Befehl OPC	Adr	Mod	Bemerkungen
1	$n+6$	TSA	1100		$t_D - T_0 > 0$?
2	$n+7$	SBF	3	–	
3	$n+8$	SGR	2	+	
4	$n+9$	TSA	10	–	$a_0 \Rightarrow T_1$
5	$n+10$	SPR	3	+	
3 → 6	$n+11$	TSA	10	–	$a_2 t_D + a_1 \Rightarrow T_1$
7	$n+12$	MLF	1100		
8	$n+13$	ADF	13	–	
5 → 9	$n+14$	SBF	1101		$T_1 - t_G > 0$?
10	$n+15$	SGR	BER 1		Bereich I
11	$n+16$	TSA	13	–	$b_2 t_D + b_1 \Rightarrow T_2$
12	$n+17$	MLF	1100		
13	$n+18$	ADF	16	–	
14	$n+19$	SBF	1101		$T_2 - t_G > 0$?
15	$n+20$	SGR	BER 2		Bereich II
16	$n+21$	SPR	BER 3		Bereich III

3.8.3 Indirekte Adressen

Oft ist es erforderlich, im Laufe eines Programms einen errechneten Wert als Operandenadresse in einen Befehl einzusetzen. Diese Aufgabe läßt sich zwar auch unter Benutzung eines Indexregisters lösen, in manchen Fällen ist es jedoch vorteilhafter, hierzu das Verfahren der *indirekten Adressierung* oder *Adreßsubstitution* zu benutzen. Dabei wird durch ein Modifizierungskennzeichen S festgelegt, daß nicht die Operandenadresse n selbst, sondern die auf Platz n gespeicherte Adresse, $\langle n \rangle$, als effektive Adresse benutzt werden soll. Steht also z. B. auf dem Speicherplatz 700 die Zahl 1350,

$$\langle 700 \rangle = 1350,$$

und lautet der Befehl

$$TSA \quad 700 \quad S,$$

dann wird als effektive Adresse die Zahl 1350 genommen, und es wird der Befehl

$$TSA \; 1350$$

ausgeführt. Die Adreßsubstitution kann auch mehrfach hintereinander erfolgen. Hierzu muß auf dem Platz n neben der Zahl nur ebenfalls wieder das Substitutionssymbol S gespeichert sein. Ist also z. B.

$$\langle 700 \rangle = 1350\, S$$
$$\langle 1350 \rangle = 850,$$

dann werden mit dem obigen Befehl nacheinander folgende Adressen erzeugt:

1. *TSA* 700 *S*
2. *TSA* 1350 *S*
3. *TSA* 850.

Die indirekte Adressierung ist vor allem von Bedeutung für *Unterprogramme*, die im folgenden Kapitel behandelt werden sollen.

3.9 Unterprogramme

Programme zur Lösung umfangreicher Aufgaben enthalten häufig Teilprogramme, die auch bei der Bearbeitung anderer Aufgaben erforderlich sind. Typische Beispiele sind Programmstücke zur Berechnung elementarer Funktionen wie $\sin x$, $\log x$, e^x. Um den Arbeitsaufwand für die Programmierung niedrig zu halten, werden solche Programme so formuliert, daß sie in beliebige andere Programme eingefügt werden können. Die eingefügten Programmstücke bezeichnet man als *Unterprogramme*, das übergeordnete Programm als *Hauptprogramm.*

Die Kopplung zwischen Unterprogramm und Hauptprogramm kann auf zwei Arten geschehen. Entweder wird die Befehlsfolge des Unterprogramms in alle die Stellen des Hauptprogramms eingeschoben, an denen sie benötigt wird, Bild 3/9a, oder das Unterprogramm wird nur einmal notiert und dann vom Hauptprogramm von den verschiedenen Stellen aufgerufen. Nachdem es durchgerechnet ist, erfolgt ein Rücksprung an die Stelle des Hauptprogramms, von der der Aufruf ausging, Bild 3/9b. Die erste Art von Unterprogramm heißt *offen*, die zweite *geschlossen.*

Offene Unterprogramme müssen so oft gespeichert werden, wie sie im Hauptprogramm vorkommen. Geschlossene Unterprogramme werden nur einmal gespeichert; zusätzlich müssen aber im Hauptprogramm Befehle über ihren Aufruf vorgesehen werden, und die Unterprogramme selbst müssen Befehle enthalten, mit denen der Rücksprung in das Hauptprogramm veranlaßt wird. Die Zahl dieser Befehle ist aber sehr gering, so daß man, um Speicherplatz zu sparen, nur extrem kurze Befehlsfolgen als offene Unterprogramme schreibt; die überwiegende Mehrzahl wird in der geschlossenen Form in die *Programmbibliothek* aufgenommen. — Offene Unterprogramme unterscheiden sich nicht von den Programmen, die bisher behandelt wurden. Im folgenden sollen deshalb nur die geschlossenen Unterprogramme näher betrachtet werden.

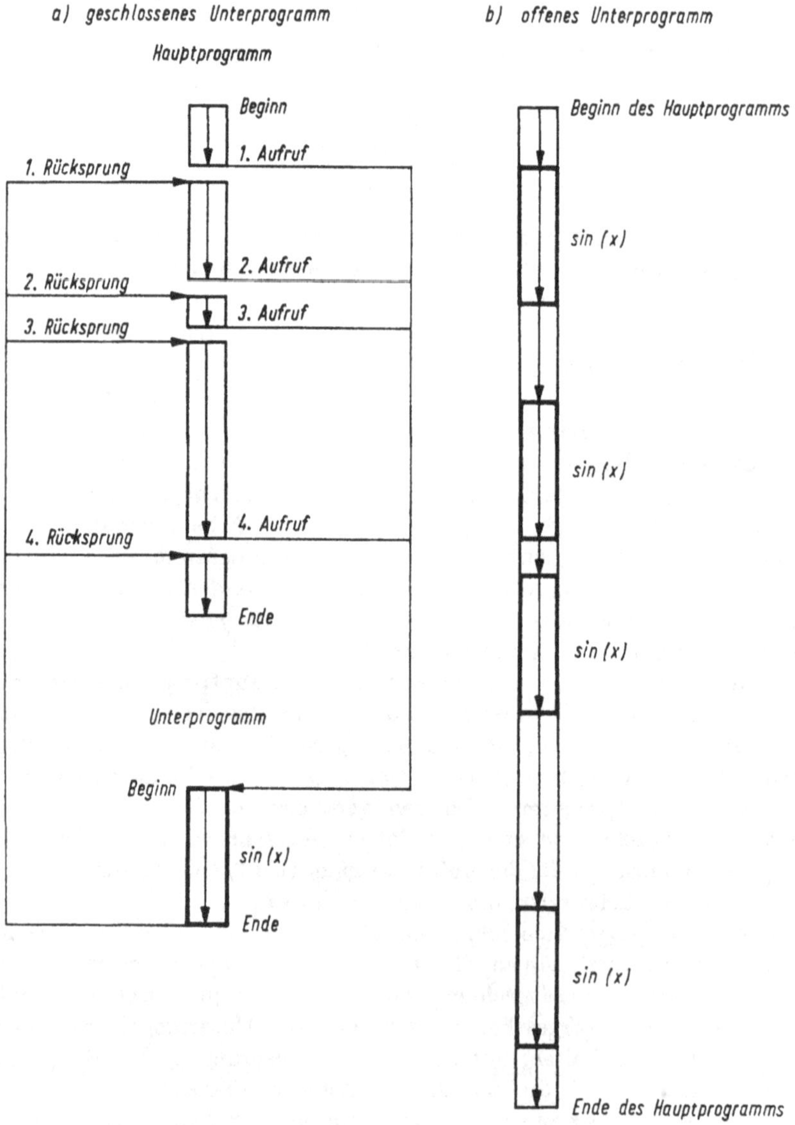

3/9 Kopplung zwischen Hauptprogramm und Unterprogrammen

3.9.1 Adressen in Unterprogrammen

Unterprogramme müssen — unter Benutzung symbolischer oder relativer Adressen — so geschrieben werden, daß sie in jeden Bereich des Speichers geladen werden können. Um die Programmierungsarbeit möglichst einfach zu gestalten, wird man auch die Regeln zur Einordnung der Unterprogramme in ein Hauptprogramm auf wenige Anweisungen beschränken; insbesondere braucht der Bearbeiter des Hauptprogramms nicht zu wissen, welche symbolischen Adressen innerhalb des Unterprogramms verwendet werden. Deshalb kann es zufällig vorkommen, daß in Haupt- und Unterprogrammen dieselben Adressen, aber in verschiedener Bedeutung, auftreten.

Bei der Zuordnung von Maschinenadressen zu symbolischen Adressen muß hierauf geachtet werden. Erfolgt diese Zuordnung mit Hilfe eines Übersetzungsprogramms, so müssen die Unterprogrammadressen besonders gekennzeichnet werden. Wie solche Übersetzung geschieht, wird in Kap. 5 geschildert werden. Vorab soll jetzt nur festgelegt werden, daß in einem Unterprogramm alle Adressen, die sich auf andere Stellen desselben Programms beziehen, als erstes Zeichen eine Ziffer enthalten müssen.

3.9.2 Der Aufruf geschlossener Unterprogramme

Geschlossene Unterprogramme werden in den meisten Fällen nicht direkt hinter der Stelle des Hauptprogramms im Speicher stehen, von der sie aufgerufen werden. Deshalb müssen sie durch einen Sprungbefehl aufgerufen werden, dessen Zieladresse der erste Befehl des Unterprogramms ist. Der normale Sprungbefehl *SPR* ist hierzu allerdings nicht geeignet; denn dem Unterprogramm muß bei seinem Aufruf ja mitgeteilt werden, an welche Stelle des Hauptprogramms es zurückspringen soll, wenn es fertig durchlaufen ist.

Zu diesem Zweck dient der Befehl *Unterprogrammsprung*:

$$USP \quad n$$

Er bewirkt folgendes:

1. Der Inhalt des Befehlszählers, also die Adresse des im Hauptprogramm folgenden Befehls, wird auf Platz n gebracht: $\langle BZ \rangle \rightarrow n$.
2. Es erfolgt ein Sprung auf Platz $n+1$: $n+1 \rightarrow BZ$.

Auf Platz $n+1$ steht der erste Befehl des Unterprogramms, der nun ausgeführt wird. Ist das Programm durchlaufen, dann folgt als letztes der Sprungbefehl

$$SPR \quad n \quad S$$

Die indirekte Adressierung hat zur Folge, daß ein Sprung auf den Speicherplatz durchgeführt wird, dessen Adresse in n gespeichert ist; $SPR\ \langle n \rangle$. Das ist aber der Befehl im Hauptprogramm, der auf den Unterprogrammsprung folgt:

Platz	Befehl OPC	Befehl Adr	Befehl Mod	Bemerkungen
.				Hauptprogramm
.				
.				
k	USP	n		Sprung ins Unterprogramm
$k + 1$				
.				
.				
.				
n	–	k + 1		Unterprogramm
$n + 1$	BEF	. . .		
.	.			
.	.			
.	.			
.	SPR	n	S	Rücksprung ins Hauptprogramm

3.9.3 Der Austausch von Parametern

Jedes Unterprogramm muß vom Hauptprogramm einen oder mehrere Werte mitgeteilt bekommen, mit denen es seine Rechnung durchführen soll. Ebenso muß es seine Ergebnisse wieder an das Hauptprogramm abliefern. Ein Unterprogramm, welches ohne einen solchen Austausch von Parametern arbeitet, ist sinnlos; denn es würde ja Rechnungen ausführen, deren Ergebnisse völlig unabhängig vom Hauptprogramm immer die gleichen wären. Man würde diese Ergebnisse ein für allemal ausrechnen und als Konstanten speichern, anstatt sie jedesmal neu zu errechnen.

Für den Austausch der Parameter zwischen den Programmen gibt es mehrere Methoden. Wird nur ein Parameter benötigt, wie es z. B. bei Unterprogrammen der Fall ist, die für die Berechnung von Funktionen einer Veränderlichen $y = f(x)$ benutzt werden, so kann man die Variable x

vor Aufruf des Unterprogramms an eine bestimmte Speicherstelle bringen; ebenso wird das Ergebnis y vor dem Rücksprung in das Hauptprogramm an einen festen Speicherplatz transportiert. Als ausgezeichneter Speicherplatz bietet sich für diesen Zweck der Akkumulator an; die Ergebnisse von Rechnungen werden ja meistens im Akkumulator gebildet, so daß nicht einmal besondere Befehle für den Transport der Parameter erforderlich sind. — Das 7. Programmbeispiel ist in dieser Art geschrieben. Ersetzt man den letzten Befehl durch einen Rücksprungbefehl in das Hauptprogramm, so wird es zu einem geschlossenen Unterprogramm.

Ist zwischen Haupt- und Unterprogramm mehr als ein Parameter auszutauschen, so kann man diese Werte natürlich ebenfalls vorher auf bestimmte feste Speicherplätze bringen. Bei dieser Methode gehen aber die Vorteile zum Teil wieder verloren, die durch Einführung der symbolischen Adressen gewonnen wurden. Die Programme können nicht mehr an beliebige Stellen des Speichers gebracht werden, weil Speicherbereiche für die Übergabe der Parameter gesperrt sind. Dadurch wird die Zuordnung von Maschinenadressen zu symbolischen Adressen unübersichtlicher und kann leichter zu Fehlern führen. Deshalb geht man hier auf folgende Weise vor: Die Parameter werden in festgelegter Reihenfolge auf nebeneinanderliegende Plätze, als *Parameterblöcke*, gespeichert. Beim Sprung vom Haupt- in das Unterprogramm wird eine Information darüber mitgeliefert, an welchen Stellen die Parameter zu finden sind.

Die Anordnung der Parameterblöcke kann auf verschiedene Arten erfolgen. Die wichtigsten Fälle sind im folgenden zusammengestellt:

1. Die Parameter werden in einem Block direkt hinter dem Befehl „Unterprogrammsprung" des Hauptprogramms gespeichert. Der erste Befehl des Hauptprogramms nach dem Rücksprung aus dem Unterprogramm steht hinter dem letzten Parameter. Diese Anordnung ist von Vorteil, wenn die Parameter Konstanten sind, die — relativ zum Hauptprogramm — auf festen Speicherplätzen stehen können.

2. Die Parameter werden in einem Block an einer beliebigen Stelle gespeichert. Diese flexiblere Methode empfiehlt sich z. B., wenn dieselben Parameter für mehrere Unterprogramme gebraucht werden oder wenn sie erst von einem anderen Unterprogramm errechnet werden.

3. Die Parameter werden in mehreren, getrennt gespeicherten Blöcken angeordnet. Von diesem Verfahren macht man Gebrauch, wenn z. B. zwei Datenfelder, etwa zwei Vektoren oder Matrizen, von dem Unterprogramm verarbeitet werden sollen. Jedes der beiden Felder kann dann

an beliebiger Stelle stehen. Ein Sonderfall dieser Anordnung ergibt sich manchmal bei der Berechnung von Funktionswerten, die außer von der unabhängigen Veränderlichen x noch von einigen Parametern $\lambda_1, \lambda_2, \ldots$ abhängen, $y = f(x, \lambda_1, \lambda_2, \ldots, \lambda_n)$. Hier können die in der Funktion auftretenden Parameter nach Methode 1 hinter dem Befehl „Unterprogrammsprung" gespeichert werden, die Variable x und das Ergebnis y nimmt man in den Akkumulator.

Entsprechend der Anordnung der Parameterblöcke müssen beim Aufruf des Unterprogramms unterschiedliche Informationen übergeben werden, aus denen das Unterprogramm jeden einzelnen Parameter auffinden kann. Die Zahl der Parameter in einem Block kann fest oder bei verschiedenen Aufrufen desselben Programms unterschiedlich sein. Im ersten Fall muß nur eine Adresse, vorzugsweise die des Blockanfangs, angegeben werden, im zweiten Fall ist zusätzlich eine Information über die Blocklänge erforderlich.

Hierzu wird entweder die Zahl der Parameter oder Speicherstellen oder die Adresse des letzten Parameters im Block verwendet. Diese Größe speichert man meistens selbst als Parameter in den Block, so daß bei Aufruf stets nur die Anfangsadresse des Blocks mitgeliefert werden muß. Sind mehrere getrennte Parameterblöcke vorhanden, so werden die Anfangsadressen aller Blöcke benötigt. Doch auch hier reicht die Übergabe einer Blockadresse, wenn man die Anfangsadressen der übrigen Blöcke in den ersten Block als Parameter aufnimmt.

In den folgenden Programmbeispielen sollen verschiedene Verfahren beim Aufruf von Unterprogrammen näher erläutert werden.

12. Programmbeispiel

Es ist ein Unterprogramm zur Berechnung eines Polynoms

$$y = \sum_{0}^{n} a_\nu x^\nu$$

unter Benutzung des Horner-Schemas aufzustellen. Der Grad n des Polynoms ist beliebig; die Koeffizienten sind in einem Parameterblock hinter dem Befehl zum Aufruf des Unterprogramms gespeichert, x und y stehen im Akkumulator.

a) *Programmablaufplan*

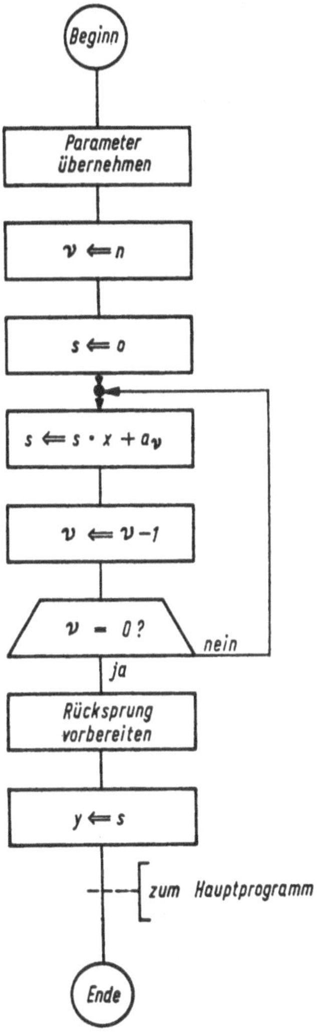

b) *Speicherplan*

Platz	Typ	Inhalt	
k	P	$USP\ HORN$	Hauptprogramm
$k+1$	K	$\rangle a_0 \langle$	
$k+2$	K	a_n	
	K	a_{n-1}	
		.	
		.	
		.	
$\rangle a_0 \langle$	K	a_0	
	P	Anschlußbefehl	
.			
.			
.			
$HORN$	V	$k+1$	Unterprogramm
	P	1. Befehl	
	.		
	.		
	.		
	P	Rücksprung	
$1\,H$	V	x	
$2\,H$	V	$\langle I\,1\rangle$	
$3\,H$	V	s	
$4\,H$	K	0	

c) *Befehlsliste*

Nr.	Platz	Befehl OPC	Befehl Adr	Befehl Mod	Bemerkungen
1	$HORN$		k + 1		
2		TAS	1 H		$x \to 1\,H$
3		TIS	2 H	1	$\langle I\,1\rangle \to 2\,H$
4		TSI	HORN	1	$k+1 \to I\,1,\ n \Rightarrow \nu$
5		TSA	4 H		$0 \Rightarrow s$
6		TAS	3 H		
7	$5\,H$	TSA	3 H		$s \cdot x + a_\nu \Rightarrow s$
8		MLG	1 H		
9		ADG	1	1	
10		TAS	3 H		

Nr.	Platz	Befehl OPC	Adr	Mod	Bemerkungen
11		ADI	1	1 A	$\nu - 1 \Rightarrow \nu$
12		SKI	HORN	S 1	$\nu = 0$?
13		SPR	5 H		
14		ADI	1	1 A	
15		TIS	HORN		$\rangle a_0 \langle + 1 \to HORN$
16		TSI	2 H	1	$\langle 2\,H \rangle \to I\,1$
17		TSA	3 H		$y \to ACC$
18		SPR	HORN	S	Rücksprung

d) *Erläuterungen*

Durch Speicherung des Parameterblocks hinter dem Befehl „Unterprogrammsprung" im Hauptprogramm wird erreicht, daß die Adresse $(k + 1)$ des ersten Parameters in dem Block beim Aufruf an den ersten Platz des Unterprogramms gebracht wird. Es sind also keine zusätzlichen Befehle erforderlich, um dem Unterprogramm die Parameteradressen mitzuteilen. Um aus dieser Adresse die Speicherplätze aller übrigen Parameter leicht bilden zu können, wird $k + 1$ in ein Indexregister gebracht. Durch Angabe dieses Indexregisters im Modifizierungsteil eines Befehls kann jeder Parameter direkt adressiert werden.

Da ein Unterprogramm mit beliebigen Hauptprogrammen zusammenarbeiten soll, ist bei seiner Aufstellung nicht bekannt, welche Indexregister das Hauptprogramm benutzt. Deshalb muß der Inhalt des Indexregisters $I\,1$ mit Befehl 3 gespeichert werden, bevor mit Befehl 4 die Adresse $k + 1$ nach $I\,1$ gebracht wird. Vor dem Rücksprung in das Hauptprogramm erhält $I\,1$ mit Befehl 16 seinen alten Inhalt.

Die Länge des Parameterblocks wird hier durch die Adresse $\rangle a_0 \langle$ des letzten Koeffizienten festgelegt. Als Zähler ν für den zyklischen Teil des Programms werden deshalb die Adressen der Koeffizienten a_ν benutzt. Bei jedem Durchlauf wird die Adresse im Indexregister um 1 erhöht, Befehl 11. Die Prüfung auf Ende des zyklischen Teils geschieht durch Vergleich von $\langle I\,1 \rangle = \rangle a_\nu \langle$ mit der Adresse $\rangle a_0 \langle$ in Befehl 12. Da $\rangle a_0 \langle$ auf Platz $k + 1$ steht, die Adresse $k + 1$ sich aber auf dem ersten Platz *HORN* des Unterprogramms befindet, wird in Befehl 12 die indirekte Adresse *HORN S* angegeben.

Der erste Befehl des Hauptprogramms nach Abwicklung des Unterprogramms befindet sich auf Speicherplatz $\rangle a_0 \langle + 1$. Diese Adresse wird mit Befehl 14 und 15 gebildet und, um Speicherplätze zu sparen, nach *HORN* gebracht.

13. Programmbeispiel

Aufgabe wie im 12. Beispiel. Die Koeffizienten des Polynoms stehen in einem Block auf beliebigen Speicherplätzen.

a) *Programmablaufplan*
wie im 12. Beispiel

b) *Speicherplan*

Platz	Typ	Inhalt	
AC	V	x	Hauptprogramm
QR	V	$\rangle a_n \langle$	
$\rangle a_n \langle$	K	a_n	
.		a_{n-1}	
.		.	
.		.	
.		.	
.	K	a_0	
.	K	*MARKE*	
$1\,H$	V	x	Unterprogramm
$2\,H$	V	$\rangle a_n \langle,\ s$	
$3\,H$	V	$\langle I\,1 \rangle$	
$4\,H$	K	*MARKE*	

c) *Befehlsliste*

Nr.	Platz	Befehl			Bemerkungen
		OPC	Adr	Mod	
1	*HORN* 1		k + 1		
2		TAS	1 H		$x \rightarrow 1\,H$
3		TQS	2 H		$\rangle a_n \langle \rightarrow 2\,H$
4		TIS	3 H	1	$\langle I_1 \rangle \rightarrow 3\,H$
5		TSI	2 H	1	$n - 1 \Rightarrow \nu$
6		TSA	0	1	$a_n \Rightarrow s \rightarrow 2\,H$
7		TAS	2 H		
8	$6\,H$	TSA	2 H		$s \cdot x + a_\nu \Rightarrow s$
9		MLG	1 H		
10		ADG	1	1	
11		TAS	2 H		
12		ADI	1	1 A	$\nu - 1 \Rightarrow \nu$

Nr.	Platz	Befehl OPC	Adr	Mod	Bemerkungen
13		TSA	0	1	$\nu = 0$?
14		SBF	4 H		
15		SGL	7 H		
16		SPR	6 H		
17	$7\,H$	TSI	3 H	1	$\langle 3\,H\rangle \to I\,1$
18		TSA	2 H		$s \Rightarrow y$
19		SPR	HORN 1	S	Rücksprung

d) *Erläuterungen*

Zusätzlich zu der unabhängigen Veränderlichen x muß in diesem Fall die Anfangsadresse $\rangle a_n \langle$ des Parameterblocks übergeben werden, die zu diesem Zweck vom Hauptprogramm im Quotientenregister zwischengespeichert wird. Diese Adresse wird wieder in ein Indexregister gebracht, womit die eigentliche Polynomberechnung in ähnlicher Form wie im letzten Beispiel abläuft.

Die Länge des Parameterblocks und damit der Grad des Polynoms wird dadurch gekennzeichnet, daß hinter dem letzten Koeffizienten a_0 eine besondere Information, die mit *MARKE* bezeichnet ist, gespeichert wird. Hierfür kann ein beliebiges Wort gewählt werden, von dem nur gewährleistet sein muß, daß es mit Sicherheit niemals als Koeffizient eines Polynoms auftreten kann. Zur Prüfung, ob die Rechnung beendet ist, wird mit den Befehlen 13 bis 15 festgestellt, ob der Inhalt des Speicherplatzes, der beim nächsten Zyklus verarbeitet würde, gleich der *MARKE* ist.

14. Programmbeispiel

Es ist ein Unterprogramm zur Berechnung des Produktes zweier Matrizen aufzustellen

$$c_{ik} \Leftarrow \sum_{j=1}^{n} a_{ij} \cdot b_{jk} .$$

a) *Programmablaufplan*

vgl. 11. Programmbeispiel.

b) *Speicherplan*

Platz	Typ	Inhalt	
$A\,11$	K	a_{11}	Hauptprogramm
		a_{12}	
		.	
		.	
		.	
$B\,11$	K	b_{11}	
		.	
		.	
		.	
$C\,11$	K	c_{11}	
		.	
		.	
		.	
k	P	$USP \quad MAMU$	
$k+1$	K	$A\,11$	
$k+2$	K	$B\,11$	
$k+3$	K	$C\,11$	
$k+4$	K	n	
$1\,M$	V	$\langle I\,1\rangle$	Unterprogramm
$2\,M$	V	$\langle I\,2\rangle$	
$3\,M$	V	$\langle I\,3\rangle$	
$4\,M$	V	$\langle I\,4\rangle$	
$5\,M$	V	$A\,11$	
$6\,M$	V	$B\,11$	
$7\,M$	V	$C\,11$	
$8\,M$	V	n	
$9\,M$	V	n^2	
$10\,M$	K	0	

c) *Befehlsliste*

Nr.	Platz	Befehl OPC	Befehl Adr	Befehl Mod	Bemerkungen
1	*MAMU*		k + 1		
2		TIS	1 M	1	$\langle I\,1\rangle \to 1\,M$
3		TIS	2 M	2	$\langle I\,2\rangle \to 2\,M$
4		TIS	3 M	3	$\langle I\,3\rangle \to 3\,M$
5		TIS	4 M	4	$\langle I\,4\rangle \to 4\,M$

Nr.	Platz	Befehl			Bemerkungen
		OPC	Adr	Mod	
6		TSI	MAMU	1	$k + 1 \to I\,1$
7		TSA	0	1	
8		TAS	5 M		$A\,11 \to 5\,M$
9		TSA	1	1	
10		TAS	6 M		$B\,11 \to 6\,M$
11		TSA	2	1	
12		TAS	7 M		$C\,11 \to 7\,M$
13		TSA	3	1	
14		TAS	8 M		$n \to 8\,M$
15		MLF	8 M		
16		TQS	9 M		$n^2 \to 9\,M$
17		ADI	4	1 A	$k + 5 \Rightarrow$ Rück-
18		TIS	MAMU		sprungadresse
(19) 1′		TSI	0	1 A	$0 \Rightarrow i$
2′	11 M	TSI	0	2 A	$0 \Rightarrow k$
3′	12 M	TSA	10 M		$0 \Rightarrow c_{ik}$
4′		TAS	7 M	S 1 2	
5′		TSI	0	3 A	$0 \Rightarrow j$
6′		TSI	0	4 A	
7′	13 M	TSA	5 M	S 1 3	
8′		MLG	6 M	S 4 2	$a_{ij}\,b_{jk} + c_{ik} \Rightarrow c_{ik}$
9′		ADG	7 M	S 1 2	
10′		TAS	7 M	S 1 2	
11′		ADI	1	3 A	$j + 1 \Rightarrow j$
12′		ADI	8 M	4	
13′		SKI	8 M	3	$j = n$?
14′		SPR	13 M		
15′		ADI	1	2 A	$k + 1 \Rightarrow k$
16′		SKI	8 M	2	$k = n$?
17′		SPR	12 M		
18′		ADI	8 M	1	$i + 1 \Rightarrow i$
19′		SKI	9 M	1	$i = n$?
(38) 20′		SPR	11 M		
39		TSI	1 M	1	
40		TSI	2 M	2	
41		TSI	3 M	3	
42		TSI	4 M	4	
43		SPR	MAMU	S	

d) *Erläuterungen*

Der Kern des Programms, die Befehle 1′ bis 20′ (19 bis 38), hat den gleichen Aufbau wie beim 11. Programmbeispiel. Dort wurden in mehreren Befehlen die Adressen *A* 11, *B* 11 und *C* 11 der ersten Elemente jeder Matrix benötigt. Diese Zahlen stehen jetzt hinter dem Befehl „Unterprogrammsprung" im Hauptprogramm. Sie werden mit den Befehlen 6 bis 12 auf feste Speicherplätze im Unterprogramm übernommen. Ihr Einbau in bestimmte Befehle erfolgt durch indirekte Adressierung, z. B. wird

aus Befehl 7:	*TSA*	*A* 11	1 3
jetzt Befehl 7′:	*TSA*	5 *M*	*S* 1 3.

Bei der Bildung der effektiven Adresse wird zuerst die Adreßsubstitution vorgenommen, anschließend werden die Indexregister addiert:

$$\text{Adr} = \langle 5\,M\rangle + \langle I\,1\rangle + \langle I\,3\rangle = A\,11 + \langle I\,1\rangle + \langle I\,3\rangle.$$

In anderen Befehlen zur Veränderung und Prüfung der Indexregister werden die Zeilenzahl n und ihr Quadrat n^2 benötigt. Im Unterschied zum 11. Programmbeispiel wird jetzt nicht mit den Absolutwerten gearbeitet, sondern n wird aus dem Hauptprogramm übernommen, daraus n^2 berechnet und beide Werte gespeichert, Befehl 13 bis 16.

Die Wirkung dieser Maßnahme zeigt z. B. Befehl 12 bzw. 12′:

12 :	*ADI*	*n*	4 *A*
12′:	*ADI*	8 *M*	4.

In den vorangehenden Beispielen gehörten alle Befehle, die zur Übergabe der Parameter zwischen Haupt- und Unterprogramm (in beiden Richtungen) dienen, zum Unterprogramm. Diese Regelung ist nicht unbedingt erforderlich, man könnte etwa im letzten Beispiel die Anfangsadressen der Matrizen auch vom Hauptprogramm in Indexregister setzen lassen, wodurch ein großer Teil der Befehle des „Vorspanns" gespart würde. Im allgemeinen vermeidet man jedoch diese Methode. Oft wird nämlich ein Unterprogramm von demselben Hauptprogramm mehrfach aufgerufen. Jedesmal müssen dann eine ganze Reihe von Befehlen für die Parameterversorgung geschrieben werden, so daß die Gesamtzahl der Befehle und auch der Arbeitsaufwand größer wird.

3.9.4 Verschachtelte Unterprogramme

Ein von einem Hauptprogramm aufgerufenes Unterprogramm kann zur Ausführung seiner Rechnungen selbst wieder ein oder mehrere andere

Unterprogramme benötigen; es wird bezüglich der von ihm aufgerufenen Programme zum Hauptprogramm. Ähnlich wie bei den mehrfach zyklischen Programmen ergibt sich dabei eine Verschachtelung von Programmteilen, deren Struktur auf Bild 3/10 dargestellt ist.

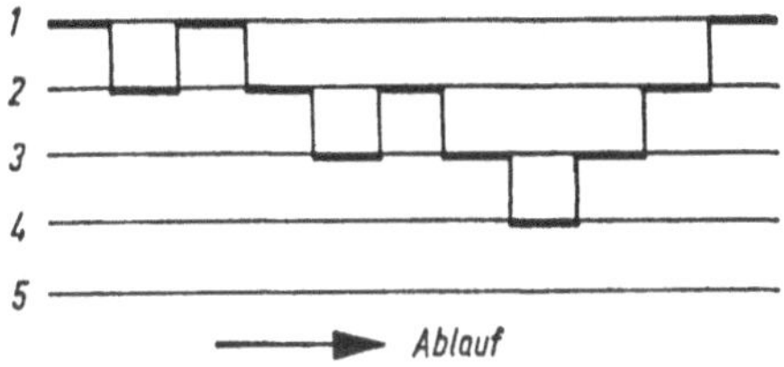

3/10 Verschachtelung von Unterprogrammen

Der Programmablauf vollzieht sich in verschiedenen Ebenen. Wird von einem Programmstück in der Ebene n ein Unterprogramm aufgerufen, dann liegt dieses auf der nächstniedrigeren Ebene $n + 1$, es erfolgt ein „Abstieg" um eine Stufe. Der Rücksprung geschieht umgekehrt durch einen „Aufstieg" um eine Stufe von der Ebene $n + 1$ zur Ebene n. Die Verschachtelung zeigt sich darin, daß vor diesem Rücksprung noch Unterprogramme auf niedrigeren Ebenen ablaufen können. Wesentlich ist dabei, daß zu jedem Aufruf auch ein Rücksprung gehört. In der graphischen Darstellung äußert sich das darin, daß die Treppenkurve nur einfache Stufen enthält; es werden niemals zwei oder mehr Stufen mit einem Schritt genommen.

Jedes Unterprogramm wird also von einem Programm der nächsthöheren Stufe aufgerufen und mit Parametern versorgt; der Rücksprung erfolgt stets in das Programm, von dem es aufgerufen wurde. Für die Gestaltung von Unterprogrammen ergibt sich daraus die wichtige Konsequenz, daß die Befehle für Aufruf, Rücksprung und die damit verbundene Parameterübergabe unabhängig davon sind, in welcher Ebene das Unterprogramm verwendet wird. Dasselbe Unterprogramm kann — ohne jede Änderung — in verschiedenen Ebenen benutzt werden. Anders als bei den mehrfach zyklischen Programmen bringt die Verschachtelung von Unterprogrammen also keine neuen Schwierigkeiten mit sich; die in den vorigen Abschnitten geschilderten Programmierungstechniken können unverändert auch für verschachtelte Unterprogramme angewendet werden.

Als Beispiel für verschachtelte Unterprogramme — oder auch als Übung — sei folgende Aufgabe betrachtet: Es ist ein Unterprogramm zur Berechnung der Sättigungstemperatur des Wassers bei gegebenem Druck aufzustellen. Die Gleichungen finden sich im 9. Programmbeispiel. Zu dem aus dem Hauptprogramm als Parameter gelieferten Druck π ist als erstes der

Logarithmus zu bilden. Diese Rechnung wird mit einem Unterprogramm ausgeführt; das Rechenverfahren ist im 7. und 8. Programmbeispiel geschildert. Es enthält als Kern die Berechnung eines Polynoms, deshalb kann hierfür das Unterprogramm für das Horner-Schema, 12. und 13. Beispiel, verwendet werden. Die Berechnung von ϑ_s erfolgt ebenfalls mit einem Polynom, so daß auch hierfür das Horner-Unterprogramm eingesetzt wird. Es ergibt sich damit ein Programmablauf nach Bild 3/11.

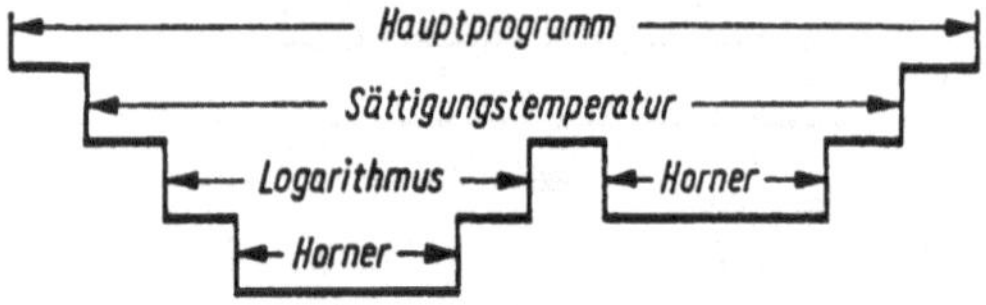

3/11 Zusammenwirken von Unterprogrammen bei der Berechnung der Sättigungstemperatur von Wasserdampf

4. Programmierung der Eingabe und Ausgabe

4.1 Steuerung von Peripheriegeräten durch den Rechner

Beim klassischen Universalrechner werden die Geräte für die Eingabe und Ausgabe von Daten weitgehend vom Leitwerk des Rechners gesteuert. Sie treten also als gleichartige Funktionsgruppen neben den Speicher und das Rechenwerk, deren Arbeit von dem übergeordneten Leitwerk koordiniert wird.

Vom Gesichtspunkt der Informationsverarbeitung haben die Peripheriegeräte einschließlich der von ihnen verarbeiteten Datenträger — Lochkarten, Lochstreifen usw. — die Funktion von Speichern. Die Eingabegeräte sind in diesem Sinne Speicher, deren Inhalt vom Programm nicht verändert werden kann; ihr Inhalt kann nur gelesen, nicht überschrieben werden. Die Ausgabegeräte dienen umgekehrt nur zum Speichern von Informationen aus dem Rechner, die von diesem nicht wieder gelesen werden können. Dementsprechend haben die Befehle zum Steuern der Peripheriegeräte den Charakter von Transportoperationen. Der Befehl für die Eingabe bewirkt den Transport einer Information vom Eingabegerät in den Akkumulator, mit dem Ausgabebefehl wird eine Information von *AC* zum Ausgabegerät gebracht.

Tatsächlich laufen bei den Ein- und Ausgabeoperationen längere Folgen von Steuerungsvorgängen ab. Beim Stanzen eines Zeichens in einen Lochstreifen wird z. B. als erstes der Lochstreifen um eine Teilung vorgeschoben, als zweites erfolgt die Lochung, dann wird das gelochte Zeichen wieder gelesen und mit dem in einem Register zwischengespeicherten Wert verglichen, um Fehllochungen sofort zu entdecken und zu melden. Alle diese Vorgänge brauchen jedoch nicht durch einzelne Befehle gesteuert zu werden. Sie entsprechen den verschiedenen Schritten beim Transport einer Information in den Kernspeicher, die ja auch nicht einzeln durch besondere Befehle programmiert werden.

Es ist deshalb ausreichend, für die Eingabe und Ausgabe einen Befehl *EAB* festzulegen. Dieser Befehl bewirkt den Transport einer Information zwischen dem Akkumulator und einem Peripheriegerät. Welches Gerät gemeint ist, wird durch die Adresse festgelegt. Bei *EAB* verweist die

Adresse also nicht wie bei den übrigen Befehlen auf einen Platz im Arbeitsspeicher. Als Adressen sollen verwendet werden:

LSL	Lochstreifenleser
LSS	Lochstreifenstanzer
ASM	Ausgabeschreibmaschine.

Die Transportrichtung ist durch die Art des adressierten Gerätes gegeben. Es bedeutet also:

EAB	*LSL*	$\langle LSL\rangle \rightarrow AC$ Das folgende Zeichen wird vom Lochstreifen gelesen und in den Akkumulator gebracht.
EAB	*LSS*	$\langle AC\rangle \rightarrow LSS$ Ein Zeichen aus dem Akkumulator wird in den Lochstreifen gestanzt.
EAB	*ASM*	$\langle AC\rangle \rightarrow ASM$ Ein Zeichen aus dem Akkumulator wird mit der Schreibmaschine getippt.

Diese Befehle können genauso wie alle anderen an beliebiger Stelle in jedem Programm verwendet werden. Sie werden jedoch etwas anders ausgeführt als die übrigen Befehle.

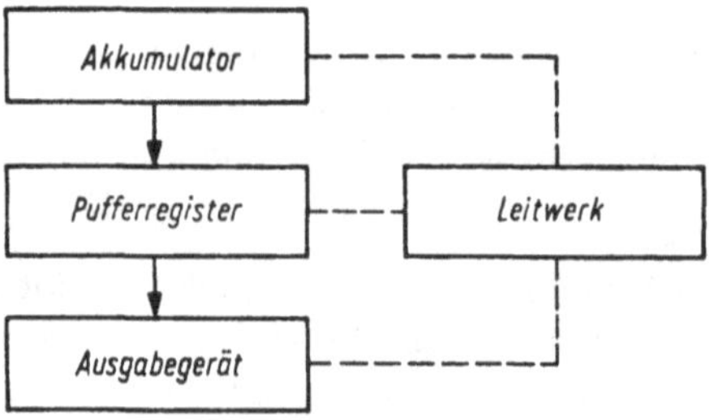

4/1 Verbindung eines Ausgabegerätes mit dem Rechner

Bild 4/1 zeigt die Verbindung eines Peripheriegerätes mit dem Rechner. Zwischen Akkumulator und der eigentlichen Ein- oder Ausgabeeinrichtung ist ein Pufferregister angeordnet. Bei einer Ausgabeoperation wird das Zeichen zuerst von *AC* in das Pufferregister gebracht, anschließend erfolgt das Stanzen oder Drucken. Während der erste Transport sehr schnell vor sich geht, läuft der zweite Teil des Ausgabevorganges wegen der dabei beteiligten mechanischen Geräte langsam ab. Nach Übernahme des Zeichens in das Pufferregister ist der eigentliche Rechner bei der Ausgabeoperation aber nicht mehr beteiligt; deshalb wird schon jetzt mit der Ausführung des auf *EAB* folgenden Befehls fortgefahren. Im Gegensatz zu anderen Befehlen wird hier also mit der Ausführung eines Befehls schon begonnen, bevor der vorhergehende fertig abgewickelt ist. Auf diese Weise erreicht man, daß der schnelle Rechner durch die langsamen Ausgabevorgänge nicht unnötig aufgehalten wird. Bei der Lochstreifeneingabe wird die gleiche Wirkung erreicht, indem das auf dem Streifen folgende Zeichen bereits gelesen und in das Pufferregister gebracht wird, bevor ein Eingabebefehl vorliegt. Die Ausführung eines Befehls besteht dann im Transport des Zeichens vom Puffer in den Akkumulator und danach dem Einlesen des folgenden Zeichens in das Pufferregister.

Die Zeitersparnis, die durch diese Art der Befehlsabwicklung theoretisch möglich ist, läßt sich allerdings in der Praxis nur selten voll ausnutzen. Meistens soll ja nicht nur ein Zeichen, sondern eine Zeichenfolge ein- oder ausgegeben werden, so daß mehrere Ein-Ausgabe-Befehle aufeinanderfolgen. Ist aber ein Befehl *EAB* noch nicht vollständig im Peripheriegerät ausgeführt, wenn das nächste *EAB* gegeben wird, dann muß mit dessen Beginn bis zum Abschluß der ersten Ein-Ausgabe-Operation gewartet werden. Damit wird aber auch der Rechner für die gesamte Zeit, die ein langsames Peripheriegerät für die Ausführung eines Befehls benötigt, gesperrt, Bild 4/2.

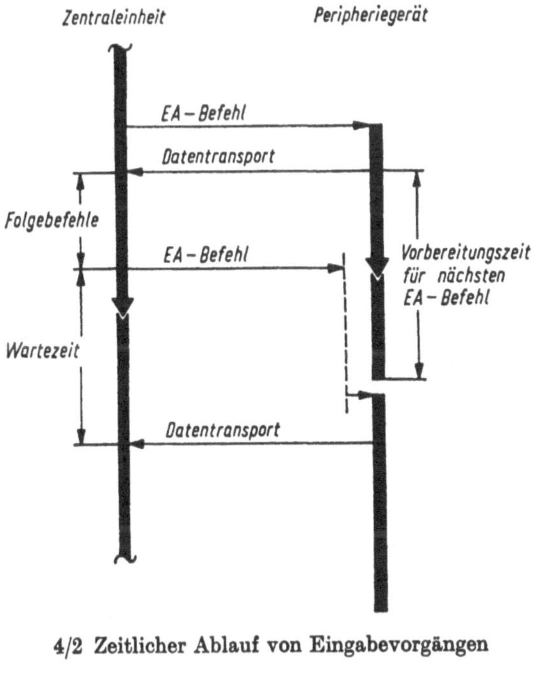

4/2 Zeitlicher Ablauf von Eingabevorgängen

Um diesen Nachteil zu vermeiden, müssen die Programme so eingerichtet werden, daß zwischen zwei *EA*-Befehlen stets eine größere Zahl anderer „rechner-interner" Befehle steht. Bild 4/3 zeigt den Ablaufplan für ein einfaches Programm mit Eingaben und Ausgaben. Es werden Ausgangswerte für eine Rechnung eingelesen und die Ergebnisse gedruckt. Liegen weitere Eingabedaten vor, wird nach einer Entscheidung des Bedienungspersonals die Rechnung mit den neuen Werten wiederholt.

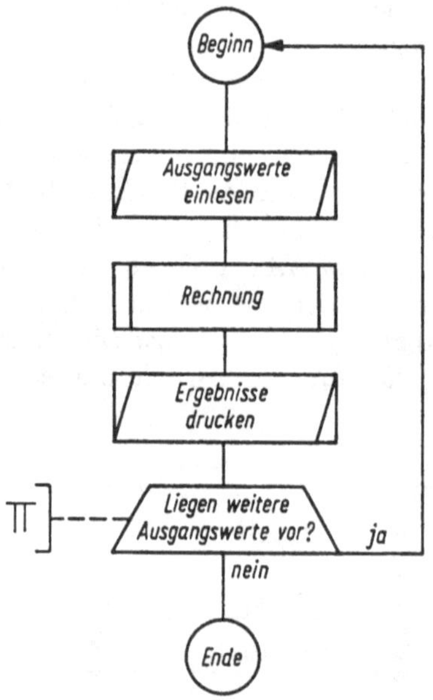

4/3 Ablauf eines Rechenprogramms mit Ein- und Ausgaben

In Bild 4/4 ist angedeutet, wie dieses Programm zeitlich optimal gestaltet werden kann. Das eigentliche Rechenprogramm ist in mehrere kleinere Teile gegliedert. Dazwischen werden die Ergebnisse der letzten Rechnung gedruckt und die Ausgangswerte für den nächsten Programmdurchlauf eingelesen. Beim ersten Durchlauf wird nur eingelesen, beim zweiten gelesen und gerechnet, und erst vom dritten Durchgang an werden alle drei Teile des Programms — Lesen, Drucken und Rechnen — benötigt. Beim vorletzten Zyklus wird entsprechend gerechnet und gedruckt, und beim letzten sind nur noch die Druckprogramme in Tätigkeit. Mit den Weichen A, B, C wird dieser Ablauf gesteuert.

Man sieht also, daß auch schon in so einfachen Fällen ein großer Aufwand erforderlich ist, um Rechner und Peripheriegeräte mit diesen Methoden

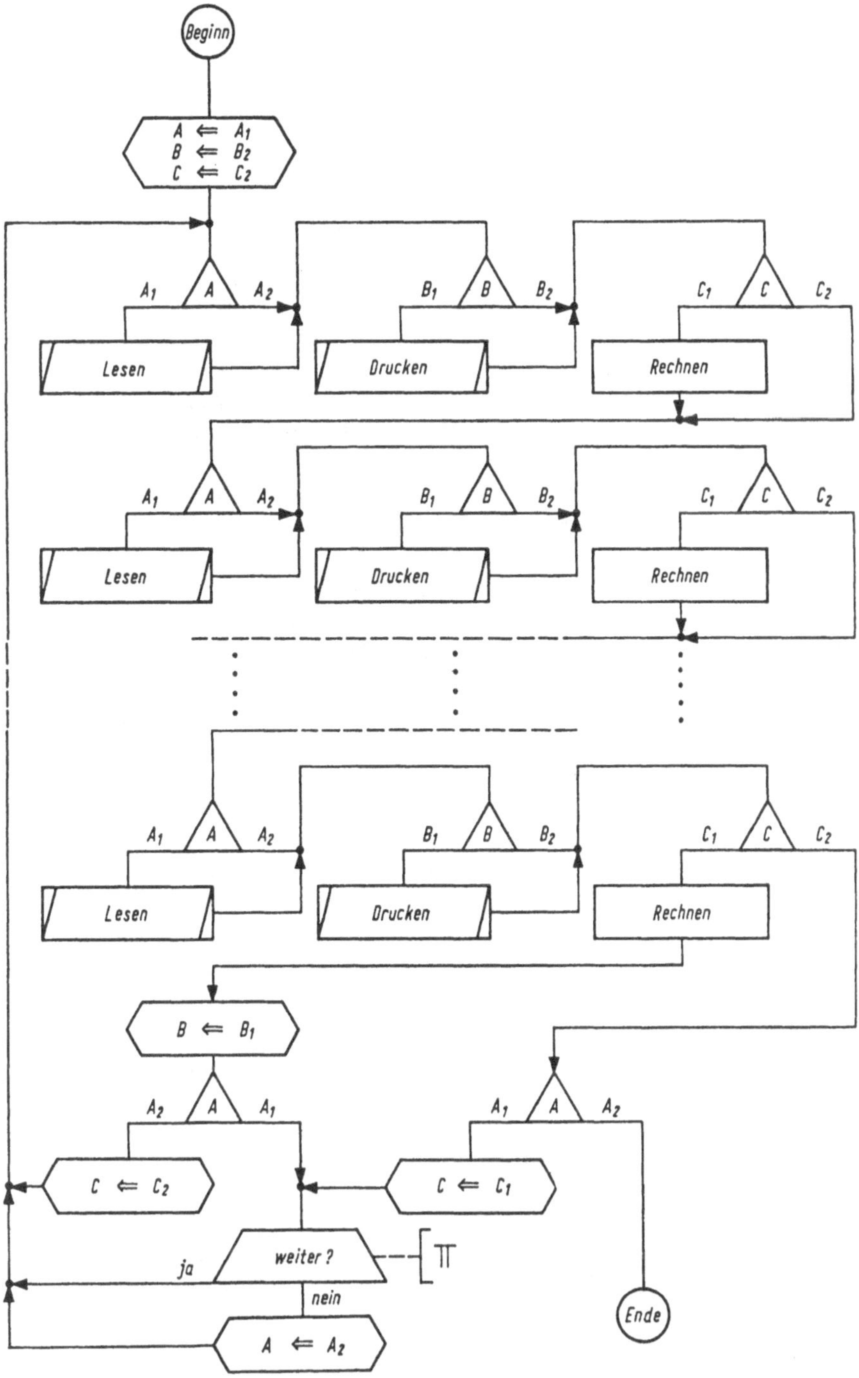

4/4 Gliederung des Programms von Bild 4/3 zur besseren zeitlichen Ausnutzung der Rechenanlage

zeitlich optimal auszunutzen. Deshalb sind bei neueren Rechnern Mittel geschaffen worden, mit denen diese Aufgabe wesentlich einfacher bewältigt werden kann. Sie sollen in Kap. 4.3 behandelt werden.

4.2 Informationswandlung bei der Eingabe und Ausgabe

Bei den bisher betrachteten Befehlen für die Lochstreifengeräte und die Schreibmaschine wird jeweils ein *Zeichen* zwischen Akkumulator und Peripheriegerät übertragen. Im Rechner werden die Informationen dagegen als *Wörter* verarbeitet. Deshalb muß bei der Ein- und Ausgabe eine Informationswandlung vorgenommen werden. Nach der Eingabe sind mehrere Zeichen zu einem Wort zusammenzufügen, bevor die Daten vom Rechner weiterverarbeitet werden; vor der Ausgabe muß umgekehrt das Rechnerwort in Einzelzeichen zerlegt werden.

Neben der Änderung der *Informationseinheit* — Zeichen und Wort — muß meistens auch noch die *Informationsdarstellung*, der Code, transformiert werden. Eine Zahl wird z. B. vom Lochstreifen als Folge von Dezimalziffern in den Rechner eingelesen. Will man sie als dezimales Zahlwort weiterverarbeiten, dann müssen die einzeln eingelesenen Ziffern in ein Wort nebeneinandergesetzt werden. Sind die Ziffern nun im Rechner mit einem anderen Bitmuster dargestellt als auf dem Lochstreifen, dann muß erst eine Code-Wandlung erfolgen, bevor das Wort zusammengefügt werden kann.

Solche Informationswandlungen werden meistens mit Unterprogrammen ausgeführt. Da es nur eine beschränkte Zahl von Informationstypen gibt, die ein- oder ausgegeben werden, z. B. Zahlen und Zahlentabellen in verschiedener Darstellung, Befehle, Klartext, kommt man für die meisten Anwendungsfälle mit wenigen Standard-Unterprogrammen aus.

Bevor an einem Beispiel der Aufbau eines Unterprogramms zur Informationswandlung genauer erläutert wird, soll die Wirkungsweise der Ein-Ausgabe-Befehle noch näher als im vorigen Abschnitt beschrieben werden. Bisher wurde nur gesagt, daß der Informationstransport zwischen Akkumulator und Peripheriegerät erfolgt. Da aber nur ein Zeichen und nicht der gesamte Akkumulatorinhalt transportiert wird, muß genauer festgelegt werden, wie sich $\langle AC \rangle$ bei diesen Operationen ändert. Für die Lochstreifengeräte sei angenommen, daß sie mit dem internationalen Fernschreibcode arbeiten, vgl. Bild 2/2 auf Seite 18. Ein Zeichen wird also mit fünf Bits dargestellt. Diese Bits werden in den niedrigsten Stellen des Akkumulators gespeichert. Bei der Eingabe

$$EAB \quad LSL$$

werden alle übrigen Bits von AC auf 0 gesetzt. Die Ausgabe

$$EAB \quad LSS$$

läßt den Akkumulatorinhalt unverändert, es wird der Inhalt der untersten fünf Bits von AC in das Pufferregister gebracht.

15. Programmbeispiel

Mit einem Unterprogramm soll eine Zahl vom Lochstreifen eingelesen und in ein dezimales Zahlwort in Festkommadarstellung transformiert werden. Die Anzahl der Ziffern auf dem Lochstreifen kann zwischen 1 und 8 betragen. Das Vorzeichen + oder — steht hinter der letzten Ziffer; es dient damit als Kennzeichen, daß die Zahl vollständig eingelesen ist. Die Umwandlung vom Fernschreibcode in den Rechnercode erfolgt mit Hilfe einer Tabelle, in der die Fernschreibzeichen x gespeichert sind. Die Rechnerzeichen — die Ziffern des Zahlwortes — werden mit y bezeichnet, das Zahlwort hat die Bezeichnung z. Mit Index n werden die Ziffern x_n gezählt, mit i die Tabellenpositionen.

a) *Programmablaufplan (siehe nächste Seite)*

b) *Speicherplan*

Platz	Typ	Inhalt	
1 Z	K	0	Tabelle der Fernschreibzeichen
	K	1	
	:	.	
	.	:	
	K	9	
	K	+	
	K	—	
2 Z	K	0	
3 Z	K	9	
4 Z	V	x_n	
5 Z	V	z	
6 Z	V	n	
7 Z	V	Zwischenspeicher	

a) *Programmablaufplan*

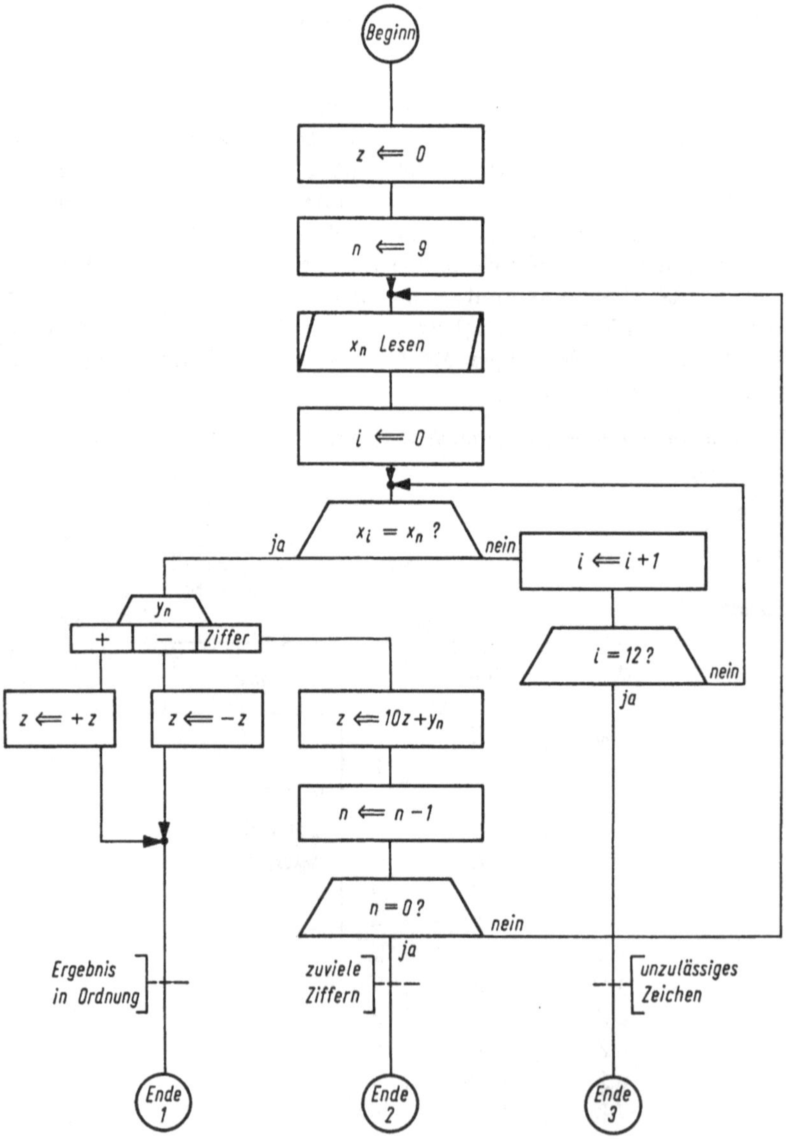

c) *Befehlsliste*

Nr.	Platz	Befehl OPC	Befehl Adr	Befehl Mod	Bemerkungen
1	*ZAHL*				Rücksprungadresse
2		TSA	2 Z		$0 \Rightarrow z$
3		TAS	5 Z		
4		TSA	3 Z		$9 \Rightarrow n$
5		TAS	6 Z		
6	10 *Z*	EAB	LSL		x_n lesen
7		TAS	4 Z		
8		TSI	0	1 A	$0 \Rightarrow i$
9	11 *Z*	TSA	1 Z	1	
10		NEG			
11		LGU	4 Z		
12		TAS	7 Z		
13		TSA	4 Z		$x_n = x_i$?
14		NEG			
15		LGU	1 Z	1	
16		LGO	7 Z		
17		SGL	12 Z		
18		ADI	1	1 A	$i + 1 \Rightarrow i$
19		SKI	12	1 A	$i = 12$?
20		SPR	11 Z		
21		SPR	ENDE 3		Ungültiges Zeichen
22	12 *Z*	SKI	10	1 A	$y_n \equiv +$?
23		SPR	13 Z		
24		TSA	5 Z		$+ z \Rightarrow z$
25		SPR	ZAHL	S	Rücksprung ins Hauptprogramm
26	13 *Z*	SKI	11	1 A	$y_n \equiv -$?
27		SPR	14 Z		
28		TSA	2 Z		$- z \Rightarrow z$
29		SBF	5 Z		
30		SPR	ZAHL	S	Rücksprung ins Hauptprogramm
31	14 *Z*	TIS	7 Z	1	$i \Rightarrow y_n$
32		TSA	5 Z		$10\,z + y_n \Rightarrow z$
33		SLA	1		
34		ADF	7 Z		
35		TAS	5 Z		

Nr.	Platz	Befehl OPC	Befehl Adr	Befehl Mod	Bemerkungen
36		ZSK	6 Z		$n - 1 \Rightarrow n, \quad n = 0$?
37		SPR	10 Z		
38		SPR	ENDE 2		zu viele Ziffern

d) *Erläuterungen*

Mit den Befehlen 9 bis 17 wird geprüft, ob das eingelesene Zeichen x_n mit dem Zeichen x_i in der Tabelle an der Stelle i übereinstimmt. Hierbei werden erstmals die Befehle zur logischen Informationsverarbeitung, die *Booleschen Operationen*, angewendet. Sie dienen zur Rechnung mit binären Größen; dementsprechend wird jedes Bit der Operanden einzeln — ohne Kopplung mit anderen Stellen des Wortes — verarbeitet. Die Prüfung auf Gleichheit von x_n und x_i geschieht so, daß eine Funktion $F(x_n, x_i)$ gebildet wird, die den Wert O an den Stellen annimmt, bei denen die entsprechenden Bits beider Zeichen gleich sind und den Wert L, wo sie verschieden sind. Eine Funktion, die diese Aufgabe erfüllt, ist

$$F(x_n, x_i) = (x_n \wedge \bar{x}_i) \vee (\bar{x}_n \wedge x_i).$$

x_n	x_i	$x_n \wedge \bar{x}_i$	$\bar{x}_n \wedge x_i$	$F(x_n, x_i)$
O	O	O	O	O
O	L	O	L	L
L	O	L	O	L
L	L	O	O	O

Stimmen beide Zeichen überein, so wird der Inhalt des Akkumulators Null, so daß mit Befehl 17 der Zyklus des Tabellenprüfens verlassen wird.

Neben der Informationswandlung nimmt das Programm zwei Prüfungen auf Fehler im Eingabelochstreifen vor. Es wird kontrolliert, ob die Anzahl der eingegebenen Ziffern nicht größer als acht ist und ob unzulässige Zeichen — Buchstaben oder Sonderzeichen — im Streifen vorkommen. In diesen Fällen kann das Unterprogramm seine ihm vom Hauptprogramm gegebene Aufgabe nicht erfüllen. Deshalb springt es nicht zum Hauptprogramm zurück, sondern an den Ausgängen *ENDE* 2 und *ENDE* 3 wird auf andere Programme gesprungen. Man kann hier z. B. Druckprogramme anschließen, die den Fehler melden und dann anhalten. Der weitere Programmablauf muß durch das Bedienungspersonal veranlaßt werden.

Derartige Programmstücke für die Fehlersuche werden in den Unterprogrammen für die Eingabe und Ausgabe oft verwendet. Sie dienen vor allem, wie im vorigen Beispiel, zum Erkennen von Fehlern, die durch das Bedienungspersonal (im weitesten Sinne) verursacht werden. Hierzu gehören fehlerhaft gelochte Lochkarten und -streifen, falsche Bedienung der Schreibmaschinen und der Schalter oder Einlegen von Eingabedatenträgern in das Lesegerät, die überhaupt nicht zu dem laufenden Programm gehören. Außerdem können aber auch Fehler in der Arbeit der Peripheriegeräte damit entdeckt werden. Die elektromechanischen Geräte besitzen eine höhere Störanfälligkeit als elektronische Geräte, so daß eine Kontrolle unbedingt erforderlich ist. Allerdings sind meistens schon besondere Einrichtungen zur Fehlererkennung eingebaut, die bei Störungen den Datentransport zum Rechner unterbinden.

4.3 Simultanarbeit von Rechner und Peripheriegeräten

Wie in Kap. 4.1 gezeigt wurde, können auch beim klassischen Digitalrechner die langsamen Ein- und Ausgabegeräte weitgehend simultan mit der Zentraleinheit arbeiten. Nur während des Datentransports zwischen Akkumulator und Pufferregister ist der Rechner mit dem Peripheriegerät direkt gekoppelt, der weitere Funktionsablauf eines EA-Befehls wird vom Peripheriegerät selbständig ausgeführt, während der Rechner in seinem Programm fortfährt. Um diese mögliche Simultanarbeit zu erreichen, müssen zwischen zwei Befehlen für die Ein- oder Ausgabe so viele rechnerinterne Befehle im Programm angeordnet werden, daß die Zeit zu ihrer Ausführung nicht kürzer ist als die Zeit, die das Peripheriegerät zum Abschluß des ersten EA-Befehls benötigt. Die Verwirklichung dieser Regel zur Gestaltung zeitoptimaler Programme stößt nun aber auf erhebliche Schwierigkeiten. Während die Ausführungszeit eines rechner-internen Befehls in der Größenordnung von 10 μ sec liegt, werden bei einem Befehl für Lochstreifengeräte oder Schreibmaschinen im Mittel 10 m sec benötigt. Zwischen zwei EA-Befehlen müssen also etwa 1000 andere Befehle angeordnet werden. Ein so umfangreiches Programmstück ist in den seltensten Fällen linear, vielmehr wird die Programmstruktur durch viele Verzweigungen, Schalter und zyklische Teile bestimmt sein. Bei linearen Programmen brauchte man nur die Ausführungszeiten aller Einzelbefehle zu addieren, um festzustellen, wo der nächste EA-Befehl angeordnet werden sollte; bei verzweigten Programmen muß diese Rechnung jedoch für alle möglichen Wege durchgeführt werden; der Aufwand an (monotoner) Arbeit ist also sehr groß.

Gegen das „Einstreuen“ einzelner Ein-Ausgabe-Befehle in ein Programm spricht noch ein anderer Grund: Der Ablauf eines Programms ist primär durch die Aufgabenstellung gegeben; die Reihenfolge, in der Eingaben, Rechnungen und Ausgaben aufeinander folgen, wird weitgehend durch das Rechenverfahren bestimmt. Für ein Programm, das die Aufgabe in möglichst kurzer Zeit löst, muß diese „natürliche“ Reihenfolge im Ablaufplan geändert werden. Man ist also eigentlich schon bei der Ausarbeitung des Rechenverfahrens gezwungen, Eigenschaften des Digitalrechners zu berücksichtigen, die mit der Aufgabe gar nichts zu tun haben. Es werden damit zwei Schritte bei der Vorbereitung einer Rechnung, die Aufstellung des Rechenverfahrens und die Formulierung des Programms, miteinander vermischt. Das bedeutet einen Verlust an Übersichtlichkeit bei den vorbereitenden Arbeiten, der zwangsläufig eine höhere Quote an Programmierungsfehlern mit sich bringt.

Diese Schwierigkeiten der Programmierung werden bei neueren Rechnern durch eine flexiblere Form des Zusammenwirkens von Zentraleinheit und Peripheriegeräten als beim klassischen Universalrechner vermieden. Während bisher die Steuerung der Ein-Ausgabe-Vorgänge allein durch das zentrale Leitwerk erfolgte, besitzen die Peripheriegeräte jetzt ein eigenes Steuerwerk, welches umgekehrt auch in gewissem Umfang in die Steuerung der Zentraleinheit eingreifen kann. Für den Datentransport werden dabei zwei verschiedene Verfahren angewendet. Bei der *programmgesteuerten Ein- und Ausgabe* wird wie beim klassischen Rechner mit einem EA-Befehl jeweils ein Wort zwischen Akkumulator und Peripheriegerät transportiert, während bei der *Ein- und Ausgabe über Datenkanäle* ein größerer Block von Daten zwischen dem Arbeitsspeicher des Rechners und dem Peripheriegerät ausgetauscht wird.

4.3.1 Programmgesteuerte Ein- und Ausgabe

Bild 4/5 zeigt den Ablauf einer programmgesteuerten Eingabe- oder Ausgabeoperation:

1. Von der Zentraleinheit wird ein Ein-Ausgabe-Befehl an ein Peripheriegerät gegeben.
2. Es erfolgt der Datentransport zwischen Pufferregister und Akkumulator.
3. Der Rechner fährt in seinem Programm fort, das Peripheriegerät beendet die Ausführung des EA-Befehls. Hierzu gehören Kontrollen, ob die Operation fehlerfrei ausgeführt wurde, und Vorbereitungen für den nächsten EA-Befehl.
4. Das Peripheriegerät gibt ein *Unterbrechungssignal* an die Zentraleinheit. Wenn der gerade in Arbeit befindliche Befehl fertig abgewickelt ist,

folgt ein Sprung auf ein *Unterbrechungsprogramm*. Dieses Programm beginnt auf einem Speicherplatz, dessen Adresse n dem Peripheriegerät fest zugeordnet ist. Der Wechsel zwischen beiden Programmen wird meist mit einem Befehl *Unterprogrammsprung USP* vollzogen; das Unterbrechungssignal bewirkt also, daß der Befehl *USP n* mit fester Adresse n an beliebiger Stelle in ein Programm eingeschoben wird.

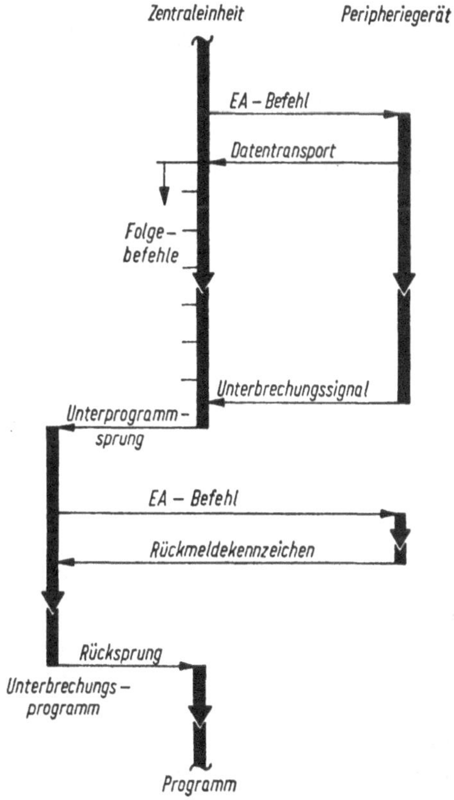

4/5 Zeitlicher Verlauf einer programmgesteuerten Ein- oder Ausgabe

5. Im Unterbrechungsprogramm wird ein EA-Befehl gegeben, mit dem ein *Rückmeldekennzeichen* aus dem Peripheriegerät in den Akkumulator eingelesen wird. Das Rückmeldekennzeichen wurde vorher beim dritten Schritt im Peripheriegerät gebildet und in das Pufferregister gebracht. Es dient dazu, dem Rechner zu melden, ob der Ein-Ausgabe-Vorgang ordnungsgemäß ausgeführt wurde. Dementsprechend kann es mindestens

zwei verschiedene Werte besitzen, um die Fälle „richtig“ und „falsch“ zu unterscheiden. Eine größere Zahl von Werten wird z. B. vorgesehen, wenn es bei der Art der Fehlerprüfung im Peripheriegerät möglich ist, mehrere Fehlerursachen zu unterscheiden.

6. Das Unterbrechungsprogramm prüft das Rückmeldekennzeichen. Bei fehlerfreiem Ablauf der Eingabeoperation geht es mit einem Rücksprung in das unterbrochene Programm zurück.

Während der erste Teil des Ein-Ausgabe-Vorganges — Schritt 1 bis 3 — in der gleichen Weise wie beim klassischen Universalrechner abläuft, kommt beim zweiten Teil als wesentlich Neues die *Programmunterbrechung* hinzu. Mit diesem Mittel lassen sich zeitoptimale Programme, bei denen die mögliche Simultanarbeit von Rechner und Peripheriegeräten voll ausgenutzt wird, wesentlich einfacher als bisher gestalten.

Meistens müssen in Programmen mehrere Daten zusammen an einer Stelle ein- oder ausgegeben werden, für *eine* Eingabe im Programmablaufplan stehen also *mehrere* EA-Befehle in der Befehlsliste. Eine Programmunterbrechung ist nun ein Zeichen dafür, daß der Ein- oder Ausgabe-Vorgang abgeschlossen ist. Zeigt das Rückmeldekennzeichen, daß das Peripheriegerät fehlerfrei gearbeitet hat, und sind noch weitere EA-Befehle abzuwickeln, dann ist es angebracht, den nächsten EA-Befehl zu geben, bevor der Rücksprung in das unterbrochene Programm folgt. Die Verteilung der EA-Befehle in einem Programm muß also nicht mehr vorher genau geplant werden, sondern nach einer Programmunterbrechung wird der nächste Befehl zeitoptimal durch das Unterbrechungsprogramm in das Hauptprogramm eingeschoben.

Um den Aufbau der Programmstücke, die mit der Ein- und Ausgabe betraut sind, übersichtlich zu halten, ist es empfehlenswert, diese Teile als Unterprogramme zu schreiben. Für jedes Peripheriegerät werden ein oder mehrere EA-Unterprogramme vorgesehen. Bei ihrem Aufruf erhalten sie als Parameter z. B. den Typ der einzulesenden Information, die Anzahl der Eingabedaten und die Adressen der Speicherplätze, auf die die Werte zu bringen sind. Sie wickeln damit den Datentransport und die Informationswandlung vollständig ab und springen dann erst zu dem Programm zurück, von dem sie aufgerufen wurden. Das zu dem EA-Gerät gehörige Unterbrechungsprogramm bildet einen Teil des EA-Unterprogramms.

Bild 4/6 zeigt den zeitlichen Ablauf bei der Arbeit eines EA-Unterprogramms. Von einem Hauptprogramm 1 wird das EA-Programm aufgerufen, das z. B. vom Lochstreifen eine Zahl einlesen soll. Es gibt den ersten EA-Befehl zum Transport des ersten Zeichens vom Lochstreifen in den Akkumulator und nimmt die Informationswandlung vor. Danach springt es auf ein Programm 2, das unabhängig vom Programm 1 eine andere Aufgabe löst. Ist das Peripheriegerät mit der Verarbeitung des EA-Befehls fertig, so erfolgt die Programmunterbrechung mit einem Sprung in das EA-Programm, welches jetzt das Rückmeldekennzeichen einliest, prüft und anschließend den zweiten EA-Befehl gibt. In dieser Weise geht es weiter, bis alle Zeichen eingelesen sind und das Zahlwort gebildet ist. Erst dann erfolgt der Rücksprung nach Programm 1, welches das EA-Programm aufgerufen hatte.

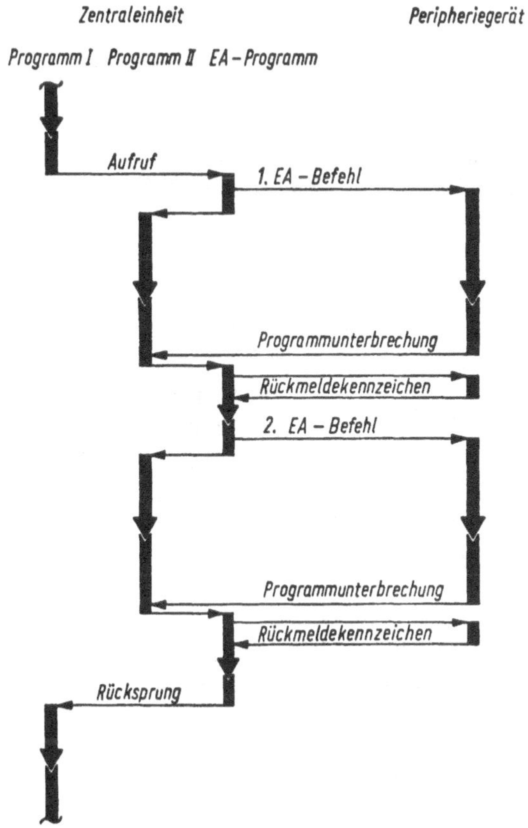

4/6 Zeitlicher Verlauf der Eingabe unter Verwendung von EA-Unterprogrammen

Neu bei dieser Art der Programmverschachtelung ist es, daß zwei voneinander unabhängige Programme 1 und 2 im Rechner bearbeitet werden. Programm 1 stellt das Hauptprogramm dar, von dem auch das EA-Programm aufgerufen wird, während Programm 2 als *Füllprogramm* bezeichnet werden kann, das nur dann abläuft, wenn Programm 1 auf den Abschluß einer EA-Operation warten muß. Diese Art der Programmverschachtelung bezeichnet man als *Parallelprogrammierung*. Allerdings ist die Aufteilung der Rechnerzeit auf ein Haupt- und ein Füllprogramm eine sehr einfache Form der Parallelarbeit von Programmen. Da sämtliche Peripheriegeräte simultan mit der Zentraleinheit arbeiten können und auch das Füllprogramm EA-Befehle enthalten kann, werden meistens mehrere Programme parallel ablaufen. Eine einfache Aufteilung auf Haupt- und Füllprogramm ist dann nicht mehr möglich, vielmehr erfordert die Organisation der Parallelarbeit besondere Maßnahmen, auf die in Kap. 6 näher eingegangen werden soll.

Die Befehle für die Ein- und Ausgabe haben bei simultan arbeitenden Peripheriegeräten den gleichen Aufbau wie bei Steuerung der Geräte durch das Leitwerk des Rechners. Zusätzlich wird ein Befehl benötigt, mit dem das Rückmeldekennzeichen eingelesen wird. Dieser Befehl *ERZ* — Einlesen Rückmeldezeichen — erhält dieselbe Adresse wie der zugehörige EA-Befehl, also z. B.

EAB	*LSL*	$\langle LSL \rangle \rightarrow AC$
ERZ	*LSL*	$RZ_{LSL} \rightarrow AC$ Das Rückmeldezeichen des Lochstreifenlesers wird in den Akkumulator transportiert

Der Aufbau eines Unterprogramms für die Ein-Ausgabe soll damit am folgenden Beispiel geschildert werden.

16. Programmbeispiel

Die Aufgabe des 15. Programmbeispiels — Einlesen einer Zahl vom Lochstreifen und Transformieren in ein Zahlwort in Festkommadarstellung — soll unter der Voraussetzung gelöst werden, daß der Lochstreifenleser simultan zur Zentraleinheit arbeitet. — Bei fehlerfreiem Einlesen eines Zeichens x_n soll das Rückmeldezeichen r_n den Wert 0 besitzen.

a) *Programmablaufplan*

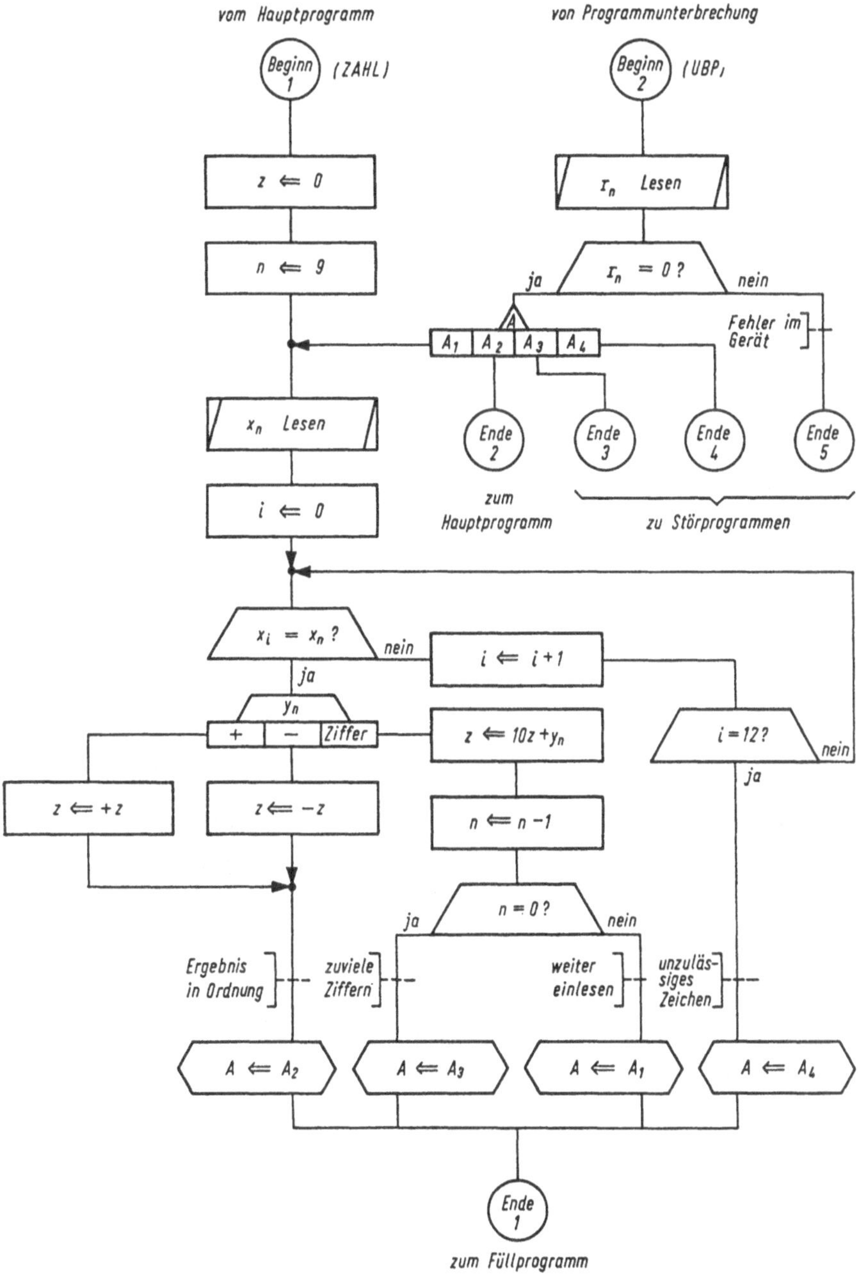

b) *Speicherplan*

Platz	Typ	Inhalt	
1 Z	K	0	Tabelle der Fernschreibzeichen
	K	1	
	:	.	
	.	:	
	K	9	
	K	+	
	K	—	
2 Z	K	0	
3 Z	K	9	
4 Z	V	x_n	
5 Z	V	z	
6 Z	V	n	
7 Z	V	Zwischenspeicher	
20 Z	V	A	Adressen der Störprogramme
21 Z	K	$A_1 = 10\,Z$	
22 Z	K	A_3	
23 Z	K	A_4	

c) *Befehlsliste*

Nr.	Platz	Befehl OPC	Befehl Adr	Befehl Mod	Bemerkungen
1	*ZAHL*				Rücksprungadresse
2		TSA	2 Z		$0 \Rightarrow z$
3		TAS	5 Z		
4		TSA	3 Z		$9 \Rightarrow n$
5		TAS	6 Z		
6	10 Z	EAB	LSL		x_n lesen
7		TAS	4 Z		
8		TSI	0	1 A	$0 \Rightarrow i$
9	11 Z	TSA	1 Z	1	$x_n = x_i$?
10		NEG			
11		LGU	4 Z		
12		TAS	7 Z		
13		TSA	4 Z		
14		NEG			
15		LGU	1 Z	1	

Nr.	Platz	Befehl OPC	Adr	Mod	Bemerkungen
16		LGO	7 Z		$x_n = x_i$?
17		SGL	12 Z		
18		ADI	1	1 A	$i + 1 \Rightarrow i$
19		SKI	12	1 A	$i = 12$?
20		SPR	11 Z		
21		TSA	23 Z		$A_4 \Rightarrow A$
22		TAS	20 Z		
23		SPR	UBP	S	→ Füllprogramm
24	12 *Z*	SKI	10	1 A	$y_n \equiv +$?
25		SPR	13 Z		
26		SPR	15 Z		
27	13 *Z*	SKI	11	1 A	$y_n \equiv -$?
28		SPR	14 Z		
29		TSA	2 Z		$-z \Rightarrow z$
30		SBF	5 Z		
31		TAS	5 Z		
32	15 *Z*	TSA	ZAHL		$A_2 \Rightarrow A$
33		TAS	20 Z		
34		SPR	UBP	S	
35	14 *Z*	TIS	7 Z	1	$i \Rightarrow y_n$
36		TSA	5 Z		$10\,z + y_n \Rightarrow z$
37		SLA	1		
38		ADF	7 Z		
39		TAS	5 Z		
40		ZSK	6 Z		$n - 1 \Rightarrow n,\ n = 0$?
41		SPR	16 Z		
42		TSA	21 Z		$A_1 \Rightarrow A$
43		TAS	20 Z		
44		SPR	UBP	S	→ Füllprogramm
45	16 *Z*	TSA	22 Z		$A_3 \Rightarrow A$
46		TAS	20 Z		
47		SPR	UBP	S	→ Füllprogramm
1′	*UBP*				Rücksprungadresse für Füllprogramm
2′		ERZ	LSL		r_n einlesen
3′		SGL	17 Z		Schalter *A*
4′		TSA	5 Z		
5′		SPR	20 Z	S	
6′	17 *Z*	SPR	A 5		→ Störprogramm 5

d) *Erläuterungen*

Das Programm setzt sich aus zwei Teilen zusammen, dem Unterprogramm ($ZAHL$) zum Einlesen der Zeichen und der Informationswandlung und dem Unterbrechungsprogramm (UBP). Das Unterprogramm ($ZAHL$) wird vom Hauptprogramm aufgerufen. Der erste Teil des Befehlsablaufs, in dem ein Zeichen eingelesen und verarbeitet wird, ist derselbe wie im 15. Programmbeispiel. Anschließend muß unabhängig von dem Ergebnis der Prüfung des Zeichens zuerst das Rückmeldezeichen eingelesen werden, bevor in einem zugehörigen Folgeprogramm fortgefahren werden kann. Dieses Einlesen geschieht im Unterbrechungsprogramm, welches durch die Programmunterbrechung vom Peripheriegerät aufgerufen wird. Mit dem Schalter A wird ihm mitgeteilt, an welcher Stelle es nach Einlesen des Rückmeldezeichens r_n fortfahren soll. Vom Programm ($ZAHL$) geht es weiter zum Füllprogramm. Das Stellen des Schalters A geschieht dadurch, daß die Anschlußadressen auf einen festen Speicherplatz $20\,Z$ gebracht werden. Ist der Eingabevorgang ordnungsgemäß abgeschlossen, so muß im Hauptprogramm fortgefahren werden; seine Adresse befindet sich auf Speicherplatz $ZAHL$. Müssen weitere Ziffern eingelesen werden, geht es bei $10\,Z$ weiter. In den übrigen Fällen liegen Fehler vor, es geht zu besonderen Störprogrammen. Die Adresse des Befehls, bei dem nach Durchlaufen des Programms ($ZAHL$) im Füllprogramm fortzufahren ist, findet sich auf dem ersten Platz UBP des Unterbrechungsprogramms, da die Programmunterbrechung ja wie ein Unterprogrammsprung wirkt.

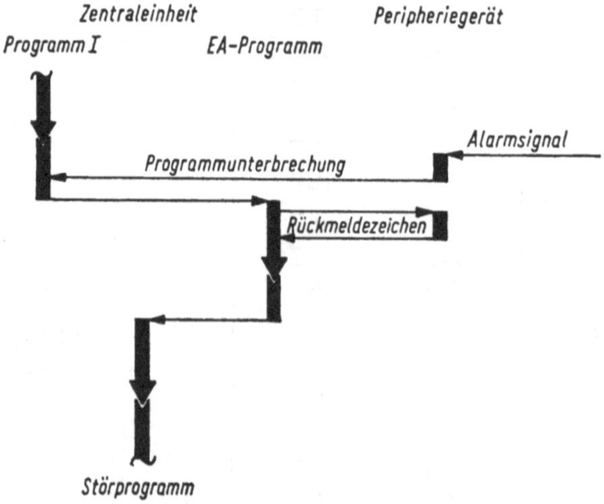

4/7 Verarbeitung eines Alarmsignals

Bei der bisher betrachteten Form der Simultanarbeit von Rechner und Peripheriegeräten diente die Programmunterbrechung dazu, den Abschluß einer Operation zu melden, die vorher durch einen EA-Befehl vom Rechner veranlaßt war. Es ist aber auch möglich, daß eine Programmunterbrechung durch ein Peripheriegerät erfolgt, ohne daß die Zentraleinheit vorher eine Operation eingeleitet hat. Diese Einrichtung verwendet man bei Prozeßrechnern dazu, wichtige Störungsmeldungen aus der Anlage sofort an den Rechner durchzugeben. Bild 4/7 zeigt den zeitlichen Ablauf eines solchen Vorganges. Aus der Anlage kommt ein Alarmsignal, das z. B. durch Schließen eines Kontaktes erzeugt wird. Es gelangt zu dem Peripheriegerät für die Eingabe von Digitalwerten. Dieses gibt eine Programmunterbrechung in die Zentraleinheit. Daraufhin wird vom EA-Programm das Rückmeldezeichen eingelesen, welches z. B. die Nummer des Kontaktes enthält, der die Störung gemeldet hat. Das EA-Programm analysiert diese Meldung und springt daraufhin zu einem Störprogramm, welches die notwendigen Gegenmaßnahmen einleitet. Das Ein-Ausgabe-Programm ist also ähnlich aufgebaut wie die bisher behandelten, nur daß es nicht von einem anderen Programm im Rechner, sondern durch eine Programmunterbrechung aufgerufen wird.

4.3.2 Ein- und Ausgabe über Datenkanäle

Bild 4/8 zeigt den Ablauf einer Ein- oder Ausgabe-Operation mit einem Peripheriegerät, das über einen Datenkanal mit dem Rechner verbunden ist.

1. Von der Zentraleinheit wird ein EA-Befehl an das Peripheriegerät gegeben. Dieses beginnt zu arbeiten, während der Rechner in seinem Programm fortfährt.
2. Wenn das Peripheriegerät für den Transport des ersten Wortes im Datenblock bereit ist, gibt es ein Unterbrechungssignal an den Rechner. Das laufende Programm wird angehalten, und während des nächsten Speicherzyklus erfolgt der Worttransport. Anschließend fährt der Rechner in dem unterbrochenen Programm fort, während das Peripheriegerät den nächsten Datentransport vorbereitet. Dieser Vorgang wiederholt sich so oft, bis alle Wörter des Datenblocks übergeben sind.
3. Nach Abschluß des Datentransports gibt das Peripheriegerät ein anderes Unterbrechungssignal, das den Sprung auf ein Unterbrechungsprogramm zur Folge hat. Der weitere Ablauf ist derselbe wie bei der programmgesteuerten Ein- oder Ausgabe.

Bei der Arbeit mit Datenkanälen treten also zwei verschiedene Unterbrechungen des Programmablaufs in der Zentraleinheit auf. Der Abschluß des EA-Vorgangs wird mit einem Signal gemeldet, das einen Unterprogrammsprung auf ein Unterbrechungsprogramm zur Folge hat. Dieser Vorgang geschieht in der gleichen Weise beim programmgesteuerten Datentransport; er wurde schon mit *Programmunterbrechung* bezeichnet. Das Signal, welches den Transport eines Wortes zwischen Speicher und

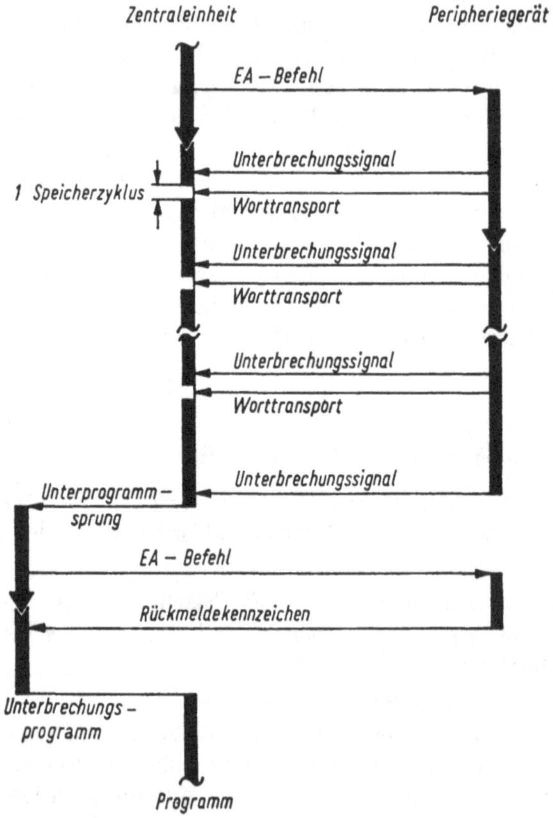

4/8 Eingabe über einen Datenkanal in den Speicher

Peripheriegerät einleitet, bewirkt nur die Verzögerung des Programmablaufs um einen Speicherzyklus; der Vorgang heißt sinngemäß *Speicherunterbrechung*. Die Programmunterbrechung kann erst wirksam werden, wenn der gerade in Arbeit befindliche Befehl vollständig abgewickelt ist, andernfalls würde der unterbrochene Befehl unvollständig und damit falsch ausgeführt werden. Die Speicherunterbrechung kann dagegen auch in den Ablauf eines Befehls eingreifen; nach dem Datentransport wird ja die Befehlsausführung fortgesetzt, so daß dadurch kein Fehler auftritt.

Ein Digitalrechner kann mehrere Datenkanäle besitzen, an die jeweils wieder mehrere Peripheriegeräte angeschlossen sein können. Der Aufbau dieser Kanäle ist unabhängig von der Art der angeschlossenen Geräte, die Besonderheiten werden in ihren Steuerwerken berücksichtigt. Zu jedem Datenkanal gehört neben den Einrichtungen, mit denen die Steuersignale und Informationen zwischen Rechner und Peripheriegerät übertragen werden, ein *Speicheradreßregister*. Bei einer Speicherunterbrechung wird das Peripheriegerät mit der Zelle des Kernspeichers verbunden, deren Adresse sich in dem Adreßregister befindet. Anschließend wird dessen Inhalt um 1 erhöht, so daß beim nächsten Datentransport die folgende Speicherzelle beteiligt ist.

Der Ein-Ausgabe-Befehl für einen Datenkanal EAD hat folgenden Aufbau:

OPC	Adr	Mod
EAD	n	k

Die Adresse n gibt den ersten Platz im Kernspeicher an, mit dem der Datentransport ausgeführt werden soll; die Zahl k ist die Nummer des Datenkanals. Der Befehl bewirkt, daß n in das Speicheradreßregister von Kanal k gebracht wird und das Steuerwerk der angeschlossenen Peripheriegeräte ein Startsignal erhält. Mit dem Befehl EAD ist also noch nicht festgelegt, welche Operation ausgeführt werden soll, und — bei mehreren angeschlossenen Geräten — welches Gerät arbeiten soll. Diese Informationen können auch nicht mit Befehlen gegeben werden, da ja alle Datenkanäle gleichartig aufgebaut sind, die Ausrüstung mit Peripheriegeräten dagegen den Anforderungen bei verschiedenen Anwendungsfällen angepaßt wird. Die Befehle können sich also nur auf die Eigenschaften der Datenkanäle und nicht auf die Peripheriegeräte beziehen. Für die Übermittlung dieser Informationen verfährt man deshalb folgendermaßen: Das erste Wort des Datenblocks, $\langle n \rangle$, wird mit der ersten Speicherunterbrechung in das Steuerwerk des Peripheriegerätes gebracht. Es wird von diesem ähnlich verarbeitet wie ein Befehl vom Leitwerk des Rechners, d. h. $\langle n \rangle$ bildet das *Steuerwort* für die Arbeit der an den Datenkanal angeschlossenen Geräte.

Mit dem Steuerwort müssen folgende Informationen übermittelt werden:

1. Richtung des Datentransportes — Einlesen oder Ausgeben.
2. Anzahl der zu übertragenden Wörter.
3. Bei Anschluß mehrerer Geräte an einen Kanal Auswahl des Peripheriegerätes.

4. Für den Verkehrsverteiler eines Prozeßrechners Adresse der Meßstelle oder des Stellgliedes.

Das Steuerwort wird dazu ähnlich wie ein Rechnerbefehl gegliedert:

OPC	Adr	Mod
EIN	μ	m
AUS	ν	

Der Operationsteil bezeichnet mit *EIN* oder *AUS* die Transportrichtung. Der Adreßteil gibt die Nummer μ des Peripheriegerätes oder beim Verkehrsverteiler die äußere Adresse ν an. Im Modifizierungsteil wird die Blocklänge als Zahl m der zu übertragenden Daten eingetragen[1].

Das Rückmeldezeichen wird mit dem Befehl

OPC	Adr	Mod
ERZ		k

eingelesen. Die Adresse entfällt, als Modifizierungszeichen steht die Datenkanalnummer k.

Die Eingabe und Ausgabe über Datenkanäle wird auch mit Unterprogrammen vorgenommen. Ihr Aufbau ist etwas einfacher als bei der programmgesteuerten Eingabe. Bild 4/9 zeigt den Ablaufplan für das 16. Programmbeispiel, wobei die Lochstreifeneingabe über einen Datenkanal erfolgt. Es werden alle Zeichen, aus denen das Zahlwort gebildet werden soll, mit einem Befehl eingelesen. Dementsprechend wird das Füllprogramm und das Unterbrechungsprogramm nur je einmal aufgerufen. Die Informationswandlung erfolgt nach der Eingabe. Die Programmteile sind also weniger ineinander verschachtelt, die organisatorischen Teile werden einfacher und die Programme kürzer.

Ähnlich wie bei der programmgesteuerten Ein-Ausgabe werden die Programmstrukturen allerdings wesentlich komplizierter, wenn mehrere Datenkanäle simultan arbeiten. Dabei kann es geschehen, daß zwei oder mehr Kanäle gleichzeitig eine Speicher- oder Programmunterbrechung beim Rechner anmelden. In solchen Fällen sorgt eine Vorrangsteuerung dafür, daß ein Kanal, z. B. der mit der höheren Nummer, als erster ab-

[1] Manche Peripheriegeräte können eine größere Zahl von Operationen ausführen, die dann mit anderen Zeichen in OPC gekennzeichnet werden. Ferner muß die Blocklänge nicht durch die Zahl m der Wörter festgelegt werden; der Datentransport kann auch abgebrochen werden, wenn ein besonderes Wort, das Schlußzeichen, erscheint. In Adr wird dann ein anderes Zeichen gesetzt.

gefertigt wird. Die Methoden der dann erforderlichen *Parallelprogrammierung* sollen in Kap. 6 geschildert werden.

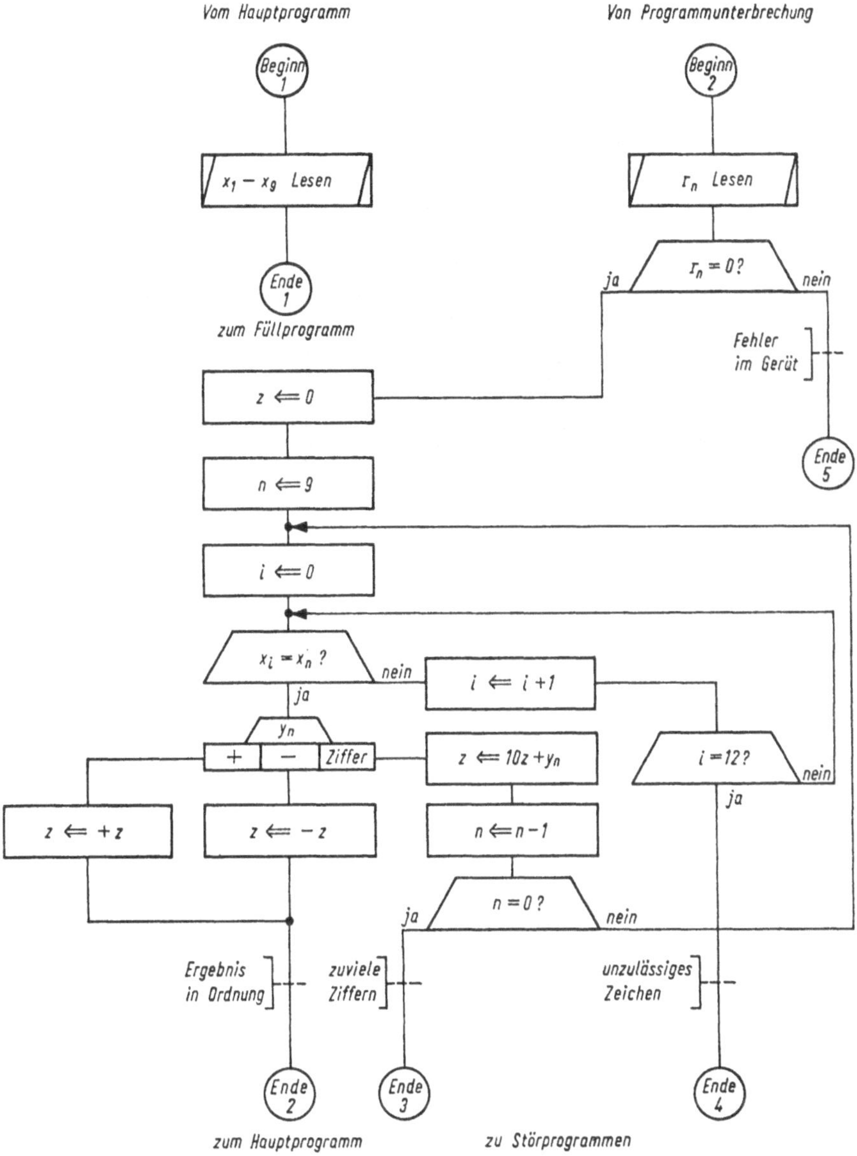

4/9 Eingabeprogramme zum Lesen eines Wortes vom Lochstreifen über einen Datenkanal

Die Ein- und Ausgabe über Datenkanäle wird vor allem bei solchen Peripheriegeräten angewendet, mit denen größere Datenmengen in kurzer Zeit ausgetauscht werden müssen. Hierzu gehören in erster Linie alle Großraumspeicher. Bei langsamen Geräten, wie z. B. Schreibmaschinen, ist der Mehraufwand dagegen nicht lohnend. Beim Verkehrsverteiler von Prozeßrechnern werden häufig die Einrichtungen zur Digital-Eingabe über einen Datenkanal angeschlossen. Die Anwahl der Meßstellen geschieht hier z. B. über eine Diodenmatrix, mit der sehr kurze Durchschaltzeiten erreicht werden. Größere Gruppen von Meßwerten können deshalb über einen Datenkanal schneller eingegeben werden, als es mit der programmgesteuerten Eingabe mit Befehlen zur Abfrage einzelner Meßwerte möglich ist. Bei der Analog-Eingabe verwendet man dagegen meist Relaismatrizen, um auch niedrige Spannungen im mV-Bereich fehlerfrei übermitteln zu können. Wegen der längeren Schaltzeit der Relais gewinnt man bei einer gruppenweisen Abfrage über einen Datenkanal nur wenig Zeit, so daß hier die programmgesteuerte Eingabe benutzt wird. Sie kommt auch bei der Digital- und Analog-Ausgabe zur Anwendung; denn hier ist es nie erforderlich, viele Ausgaben in sehr kurzer Zeit auszuführen.

5. Programmübersetzung

In den letzten Programmbeispielen sind die Befehlslisten in einer maschinenorientierten Sprache geschrieben; sie müssen erst in die Maschinensprache überführt werden, bevor die Programme auf dem Rechner geprüft und durchgerechnet werden können. Solche Transformation eines Programms von einer Programmsprache in eine andere ist die am häufigsten benutzte Form der *Programmübersetzung.*

Ein anderer wichtiger Anwendungsfall tritt bei der Automatisierung technischer Prozesse im Zusammenhang mit der Programmprüfung auf. Hier ist es erforderlich, die Richtigkeit der Programme zu kontrollieren, bevor der Rechner mit dem Prozeß zusammengeschaltet wird. Die Programme enthalten nun Befehle zur Eingabe von Meßwerten und zur Ausgabe von Signalen, die bei der Prüfung noch gar nicht echt ausgeführt werden können; das Programm muß also auf einem „unvollständigen" Rechner getestet werden. Das ist ein Spezialfall der allgemeinen Aufgabe, ein für einen Rechner I geschriebenes Programm auf einem anderen Rechner II durchlaufen zu lassen. Die hierzu erforderlichen Programmübersetzungen bezeichnet man als *Simulierung von Rechnern.*

Bei der Durchführung von Programmübersetzungen mit Hilfe von Rechenautomaten bedient man sich zwei verschiedener Verfahren, der *Programminterpretation* und der *Programmgenerierung.* Im ersten Fall befindet sich das zu übersetzende Ausgangsprogramm zusammen mit dem Interpretationsprogramm im Speicher des Rechners. Das Interpretationsprogramm übersetzt jeweils ein kleines Stück des Ausgangsprogramms — häufig nur einen Befehl — und führt dieses Programmstück sofort aus.

Im zweiten Fall muß nur das Übersetzungsprogramm, der *Programmgenerator*, im Speicher stehen. Das Ausgangsprogramm kann stückweise eingelesen werden oder auch gespeichert sein. Beim Übersetzungsvorgang wird vom Generator ein vollständiges Programm erzeugt und gespeichert oder sofort ausgegeben, jedoch nicht ausgeführt. Die Interpretation entspricht also etwa der Simultanübersetzung eines gesprochenen Vortrages, während die Generierung mit der Übersetzung des vollständigen Vortragsmanuskriptes zu vergleichen ist. Die Programmübersetzung durch Interpretation geht im allgemeinen schneller vor sich als durch Programmgenerierung. Allerdings muß die interpretative Übersetzung bei jeder

Durchrechnung des Programms neu erfolgen, so daß bei häufiger Benutzung eines Programms dieses Verfahren langsamer ist als die Programmerzeugung. Außerdem erfordert das Interpretieren einen größeren Speicher, weil sowohl das Ausgangsprogramm als auch das Übersetzungsprogramm gespeichert werden müssen [31], [32], [33], [34].

5.1 Programminterpretation

Die interpretative Form der Übersetzung kann angewendet werden, wenn das Programm in einer *Kommandosprache* geschrieben ist, deren Elemente die Form von Befehlen haben. Als *Befehl* soll eine Information bezeichnet werden, die einen Operationsteil enthält, mit dem eindeutig eine bestimmte Art der Informationsverarbeitung definiert ist. Auf welche Daten der Befehl jeweils angewendet werden soll, ist durch einen zweiten Teil, die *Parameter*, festgelegt. Der Parameterteil kann wie bei den Maschinenbefehlen eines Rechners aus Adressen und Modifikationszeichen bestehen, er kann aber auch die zu verarbeitenden Daten selbst enthalten. Außer den Befehlen kann die Kommandosprache noch weitere Typen von Informationen besitzen, mit denen die von den Befehlen verarbeiteten Daten dargestellt werden.

Ein Programm setzt sich aus einer Folge von Befehlen zusammen. Die Reihenfolge der Befehlsausführung kann vom Ergebnis der Informationsverarbeitung abhängig sein, es gibt also auch *Sprungbefehle*. Damit ist es erforderlich, jedem Befehl ein Kennzeichen, seine *Adresse*, zuteilen zu können, die im Parameterteil eines Sprungbefehls das Sprungziel angibt.

Eine Kommandosprache hat also die gleiche Struktur wie die Maschinensprache oder eine zugeordnete maschinenorientierte Sprache eines Digitalrechners. Dementsprechend hätte eine Maschine, mit der in einer solchen Sprache formulierte Programme automatisch abgewickelt werden können, auch große Ähnlichkeit mit einem Rechner, Bild 5/1. Programme und Daten werden in einem *Speicher* untergebracht, der sich aus adressierbaren Zellen

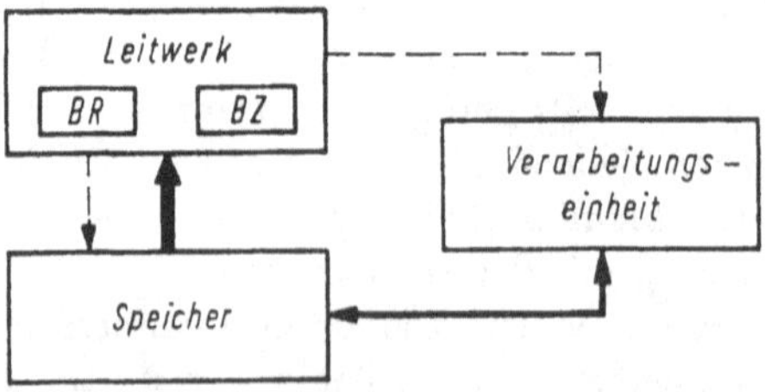

5/1 Struktur einer mit Befehlsfolgen gesteuerten Datenverarbeitungsanlage

zusammensetzt. Das *Leitwerk* zur Steuerung des Befehlsablaufs besitzt einen *Befehlszähler BZ*, der die Adresse des folgenden Befehls enthält, und ein *Befehlsregister BR*, in welchem der gerade in Ausführung befindliche Befehl zwischengespeichert wird. Diese Teile haben also dieselbe Funktion wie beim Digitalrechner. Die Einzeloperationen bei der Abwicklung eines Befehls werden unter Zuhilfenahme der *Verarbeitungseinheit* ausgeführt. Ihr Aufbau hängt von der Art der Befehle ab; ihr entspricht beim Rechner das Rechenwerk und die Ein- und Ausgabe.

Die interpretative Übersetzung kann damit als Simulierung eines rechnerähnlichen Automaten aufgefaßt werden. Dementsprechend setzt sich ein Interpretationsprogramm aus Teilen zusammen, die die Funktion der Baugruppen des Automaten übernehmen.

Das zu übersetzende Programm soll im folgenden als *Quellenprogramm* bezeichnet werden, seine Befehle als *Makrobefehle.*

Bevor der Übersetzungsvorgang beginnt, muß das Quellenprogramm im Rechner vollständig gespeichert sein. Hieraus ergibt sich eine Beschränkung der Länge des Quellenprogramms; es muß zusammen mit dem Interpretationsprogramm im Speicher Platz haben. Man wird den Speicher in zwei Bereiche einteilen, von denen einer dem Interpretationsprogramm, der andere dem Quellenprogramm fest zugeordnet ist. Die Informationseinheit der Kommandosprache hat fast immer einen anderen Aufbau als die des Rechners, insbesondere wird sich die Wortlänge unterscheiden. Ist die Länge eines Makrobefehles kleiner als die des Rechnerwortes, so kann je ein Befehl in einer Speicherzelle untergebracht werden, ist sie größer, so werden für die Speicherung mehrere benachbarte Zellen benutzt.

Für den Verkehr zwischen Speicher und den übrigen Funktionsgruppen des Rechners benötigt die Speichersteuerung die Adresse der beteiligten Speicherzelle. Da die Adressen im Quellenprogramm andere sind als die im Speicher des Rechners, müssen im Interpretationsprogramm aus den Quellenadressen $QADR$ die zugehörigen Maschinenadressen $MADR$ ermittelt werden. Ein Beispiel für die Adressenzuordnung:

1. Als Quellenadressen $QADR$ dienen die natürlichen Zahlen.
2. Jeder Makrobefehl benötigt drei Speicherzellen.
3. Die Adressen $MADR$ des Speichers laufen von 0—9999.
4. Das Quellenprogramm wird in dem auf $MADR = 1000$ beginnenden Speicherblock untergebracht.

Dann ist die Zuordnung von Maschinen- zu Quellenadressen gegeben durch

$$\begin{aligned} MADR\,1 &= 1000 + 3 \cdot QADR \\ MADR\,2 &= MADR\,1 + 1 \\ MADR\,3 &= MADR\,1 + 2 \end{aligned}$$

Für $QADR$ sind dabei die Werte

$$0 \leq QADR \leq 2999$$

zulässig.

Die Makrobefehle können auch Zeichen zur Modifizierung der Adressen enthalten. Die Bildung der effektiven Adresse aus Absolutadresse und Modifizierungszeichen muß dann ebenfalls mit dem Programmteil für die Adressenzuordnung geschehen. Werden z. B. Indexregister verwendet, so kann man jedes Register durch feste Speicherzellen im Rechner simulieren. Bei der Adreßrechnung wird zuerst die effektive Quellenadresse gebildet und daraus nach der allgemeinen Formel die Maschinenadresse abgeleitet.

Die erste Phase bei der Ausführung eines Befehls durch das Leitwerk besteht darin, daß von dem Speicherplatz, dessen Adresse im Befehlszähler QBZ steht, der Befehl in das Befehlsregister QBR geholt wird. Um diesen Vorgang interpretativ abzuwickeln, benötigt das Rechnerprogramm zwei Gruppen von Speicherplätzen, mit denen QBZ und QBR simuliert werden. QBZ enthält die Adresse des nächsten Befehls im Quellenprogramm. Unter Benutzung des Programms für die Adressenzuordnung werden daraus die Maschinenadressen gewonnen und in Transportbefehle eingesetzt, mit denen der Makrobefehl in das Befehlsregister QBR gebracht wird.

In der zweiten Phase der Befehlsausführung wird die Adresse des folgenden Befehls in den Befehlszähler gebracht; stehen die Befehle des Programms auf nebeneinanderliegenden Speicherplätzen, so ist QBZ um 1 zu erhöhen.

Die dritte Phase beginnt damit, daß der Operationsteil des Befehls vom Leitwerk entschlüsselt wird. Auf Grund des Ergebnisses wird eine bestimmte Mikroprogrammsteuerung angestoßen, die die eigentliche Befehlsausführung lenkt. Die Simulierung dieser Vorgänge geschieht dadurch, daß das Interpretationsprogramm für jeden Makrobefehl ein Unterprogramm enthält, das die Funktion der Mikroprogrammsteuerung übernimmt. Die Auswahl des richtigen Unterprogramms geschieht mit Hilfe einer Liste der Operationsteile aller Makrobefehle und der Anfangsadressen der zugehörigen Unterprogramme. Der Operationsteil steht in einem bestimmten Teil von QBR, er kann jetzt also vom Interpretationsprogramm erreicht werden, das damit die Liste durchsucht und den Sprung auf das entsprechende Unterprogramm durchführt.

Ein Interpretationsprogramm läßt sich damit in drei Teile gliedern:

1. Ein Programm übernimmt die Zuordnung von Maschinenadressen zu Quellenadressen. Seine Funktion entspricht der des Speichers.

2. Ein zweites Programm steuert die Reihenfolge der Befehlsabwicklung und leitet die Ausführung der einzelnen Makrobefehle ein. Es hat die Aufgabe des Leitwerkes.
3. Eine Gruppe von Programmen besorgt die Ausführung der Makrobefehle. Sie haben die Funktion der Verarbeitungseinheit, wie Rechenwerk, Ein- und Ausgabe einschließlich der zugehörigen Mikroprogrammsteuerung.

Mit dem folgenden Programmbeispiel sollen einige Einzelheiten der interpretativen Übersetzung näher erläutert werden.

17. Programmbeispiel

Interpretationsprogramme für ein System von Makrobefehlen zur Rechnung mit komplexen Zahlen.

Eine komplexe Zahl $z = x + iy$ soll im Rechner durch ein Zahlenpaar (x, y) dargestellt werden. Dabei sei x und y je eine Gleitkommazahl. Ein Zahlenpaar wird in benachbarten Speicherplätzen in der Reihenfolge Realteil x, Imaginärteil y untergebracht.

Die Makrobefehle besitzen zwei Adressen, mit denen je eine komplexe Zahl angewählt wird; Real- und Imaginärteil können also im Quellenprogramm nicht einzeln adressiert werden. Die Befehle haben den Aufbau

$$OPC \quad m \quad n\,.$$

Operationsteil OPC und erste Adresse m werden in einer Speicherzelle, die Zweitadresse in der folgenden Zelle untergebracht. Beispiele für einige Befehle sind:

TMN	Transport $\langle n\rangle \to m$
ADK	Komplexe Addition $\langle m\rangle + \langle n\rangle \to m$
SBK	Komplexe Subtraktion $\langle m\rangle - \langle n\rangle \to m$
MLK	Komplexe Multiplikation $\langle m\rangle \cdot \langle n\rangle \to m$
DVK	Komplexe Division $\langle m\rangle : \langle n\rangle \to m$
SBG	Skip, falls absoluter Betrag von $\langle m\rangle$ größer als $\lvert\langle n\rangle\rvert$
SRG	Skip, wenn Realteil von $\langle m\rangle$ größer als Re $\langle n\rangle$
SIK	Skip, wenn Imaginärteil von $\langle m\rangle$ kleiner als Im $\langle n\rangle$
SPR	Sprung auf m; n ist beliebig

I. Adressenzuordnung

Als Quellenadressen seien die Zahlen von 0—3999 zugelassen. Das Quellenprogramm wird auf dem bei Speicherplatz 2000 beginnenden Block geladen, so daß sich folgende Zuordnung ergibt:

$$MADR\,1 = 2000 + 2 \cdot QADR$$
$$MADR\,2 = 2001 + 2 \cdot QADR.$$

Ist die gespeicherte Information eine Zahl, so gibt $MADR\,1$ die Adresse des Realteils und $MADR\,2$ die des Imaginärteils an. Bei Makrobefehlen steht auf dem Platz $MADR\,1$ Operationsteil und Erstadresse und auf $MADR\,2$ die Zweitadresse.

Für die Umwandlung wird ein Unterprogramm benutzt. Bei seinem Aufruf wird $QADR$ als Festkommazahl in den Akkumulator gebracht. Die Ergebnisse werden auf festen Plätzen gespeichert.

a) *Programmablaufplan*

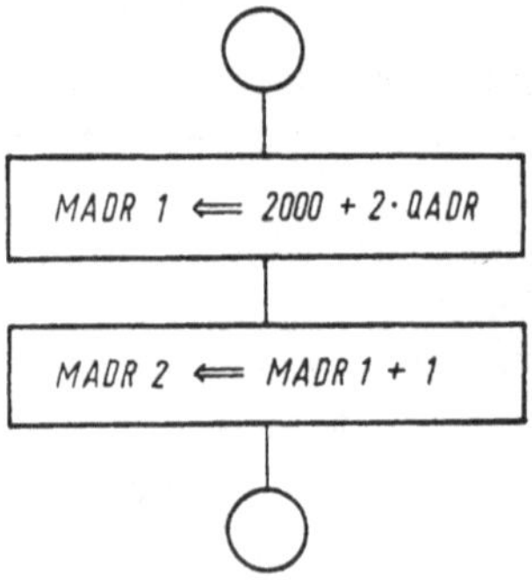

b) *Speicherplan*

Platz	Typ	Inhalt
EINS	*K*	1
ZWEI	*K*	2
KON	*K*	2000
MADR 1	*V*	*M*-Adresse 1
MADR 2	*V*	*M*-Adresse 2

c) *Befehlsliste*

Nr.	Platz	Befehl OPC	Adr	Mod	Bemerkungen
1	*ADZU*				Anschlußadresse
2		MLF	ZWEI		
3		AQF	KON		$2 \cdot QADR + 2000$
4		TQS	MADR 1		$\Rightarrow MADR\,1$
5		AQF	EINS		$MADR\,1 + 1$
6		TQS	MADR 2		$\Rightarrow MADR\,2$
7		SPR	ADZU	S	

In der Programmsprache für die komplexe Arithmetik soll es auch möglich sein, Adressenmodifikationen mit Indexregistern sowie eine Adressensubstitution auszuführen. Die beiden Adressen im Befehl gliedern sich dazu wieder in einen Teil *ABS* für die absolute Adresse und einen Modifikationsteil *MOD*:

	1. Adresse		2. Adresse	
OPC	*ABS*	*MOD*	*ABS*	*MOD*

Für jeden Modifikationsteil seien 4 Zeichen zugelassen. Die Indexregister werden mit den Ziffern 1—3 bezeichnet, die Substitution mit dem Zeichen *S*. Die Modifizierungszeichen sollen links bündig neben dem Absolutteil geschrieben werden. Falls nicht alle 4 Stellen erforderlich sind, werden die freien rechten Stellen mit Nullen aufgefüllt, z. B.

	1. Adresse		2. Adresse	
ADK	1718	1S00	3120	0000

Die Ermittlung der effektiven Adresse geschieht mit einem Unterprogramm. Bei seinem Aufruf wird ein vollständiger Adreßteil — *ABS* und *MOD* — in den Akkumulator gebracht. Die Ergebnisse, *MADR* 1 und *MADR* 2, gelangen auf dieselben Plätze wie beim Programm für die Zuordnung absoluter Quellenadressen zu Maschinenadressen. Eine Adresse *QADR* wird im Speicher des Quellenprogramms rechts bündig abgelegt, die linken Stellen enthalten Nullen. *QADR* wird also mit der Maschinenadresse *MADR* 2 erreicht.

a) *Programmablaufplan*

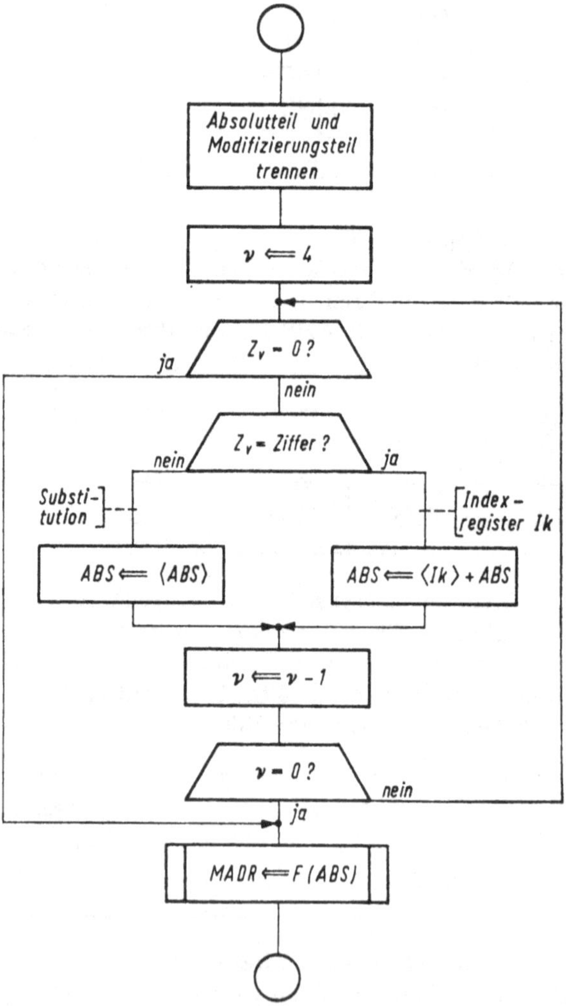

b) *Speicherplan*

Platz	Typ	Inhalt
ABS	*V*	Absolutteil der Quellenadresse
MOD	*V*	Modifikationsteil der Quellenadresse
ZAEHL	*V*	Zähler ν
IR	*V*	Adresse des Indexregisters *Ik*
NULL	*K*	0
VIER	*K*	4
ZIFF	*K*	Kennzeichen für Ziffern, *OOLL*
ADRI	*K*	Bezugsadresse für Indexregister

c) *Befehlsliste*

Nr.	Platz	Befehl OPC	Befehl Adr	Befehl Mod	Bemerkungen
1	*AMOD*				Anschlußadresse
2		SRQ	4		Absolutadresse
3		TAS	ABS		$\rightarrow ABS$
4		TSA	VIER		$4 \Rightarrow \nu$
5		TAS	ZAEHL		
6	*A 1*	TSA	NULL		$Z_\nu \rightarrow AC$
7		SLQ	1		
8		SGL	A 4		$Z_\nu = 0$?
9		TQS	MOD		Rest von Modifizierungsteil $\rightarrow MOD$
10		LGU	ZIFF		Indexregister?
11		SGL	A 3		
12		ADF	ADRI		Adresse des
13		TAS	IR		Indexregisters *Ik*
14		TSA	ABS		$ABS + Ik \Rightarrow ABS$
15		ADF	IR	S	
16	*A 2*	TAS	ABS		
17		ZSK	ZAEHL		$\nu - 1 \Rightarrow \nu$,
18		SPR	A 5		$\nu = 0$?
19		TSQ	MOD		Nächste Prüfung
20		SPR	A 1		vorbereiten

Nr.	Platz	Befehl OPC	Befehl Adr	Befehl Mod	Bemerkungen
21	*A* 3	TSA	ABS		Substitution
22		USP	ADZU		
23		TSA	MADR 2	S	
24		SPR	A 2		
25	*A* 4	TSA	ABS		Maschinenadressen bestimmen
26	*A* 5	USP	ADZU		
27		SPR	AMOD	S	

d) *Erläuterungen*

Die vier möglichen Modifikationszeichen $Z_4 Z_3 Z_2 Z_1$ werden nacheinander mit einem zyklischen Programm analysiert. Ist eines der Zeichen $Z_\nu = 0$, dann kann der Suchvorgang abgebrochen werden, Befehl 8. Die Unterscheidung von Indexregistern und Substitutionszeichen geschieht mit Befehl 10 und 11. Dabei ist vorausgesetzt, daß die Ziffern 1—3 für die Indexregister als Dualzahlen dargestellt sind, also

$$OOOL = 1$$
$$OOLO = 2$$
$$OOLL = 3,$$

während das Zeichen für die Substitution in den unteren Stellen Nullen enthält. Die Konjunktion $Z_\nu \wedge OOLL$, Befehl 10, läßt also die Zeichen für die Indexregister unverändert, während bei einer Substitution das Ergebnis *OOOO* wird.

Den Indexregistern des Quellenprogramms sind drei benachbarte Speicherplätze im Interpretationsprogramm zugeordnet mit den Adressen $ADRI + 1$, $ADRI + 2$, $ADRI + 3$. Mit Befehl 12 und 13 wird die gesuchte Adresse gebildet, die Befehle 14 bis 16 führen die eigentliche Berechnung der Effektivadresse des Quellenprogramms durch.

Bei der Substitution werden mit dem Unterprogramm für die Adressenzuordnung *ADZU* die Maschinenadressen gebildet, Befehl 21 und 22, anschließend wird der Inhalt von *MADR* 2 als neue Absolutadresse des Quellenprogramms genommen.

Wenn alle Modifikationszeichen verarbeitet sind, werden zum Schluß mit dem Unterprogramm *ADZU* die Maschinenadressen errechnet.

II. Simulierung des Leitwerkes

a) *Programmablaufplan*

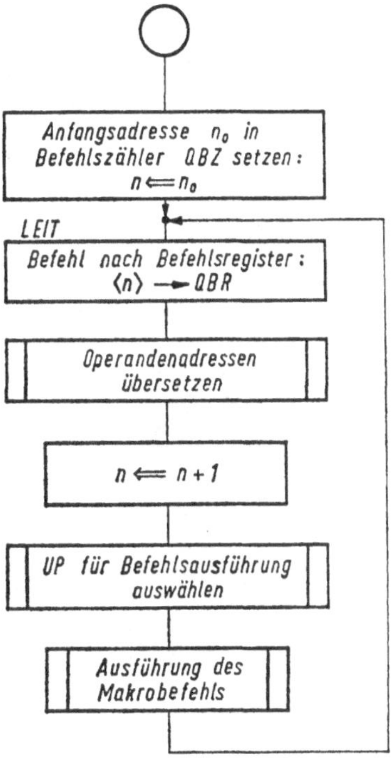

b) *Speicherplan*

Platz	Typ	Inhalt
QBZ	*V*	Befehlszähler für Quellenprogramm
QBRO	*V*	Befehlsregister, Operationsteil
QBRA	*V*	Befehlsregister, 1. Operandenadresse
OPA 21	*V*	1. Maschinenadresse } für 2. Operanden
OPA 22	*V*	2. Maschinenadresse } für 2. Operanden
NULL	*K*	0
EINS	*K*	1
SUCH	*K*	Anfang des Suchprogramms
MAKRO	*V*	Anfangsadresse des *UP* für Makrobefehle

c) *Befehlsliste*

Nr.	Platz	Befehl OPC	Adr	Mod	Bemerkungen
1	*LEIT*	TSA	QBZ		Operationsteil des nächsten Befehls → *QBRO*
2		USP	ADZU		
3		TSA	MADR 1	S	
4		SRQ	8		
5		TAS	QBRO		
6		TSA	NULL		1. Operanden-adresse → *QBRA*
7		SLQ	8		
8		TAS	QBRA		
9		TSA	MADR 2	S	Maschinenadressen für die Operanden-adressen bilden
10		USP	AMOD		
11		TSA	MADR 1		
12		TAS	OPA 21		
13		TSA	MADR 2		
14		TAS	OPA 22		
15		TSA	QBRA		
16		USP	AMOD		
17		TSA	QBZ		$n + 1 \Rightarrow n$
18		ADF	EINS		
19		TAS	QBZ		
20		USP	SUCH		Unterprogramm für Makrobefehl anstoßen
21		USP	MAKRO	S	
22		SPR	LEIT		

d) *Erläuterungen*

Der Inhalt n des Speicherplatzes *QBZ* für den Befehlszähler ist eine Adresse des Quellenprogramms. Deshalb müssen daraus mit dem Unterprogramm *ADZU* zuerst Maschinenadressen gewonnen werden, um den auf Platz n stehenden Makrobefehl in das Befehlsregister *QBR* zu holen, Befehl 1 und 2. *QBR* besteht aus mehreren Speicherzellen, die zur Aufnahme des Operationsteils und der beiden Adressen dienen.

Die Umwandlung der Operandenadressen des Makrobefehls in Maschinenadressen wird mit den Befehlen 9—16 im *Leitwerkprogramm* vorgenommen. Da für jeden Befehlstyp ein anderes Unterprogramm vorhanden ist, die Adressenumsetzung aber bei allen Befehlen geschehen muß, wird durch diese Maßnahme Speicherplatz gespart. Die Maschinenadressen stehen nach der Adressenzuordnung auf folgenden Plätzen:

MADR 1	1. Maschinenadresse	des ersten Operanden
MADR 2	2. Maschinenadresse	
OPA 21	1. Maschinenadresse	des zweiten Operanden
OPA 22	2. Maschinenadresse	

Nach Erhöhung des Befehlszählerstandes um 1 mit Befehl 17—19 wird mit einem Suchprogramm aus der Liste der Makrooperationen die Anfangsadresse des Unterprogramms gesucht und auf den Platz *MAKRO* gebracht. Das Unterprogramm ist nicht angegeben; es kann ähnlich wie im 15. Programmbeispiel formuliert werden. Mit Befehl 21 wird das spezielle Unterprogramm zur Interpretation des Makrobefehls aufgerufen; anschließend wird der Ablauf bei Befehl 1 wieder begonnen.

Dem Leitwerkprogramm muß noch ein Teil vorgeschaltet werden, mit dem der Übersetzungsvorgang für ein Quellenprogramm eingeleitet wird. Es erhält vom Operateur der Rechenmaschine über ein Eingabegerät eine Anweisung, welches die Adresse des ersten zu übersetzenden Makrobefehls ist. Dieser Wert wird vom Programm nach *QBZ* gebracht, anschließend kann der erste Durchlauf durch das Leitwerkprogramm beginnen.

Das Ende eines Übersetzungsvorganges wird durch einen „Halt"-Befehl im Quellenprogramm veranlaßt, die Ausführung erfolgt also in dem Unterprogramm für diesen Makrobefehl.

III. Unterprogramme für Makrobefehle

Der Aufbau von Programmen zur Interpretation von Makrobefehlen soll an zwei typischen Beispielen gezeigt werden, der Multiplikation und einem bedingten Sprungbefehl.

1. *Multiplikation*

Für die Multiplikation zweier komplexer Zahlen z_1 und z_2 gilt

$$z_1 z_2 = (x_1 + i\, y_1)(x_2 + i\, y_2)$$
$$= (x_1 x_2 - y_1 y_2) + i\,(x_1 y_2 + x_2 y_1).$$

Der Makrobefehl hat die Form

$MLK \quad m \quad n \qquad \langle m\rangle \cdot \langle n\rangle \rightarrow m$

a) *Programmablaufplan*

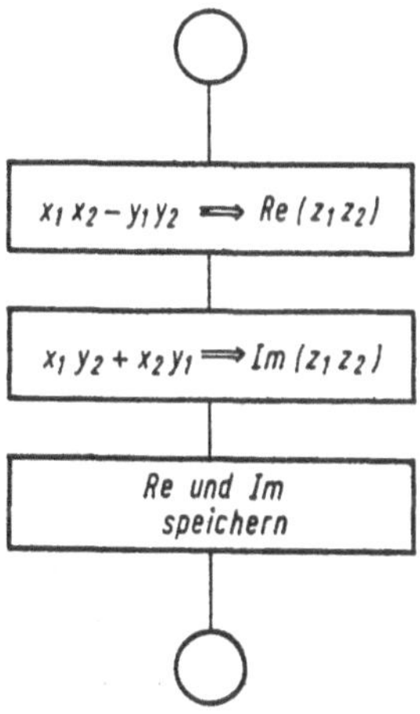

b) *Speicherplan*

Platz	Typ	Inhalt
MADR 1	*V*	x_1, $x_1 x_2 - y_1 y_2$
MADR 2	*V*	y_1, $x_1 y_2 + x_2 y_1$
OPA 21	*V*	x_2
OPA 22	*V*	y_2
ZW 1	*V*	$y_1 y_2$, $x_1 y_2$
ZW 2	*V*	$x_1 x_2 - y_1 y_2$

c) *Befehlsliste*

Nr.	Platz	Befehl OPC	Adr	Mod	Bemerkungen
1	*MLK*				Rücksprungadresse
2		TSA	MADR 2	S	$y_1 y_2 \to ZW\,1$
3		MLG	OPA 22	S	
4		TAS	ZW 1		
5		TSA	MADR 1	S	$x_1 x_2 - y_1 y_2 \Rightarrow Re\,(z_1 z_2) \to ZW2$
6		MLG	OPA 21	S	
7		SBG	ZW 1		
8		TAS	ZW 2		
9		TSA	OPA 21	S	$x_2 y_1 \to ZW\,1$
10		MLG	MADR 2	S	
11		TAS	ZW 1		
12		TSA	MADR 1	S	$x_1 y_2 + x_2 y_1 \Rightarrow Im\,(z_1 z_2) \to m$
13		MLG	OPA 22	S	
14		ADG	ZW 1		
15		TAS	MADR 2	S	
16		TSA	ZW 2		$Re\,(z_1 z_2) \to m$
17		TAS	MADR 1	S	
18		SPR	MLK	S	Rücksprung

d) *Erläuterungen*

Die Multiplikation läßt sich durch ein gestrecktes Programm verwirklichen. Durch die Bereitstellung der Maschinenadressen im Leitwerkprogramm sind nur wenige Befehle erforderlich. Ähnlich einfach sind alle Programme aufgebaut, mit denen arithmetische oder Transportoperationen abgewickelt werden.

2. *Bedingter Sprung*

Als Beispiel für einen bedingten Sprung soll der Skipbefehl *SRG* betrachtet werden. Er hat zur Wirkung, daß der nächste Befehl übersprungen wird, wenn der Realteil von $\langle m \rangle$ größer als der Realteil von $\langle n \rangle$ ist.

a) *Programmablaufplan*

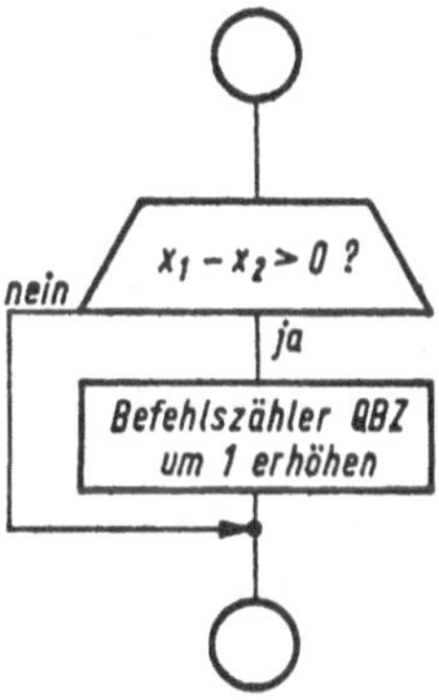

b) *Speicherplan*

Platz	Typ	Inhalt
MADR 1	*V*	$\rangle x_1 \langle$
OPA 21	*V*	$\rangle x_2 \langle$
QBZ	*V*	$n, n + 1$
EINS	*K*	1

c) *Befehlsliste*

Nr.	Platz	Befehl OPC	Befehl Adr	Befehl Mod	Bemerkungen
1	*SRG*				Anschlußadresse
2		TSA	MADR 1	S	$x_1 - x_2 > 0$?
3		SBG	OPA 21	S	
4		SGR	S 1		
5		SPR	SRG	S	Rücksprung
6	*S* 1	TSA	QBZ		$\langle QBZ \rangle + 1 \rightarrow QBZ$
7		ADF	EINS		
8		TAS	QBZ		
9		SPR	SRG	S	Rücksprung

d) *Erläuterungen*

Die Adressen der Realteile der beiden beteiligten Zahlen sind durch das Leitwerkprogramm bereitgestellt, so daß der Vergleich einfach auszuführen ist. Der Sprung auf den übernächsten Befehl im Falle

$$\mathrm{Re}\,(m) = x_1 > x_2 = \mathrm{Re}\,(n)$$

wird dadurch verwirklicht, daß der Inhalt des Speichers QBZ zur Simulierung des Befehlszählers um 1 erhöht wird. In ähnlicher Weise muß bei einem unbedingten Sprung $\langle QBZ \rangle$ nur durch die Zieladresse ersetzt werden.

Neben der Simulierung von Rechnern und der Ausführung „höherer Rechenoperationen", die wie im vorigen Beispiel nicht in der Befehlsmenge eines Rechners enthalten sind, ist der wichtigste Anwendungsbereich des interpretativen Übersetzungsverfahrens das Ausprüfen von Programmen. Hierbei berechnet man charakteristische Zahlenbeispiele „von Hand" und mit Hilfe des Rechners und vergleicht die Ergebnisse. Ergibt sich dabei ein Unterschied, dann enthält das Programm Fehler. Zur Erleichterung der Fehlersuche bedient man sich sogenannter *Protokollprogramme*. Diese interpretativen Programme verarbeiten die Befehle des zu prüfenden Programms und drucken ein genaues Protokoll, das z. B. den Speicherplatz des Befehls, den Befehl selbst und den Inhalt der durch die Operandenadressen angegebenen Register und Speicherplätze vor und nach der Befehlsausführung enthält. Damit hat man die genaue Reihenfolge, in der die Befehle ausgeführt werden, und kann Fehler in der Programmstruktur wie z. B. falsche Programmverzweigungen, Unterprogrammaufrufe und Anzahl der Durchläufe eines zyklischen Programms, kontrollieren. Außerdem liegen alle Zwischenergebnisse der Rechnung vor, so daß auch Fehler bei den arithmetischen Operationen leicht gefunden werden können. Allerdings erfordert die Protokollierung sehr viel Zeit, weil das Drucken wesentlich langsamer vor sich geht als die übrige Befehlsverarbeitung. Deswegen beschränkt man sich möglichst darauf, nur solche Programmstücke protokollieren zu lassen, in denen man Fehler vermutet.

5.2 Programmgenerierung

Die Programmgenerierung wird vor allem zur Übersetzung verschiedener Programmsprachen in die Maschinensprache verwendet. Im folgenden soll die Umwandlung von maschinenorientierten Programmen in Maschinenprogramme näher betrachtet werden. Maschinenorientierte Sprachen setzen sich ebenso wie Maschinensprachen aus einzelnen Befehlen zusammen. Meist sind sie für einen bestimmten Digitalrechner entworfen; sie lehnen sich dann in ihrem Aufbau sehr stark an die Maschinensprache dieses Rechners an. Ihr Vorteil besteht darin, daß sie wesentlich bequemer als die Maschinensprache zu handhaben sind, wobei alle Eigenschaften der Rechenmaschine voll ausgenutzt werden können[1].

Jedem Befehl der maschinenorientierten Sprache ist (mindestens) ein Befehl der Maschinensprache zugeordnet. Die Befehle haben in beiden Sprachen den gleichen Aufbau. Erleichterungen bei der Benutzung der maschinenorientierten Sprache werden dadurch erreicht, daß die Elemente des Befehls — Operationsteil, Adressen, Parameter — in einer einfach zu merkenden Form dargestellt werden. So tritt im Operationsteil an Stelle eines willkürlich scheinenden Zeichens eine Kombination mehrerer Zeichen, die sich als Abkürzung für die Funktionsbeschreibung des Befehls leicht im Gedächtnis behalten läßt; in ähnlicher Form können Abkürzungen für Parameter, etwa für Adreßmodifikationen, eingeführt werden.

Ein besonders wirksames Mittel ist die Verwendung symbolischer Adressen, wie in Kap. 3.6 schon gezeigt wurde. Dabei können neben der eigentlichen Adresse auch einfache Adreßrechnungen angegeben werden, auch wenn sie im Maschinencode nicht vorgesehen sind. Ein Beispiel ist das Anfügen eines Summanden an eine symbolische Adresse.

Neben diesen Befehlen, die der Maschinensprache direkt zugeordnet sind, kann die maschinenorientierte Sprache noch weitere Befehle enthalten. Mit ihnen werden Operationen veranlaßt, die in der Maschinensprache durch Befehlsfolgen darstellbar sind. Beispiele sind Befehle für Gleitkommaoperationen, die bei vielen Rechnern nicht vorgesehen sind. Die Befehlsfolgen werden im Maschinenprogramm als offenes oder geschlossenes Unterprogramm ausgeführt. Man nennt derartige Operationen *Makrobefehle*. Wird die Operation durch ein geschlossenes Unterprogramm abgewickelt, dann benutzt man auch die Bezeichnung *Rufbefehl*.

Entsprechend diesen Zusammenhängen zwischen den Sprachen müssen bei der Übersetzung eines in einer maschinenorientierten Sprache geschriebenen Quellenprogramms in ein Maschinenprogramm für jeden Befehl des Ausgangsprogramms ein oder mehrere Befehle des Maschinenprogramms erzeugt werden. Hierbei sind drei verschiedenartige Maßnahmen erforderlich:

1. Die symbolischen Adressen sind durch Maschinenadressen zu ersetzen.
2. Für die Operationsteile und Parameter jedes Befehls müssen die Symbole des Maschinencodes eingesetzt werden.

---

[1] Hierin liegt ein wesentlicher Unterschied gegenüber universellen problemorientierten Sprachen wie ALGOL, COBOL, FORTRAN. Diese Sprachen berücksichtigen in ihrer Struktur nur allgemeine Eigenschaften von Digitalrechnern. Bei der Übersetzung in die Maschinensprache eines speziellen Rechners wird das erzeugte Programm länger als für die Lösung der Aufgabe erforderlich, weil die spezifischen Eigenschaften des Rechners nicht voll ausgenutzt werden.

3. Den Makrobefehlen werden offene Unterprogramme bzw. Befehle zum Aufruf geschlossener Unterprogramme zugeordnet.

Das *Erzeugen der Operandenadressen* eines Maschinenbefehls geschieht unter Zuhilfenahme einer Liste, die die symbolischen Adressen und die zugehörigen Maschinenadressen enthält. Diese Liste ist aber kein fester Bestandteil des Übersetzungsprogramms, sondern sie muß erst im Rahmen des Übersetzungsvorganges vom Programmgenerator aufgestellt werden. Die Adressenumformung zerfällt demnach in zwei Abschnitte, die Bildung der Adreßliste und das Einsetzen der Maschinenadressen in die Befehle.

Die *Adreßliste* kann als eine Funktionstabelle aufgefaßt werden, deren Argumente x_n die symbolischen Adressen und deren Funktionswerte y_n die Maschinenadressen bilden. Die Argumente werden durch eine Zusammenstellung aller Adressen des Ausgangsprogramms gewonnen. In verschiedenen Befehlen können gleiche Operandenadressen auftreten; in der Liste werden diese Adressen aber nur einmal vermerkt. Bild 5/2 zeigt die Einordnung der Operandenadresse eines Befehls in die Argumentenliste.

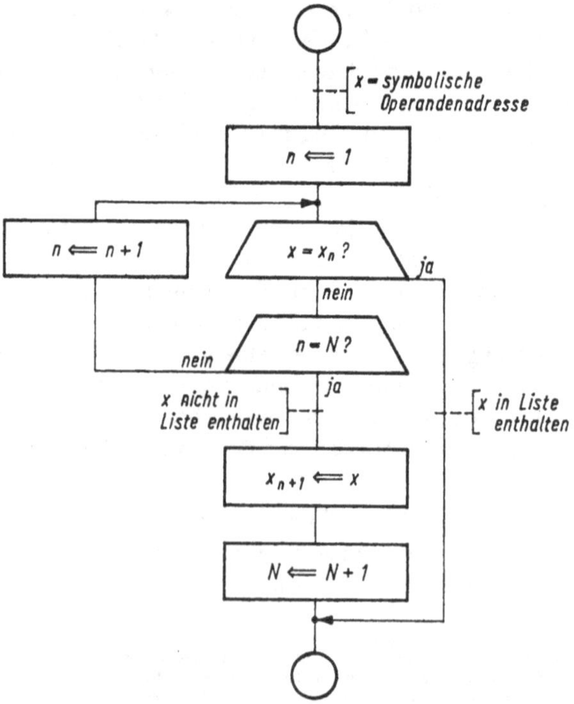

5/2 Erzeugen einer Liste der Operandenadressen

Die Befehlsadressen des Ausgangsprogramms, notiert in der Spalte „Platz" des Speicherplans und der Befehlsliste, dienen zur eigentlichen Definition der symbolischen Adressen; sie liefern die Zuordnung der Adressen zu bestimmten Speicherinhalten. Deshalb werden aus ihnen die Maschinenadressen abgeleitet. Bild 5/3 zeigt das Programm für die Zuteilung einer Maschinenadresse y zu einer symbolischen Befehlsadresse x des Quellenprogramms. Ist x bereits als Argument in der Adreßliste vorhanden ($x = x_n$), so wird geprüft, ob auch die zugehörige Maschinenadresse y_n schon definiert ist. In diesem Fall liegt ein Fehler im Quellenprogramm vor, weil dieselbe symbolische Adresse in doppelter Bedeutung benutzt wurde; die Adressen werden ausgedruckt und der Übersetzungsvorgang angehalten. Andernfalls wird der Inhalt m eines „Befehlszählers für das Maschinenprogramm", der von einem übergeordneten Teil des Programmgenerators verwaltet wird, als Maschinenadresse y_n in die Liste eingetragen.

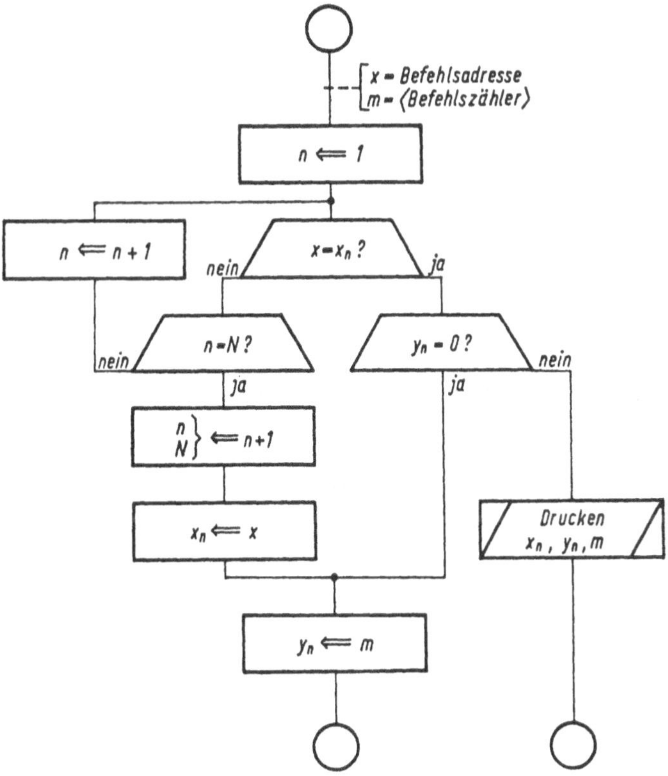

5/3 Zuteilung der Maschinenadresse zu einer symbolischen Befehlsadresse

Bild 5/4 gibt einen Überblick über das Gesamtprogramm für die Aufstellung der Adressentabelle. Die in Bild 5/2 und 5/3 dargestellten Programmteile sind darin als Unterprogramme enthalten. Das Programm analysiert nacheinander alle Informationen I_q des Quellenprogramms. Es benutzt dabei die beiden Zähler q und m. q zählt die Informationen I_q des Quellenprogramms, m enthält die zugehörige Maschinenadresse. Als Informationen I_q können Befehle, Konstanten und Zwischenergebnisse — Speicher mit variablem Inhalt — auftreten. Alle Informationstypen können mit einer Befehlsadresse versehen sein und müssen dann für die Zuordnung einer Maschinenadresse herangezogen werden, dagegen be-

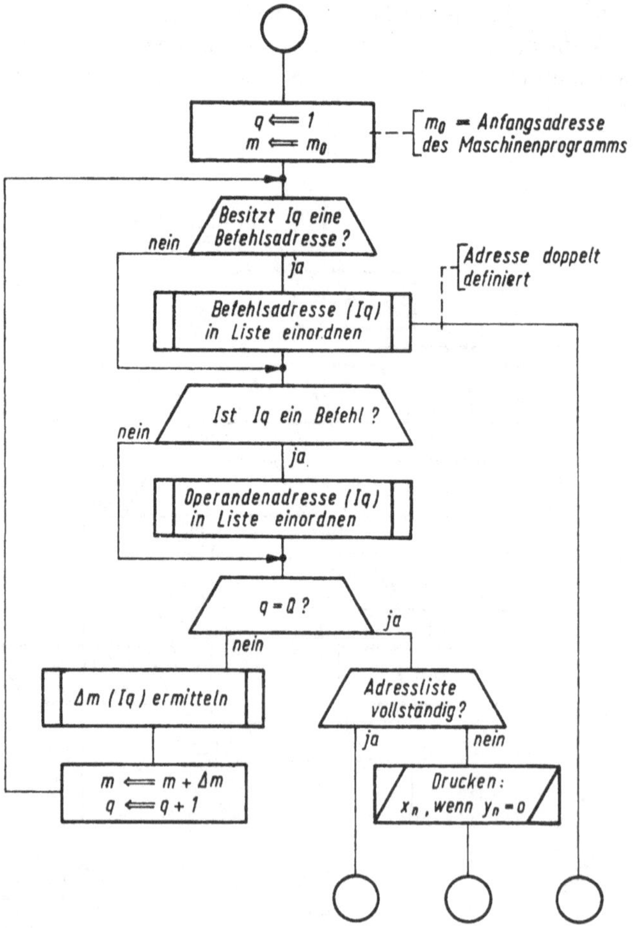

5/4 Erzeugen der Adreßliste

sitzen nur Befehle eine Operandenadresse, sie müssen deshalb gesondert verarbeitet werden. Die Zahl der Speicherplätze $\triangle m$, die für eine Information benötigt werden, hängt vom Informationstyp ab. Deshalb wird in einem Unterprogramm z. B. aus dem Kennzeichen in der Spalte „Typ" des Speicherplanes der Wert $\triangle m$ ermittelt und zum „Maschinenbefehlszähler" m addiert, bevor die nächste Information analysiert wird. Ist das Quellenprogramm vollständig verarbeitet, $q = Q$, dann muß zum Abschluß geprüft werden, ob die Adreßliste zu jeder symbolischen Adresse x_n eine Maschinenadresse y_n enthält. Ist das nicht der Fall, werden die Adressen x_n ausgedruckt, bei denen y_n nicht definiert ist.

Nach erfolgreicher Aufstellung der Adressentabelle werden in einem zweiten Durchgang die Werte y_n als Operandenadressen in die Befehle

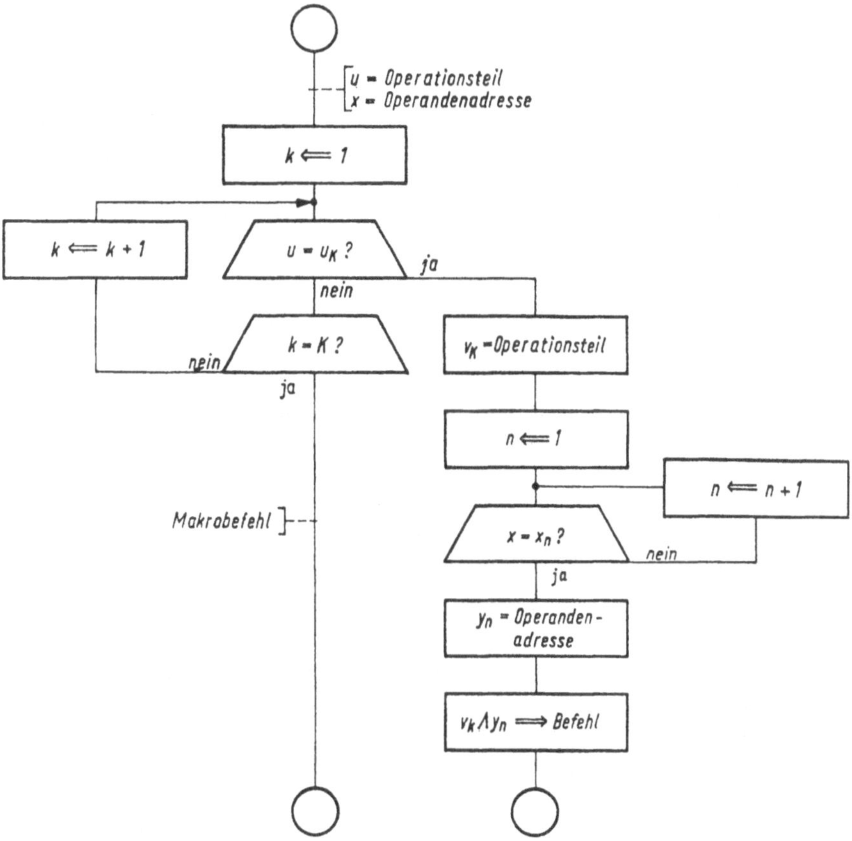

5/5 Übersetzung von Befehlen

eingesetzt. Gleichzeitig erfolgt die Zuordnung des Maschinencodes zu den Operationsteilen und Parametern jedes Befehls. Bild 5/5 zeigt die Erzeugung eines Maschinenbefehls aus Operationsteil und Operandenadresse. Der Programmgenerator enthält eine Liste der Operationskennzeichen u_k der maschinenorientierten Sprache und der zugehörigen Symbole v_k des Maschinencodes. Mit einem zyklischen Programm wird zu dem Operationsteil u des Quellenbefehls der Operationsteil v des Maschinenbefehls gesucht. Findet sich kein v (u), dann ist v die Abkürzung für einen Makrobefehl. Auf gleiche Weise wird die Adressenliste y (x) durchsucht und zum Schluß aus v und y der Maschinenbefehl zusammengesetzt.

Bei der *Übersetzung eines Makrobefehls* wird eine Folge von Maschinenbefehlen erzeugt. Soll der Makrobefehl durch ein geschlossenes Unterprogramm ausgeführt werden, dann dienen die Maschinenbefehle zum Aufruf des Unterprogramms und zur Parameterversorgung, bei der Übersetzung in ein offenes Unterprogramm bilden die Maschinenbefehle das Unterprogramm. Der Operationsteil des Makrobefehls bestimmt, welches Unterprogramm verwendet werden muß, er legt die Folge der Maschinenbefehle fest. Die Adressen dieser Befehle werden aus den Adressen des Makrobefehls abgeleitet. Der Übersetzungsvorgang läuft also prinzipiell in der gleichen Weise wie bei einfachen Befehlen ab, nur daß statt eines Maschinenbefehls jetzt mehrere Befehle einzusetzen sind.

Bei der generierenden Übersetzung maschinenorientierter Programme wird das Ausgangsprogramm meistens befehlsweise in den Rechner eingelesen und verarbeitet. Hierdurch kann sehr viel Speicherplatz gespart werden; denn wenn man das Ausgangsprogramm vollständig speichern und dann erst übersetzen würde, müßte der Speicher den Programmgenerator, das Ausgangsprogramm und das erzeugte Maschinenprogramm aufnehmen. Allerdings muß das Quellenprogramm zweimal eingegeben werden. Das erste Einlesen dient zum Erzeugen der Adressenliste, während beim zweiten Einlesen das Maschinenprogramm fertig gebildet und gleichzeitig ausgegeben werden kann. Da die Eingabegeschwindigkeit erheblich geringer ist als die Arbeitsgeschwindigkeit der Zentraleinheit des Rechners, ist diese Methode allerdings langsamer als die Übersetzung eines gespeicherten Programms.

Die Teile eines Befehls des Ausgangsprogramms werden vom Programmgenerator unterschiedlich verarbeitet. Deshalb muß ihre Notierung in der maschinenorientierten Sprache so erfolgen, daß Operationsteil, Adressen und Parameter klar voneinander getrennt sind. Bei der Verwendung von Lochkarten wird man für jeden Befehl eine Karte benutzen, wobei den Teilen des Befehls bestimmte Spalten der Karte zugeordnet sind (die u. U. auch leer bleiben können). Der Inhalt der Lochkarte wird auf feste Speicherplätze eingelesen, so daß das Übersetzungsprogramm die Teile des Befehls mit festen Adressen erreichen kann. Bei der Eingabe mit Lochstreifen ist es vorteilhafter, die Trennstellen zwischen verschiedenen Teilen besonders zu markieren, indem man z. B. die symbolischen Befehlsadressen in runde Klammern setzt.

Bisher wurde nur die Übersetzung von Befehlen näher betrachtet. Ein Programm enthält aber meistens noch einige Konstanten, die in den Beispielen im Speicherplan notiert waren. Auch diese Werte müssen bei der Erzeugung in das Maschinenprogramm eingeordnet werden. Sie sind vom Programmgenerator anders als Befehle zu verarbeiten und müssen deshalb bei der Eingabe besonders gekennzeichnet werden. Schließlich müssen Speicherplätze zur Aufnahme von Zwischenergebnissen freigehalten werden. Wenn z. B. vom Programm eine Matrix errechnet wird, enthält der Speicherplan nur eine symbolische Adresse für das erste Element der Matrix, alle anderen Adressen werden unter Benutzung von Indexregistern daraus errechnet. Den Umfang solcher Speicherbereiche kann der Programmgenerator allein aus der Befehlsliste nicht ableiten. Darum müssen Angaben hierüber mit dem Ausgangsprogramm zur Übersetzung in den Rechner eingegeben werden. Man bedient sich hierzu sogenannter *Pseudobefehle*, die einen ähnlichen Aufbau wie Makrobefehle haben, jedoch im Maschinenprogramm nicht als Befehle erscheinen. Die Pseudobefehle sorgen in dem Programmstück für den Aufbau der Adressenliste, Bild 5/4, z. B. dafür, daß zu dem Maschinenbefehlszähler m der richtige Wert $\triangle m$ für einen freizuhaltenden Speicherbereich addiert wird.

Die hier geschilderten Methoden der Erzeugung eines Maschinenprogramms aus einem maschinenorientierten Programm lassen sich auch bei allgemeineren Übersetzungsaufgaben anwenden. Wesentliche Voraussetzung ist nur, daß die Ausgangssprache aus einzelnen Befehlen zusammengesetzt ist. Man kann z. B. auch die Simulierung eines Rechners unter Zuhilfenahme eines Programmgenerators durchführen. Derartige *Kommandosprachen* können also sowohl interpretativ als auch generierend übersetzt werden.

Diese Eigenschaft kann man sich beim Prüfen von Programmen zunutze machen, die in einer Kommandosprache geschrieben sind. Das Quellenprogramm wird unter Benutzung eines interpretativen Übersetzungsprogramms geprüft. Sind alle Fehler ausgemerzt, dann erfolgt die erzeugende Übersetzung in das Maschinenprogramm.

Bei der Programmprüfung steht das Quellenprogramm im Speicher. Wird ein Fehler gefunden, dann müssen einzelne Makrobefehle im Speicher geändert oder hinzugefügt werden; anschließend kann die Prüfung sofort fortgesetzt werden. Würde man dagegen die Programmprüfung gleich mit dem erzeugten Maschinenprogramm vornehmen, dann müßte bei jedem

Fehler ebenfalls das Ausgangsprogramm verbessert, aber anschließend wieder neu übersetzt werden.

Die interpretative Übersetzung des Quellenprogramms erfordert mehr Zeit als die Ausführung des Maschinenprogramms für die gleiche Aufgabe. Außerdem kann der Speicherplatzbedarf auch etwas höher sein. Deshalb bringt es Vorteile, das fertig geprüfte Programm in die Maschinensprache zu übersetzen.

6. Parallelprogrammierung

Wie schon im 4. Kapitel gezeigt wurde, hat die Simultanarbeit von Peripheriegeräten und Rechner zur Folge, daß in der Zeit zwischen der Ausgabe eines EA-Befehls an ein Peripheriegerät und dessen Ausführung der Rechner mit einem anderen Programm beschäftigt werden muß, wenn seine Arbeitskapazität voll ausgenutzt werden soll. Eine derartige zeitliche Verschachtelung mehrerer Programme ist bei der Anwendung von Prozeßrechnern auch aus anderen Gründen oft erforderlich. Der Rechner muß nämlich häufig mehrere Aufgaben gleichzeitig lösen, z. B. die Überwachung der Anlage auf fehlerfreien Betrieb und die Steuerung bestimmter Anlageteile von einem Betriebszustand in den anderen. Diese Aufgaben werden mit verschiedenen Programmen erledigt, die ineinander verschachtelt — im *Zeitmultiplex* — abgewickelt werden. Die dabei verwendeten Methoden der Programmgestaltung bezeichnet man mit *Parallelprogrammierung*.

Die gleichzeitige Abwicklung mehrerer Programme in einem Rechner ist nur dann lohnend, wenn der durch die bessere Ausnutzung des Rechners erzielte Gewinn größer ist als der zusätzliche Aufwand, der bei der Ausarbeitung der Programme auftritt. Dieses Ziel erreicht man dadurch, daß man den parallel ablaufenden Arbeitsprogrammen ein *Organisationsprogramm* überordnet, welches die zeitliche Verschachtelung der Arbeitsprogramme vornimmt. Das Organisationsprogramm muß so formuliert werden, daß es die Abwicklung einer wechselnden Anzahl von weitgehend beliebigen Arbeitsprogrammen im Zeitmultiplex vornehmen kann. Bei der Aufstellung der Arbeitsprogramme soll nicht berücksichtigt werden müssen, welche anderen Programme gleichzeitig im Rechner verarbeitet werden.

Die Gliederung eines Organisationsprogramms hängt in hohem Maße vom Aufbau des Rechners und den damit zu bearbeitenden Aufgaben ab. Wenn mehrere Funktionsgruppen des Rechners simultan arbeiten können, wie z. B. die Peripheriegeräte und die Zentraleinheit, dann muß das Organisationsprogramm den Parallelprogrammen die Arbeitszeit so zuteilen, daß möglichst alle Funktionsgruppen dauernd beschäftigt sind. In welcher Reihenfolge die verschiedenen Arbeitsprogramme dabei abgewickelt werden, ist gleichgültig. Bei der Steuerung eines technischen Prozesses müssen dagegen manchmal bestimmte Programme bevorzugt werden. Tritt z. B. in der Anlage eine Störung auf, so ist das Steuerungsprogramm zur Beseitigung der Störung sicher wichtiger als ein Programm zur Protokollierung von Meßwerten. — Im folgenden sollen die Organisationsprogramme für die Parallelarbeit bei der Ein- und Ausgabe und bei der Steuerung technischer Prozesse näher betrachtet werden.

6.1 Organisationsprogramme für Eingabe und Ausgabe

Ein einfaches Verfahren der Parallelprogrammierung bei Ein- und Ausgabevorgängen war schon auf Bild 4/6 und im 16. Programmbeispiel erläutert worden: Immer wenn das Hauptprogramm auf den Abschluß einer EA-Operation wartet, wird vom Rechner ein *Füllprogramm* bearbeitet. Diese Methode ist jedoch nicht allgemein anwendbar; denn auch in dem Füllprogramm können EA-Befehle enthalten sein. Damit kann gleich nach Aufruf des zweiten Programms wieder eine Wartezeit entstehen, die aber nicht ausgenützt würde. Die parallel arbeitenden Programme müssen also hinsichtlich ihrer Zusammenarbeit mit den EA-Geräten als gleichwertig betrachtet werden, man darf nicht zwischen primären Programmen und Füllprogrammen unterscheiden.

Eine Ausnutzung der Wartezeiten läßt sich nur dadurch erreichen, daß eine größere Zahl von Programmen parallel im Zeitmultiplex arbeitet. Die Anzahl der Parallelprogramme muß so gewählt sein, daß mit hoher Wahrscheinlichkeit zu jedem beliebigen Zeitpunkt in mindestens einem Programm keine Wartezeit auftritt. Arbeitet eines der Programme völlig ohne EA-Befehle, dann ist der Rechner mit zwei Parallelprogrammen voll beschäftigt — das war der Fall im Beispiel 15 —, allgemein hängt die Zahl der Parallelprogramme von dem jeweiligen Anwendungsfall ab. Die Organisation der Ein- und Ausgabe soll alle diese Fälle verarbeiten können; man wird sie deshalb so aufbauen, daß sie entweder für eine beliebige Zahl von Parallelprogrammen geeignet ist, die im Einzelfall angegeben wird, oder man sieht eine sehr große, fest vorgegebene Zahl von möglichen Parallelprogrammen vor, mit denen — vermutlich — alle Anwendungen erfaßt werden können.

Der Wechsel von einem Programm auf ein anderes wird durch drei Ereignisse ausgelöst, nämlich

1. nachdem eine EA-Operation eingeleitet worden ist,
2. nachdem durch eine Programmunterbrechung das Ende des EA-Vorganges gemeldet worden ist,
3. wenn in einem Arbeitsprogramm eine Ein- oder Ausgabe vorgenommen werden soll, das EA-Gerät aber mit der Abwicklung eines anderen Auftrags beschäftigt ist.

Die Auswahl des folgenden Programms ist Aufgabe der Organisationsprogramme für die Ein- und Ausgabe. Sie setzen sich aus drei Gruppen von Programmen zusammen, den *Ein-Ausgabe-Programmen*, den *Unterbrechungsprogrammen* und dem *Verteilerprogramm*.

Für jedes EA-Gerät k oder, wenn mehrere Geräte an einem Datenkanal angeschlossen sind, für jeden Kanal k wird ein *Ein-Ausgabe-Programm* EAP_k verwendet. Will ein Arbeitsprogramm eine EA-Operation veranlassen, so ruft es mit einem Sprungbefehl das zugehörige Programm EAP_k auf. Dabei werden eine Reihe von Parametern übergeben, aus denen das Ein-Ausgabe-Programm ersehen kann, welche EA-Operation in Auftrag gegeben ist. EAP_k prüft nun als erstes, ob der Datenkanal besetzt ist. Ist das nicht der Fall, so wird die Ausführung des Befehls eingeleitet, anderenfalls wird der Auftrag in einer Vormerkliste eingetragen.

Jeder EA-Kanal k besitzt ein *Unterbrechungsprogramm* UBP_k, welches durch das Signal „Programmunterbrechung" aufgerufen wird. Es hat im Rahmen der Organisationsprogramme dieselben Aufgaben wie bisher: Prüfung, ob die EA-Operation fehlerfrei abgelaufen ist und Meldung vom Abschluß des EA-Vorgangs.

Das *Verteilerprogramm* VP bildet den Kern der Organisationsprogramme. Seine Aufgabe ist die zeitliche Verschachtelung der verschiedenen Arbeitsprogramme. Dazu führt es Buch über den Stand der Abwicklung in allen Parallelprogrammen. Immer wenn ein EA-Programm oder ein Unterbrechungsprogramm durchlaufen ist, muß ein neues Arbeitsprogramm ausgewählt werden. Deshalb springen alle EAP_k und UBP_k auf VP, welches den Programmwechsel durchführt.

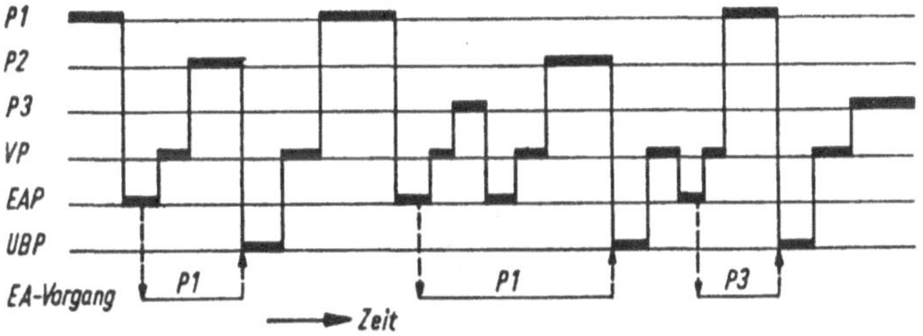

6/1 Organisation der Parallelarbeit mehrerer Programme

P 1, *P* 2, *P* 3:	Arbeitsprogramme
VP:	Verteilerprogramm
EAP:	Ein-Ausgabeprogramm
UBP:	Unterbrechungsprogramm

Die Zusammenarbeit dieser Programme soll an einem Beispiel erläutert werden, bei dem drei Parallelprogramme *P* 1 bis *P* 3 einen EA-Kanal benutzen, Bild 6/1. Die drei Programme werden im Normalfall zyklisch nacheinander abgefertigt. Nach Programmunterbrechungen wird das Programm bevorzugt bearbeitet, welches die zugehörige EA-Operation angestoßen hat.

Als erstes läuft das Programm *P* 1. Es fordert eine Eingabe beim EA-Programm *EAP* an. Nachdem die Operation eingeleitet ist, geht es weiter im Verteilerprogramm *VP*, das als nächstes die Bearbeitung von Programm *P* 2 anstößt. Parallel dazu erfolgt die Dateneingabe für *P* 1. Nach ihrem Abschluß wird *P* 2 unterbrochen. Das Unterbrechungsprogramm *UBP* kontrolliert das Rückmeldezeichen und springt zu *VP*. Dieses wählt *P* 1 aus, weil die von *P* 1 angeforderten Daten jetzt eingelesen sind und bearbeitet werden können. *P* 1 leitet eine neue EA-Operation ein, über *EAP* und *VP* geht es während der Eingabe bei *P* 3 weiter. *P* 3 will nun ebenfalls einen EA-Vorgang anfordern. Da aber der Kanal besetzt ist, wird von *VP*

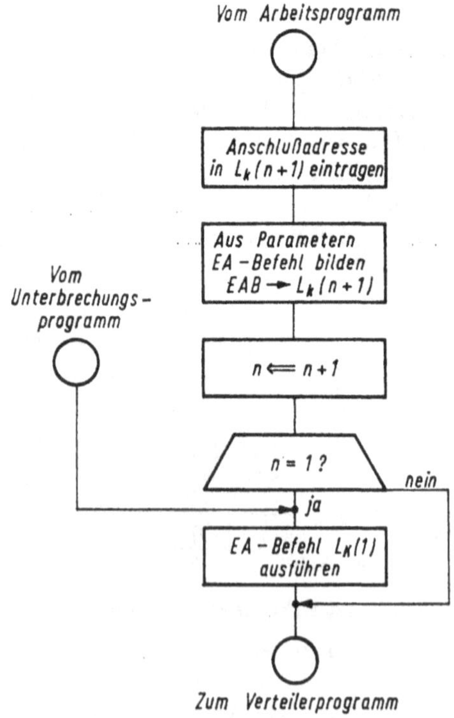

6/2 Ablaufplan eines Ein-Ausgabeprogramms

das Programm $P\,2$ aufgerufen. Nach Abschluß der EA-Operation wird von VP die Eingabe der Daten für $P\,3$ eingeleitet, die vorher angefordert waren, erst dann darf $P\,1$ die eingelesenen Daten weiterverarbeiten. Sind die Daten für $P\,3$ eingegeben, wird $P\,1$ unterbrochen und über UBP und VP das Programm $P\,3$ aufgerufen.

Dieses Beispiel ist an sich noch einfach, weil nur auf einem EA-Kanal gearbeitet wird. Es enthält aber schon alle wesentlichen Verknüpfungen zwischen den verschiedenen Programmen; auch bei einer größeren Zahl von EA-Geräten ist der Übergang zwischen den unterschiedlichen Programmtypen nicht anders. Das ergibt sich aus dem Konzept, jedem EA-Kanal ein eigenes Ein-Ausgabe- und Unterbrechungsprogramm zuzuordnen. Der Aufbau dieser Programme soll im folgenden genauer erläutert werden.

Bild 6/2 zeigt den Ablaufplan eines Ein-Ausgabe-Programms. Jedes EAP_k führt eine Liste L_k mit den Adressen der Programme, die eine EA-Operation angemeldet haben. Die Listenplätze sollen mit $L_k\,(1)$, $L_k\,(2), \ldots$ bezeichnet werden. Das EA-Programm wird von einem Arbeitsprogramm mit dem Befehl „Unterprogrammsprung" aufgerufen, so daß es damit die Anschlußadresse des Arbeitsprogramms erhält. Liegen bereits andere Anforderungen an das EA-Programm vor, dann sind die ersten Plätze $L_k\,(1)$ bis $L_k\,(n)$ besetzt; die neue Adresse wird auf Platz $L_k\,(n+1)$ gebracht.

Mit einem Peripheriegerät können häufig mehrere Operationen ausgeführt werden. Deshalb müssen beim Aufruf von EAP_k Parameter übergeben werden, aus denen das Programm die Art der gewünschten Operation ableiten kann. Aus den Parametern wird der eigentliche EA-Befehl abgeleitet und ebenfalls in die Vormerkliste eingefügt.

Anschließend wird geprüft, ob das EA-Gerät frei ist oder gerade einen anderen Auftrag ausführt, indem die Zahl n der besetzten Plätze der Liste L_k untersucht wird. Bei $n = 1$ ist das Gerät frei, und der Befehl kann abgewickelt werden. Danach geht es weiter zum Verteilerprogramm, welches das nächste Arbeitsprogramm auswählt.

Nach Abschluß einer EA-Operation erfolgt eine Programmunterbrechung mit Sprung auf das dem EA-Gerät zugeordnete Unterbrechungsprogramm UBP_k, Bild 6/3. Die Anschlußadresse des unterbrochenen Arbeitsprogramms sowie der Inhalt der Hauptregister — Akkumulator, Quotientenregister, Indexregister — werden gespeichert, um die fehlerfreie Fortführung des Programms zu einem späteren Zeitpunkt zu ermöglichen. Hierzu dient eine weitere Liste LV, die vom Verteilerprogramm benutzt wird. Sie enthält auf nebeneinanderliegenden Plätzen die Adressen aller Arbeitsprogramme, die auf Abfertigung warten, sowie die Registerinhalte. An beide Enden der Liste können neue Daten angefügt werden. Der erste

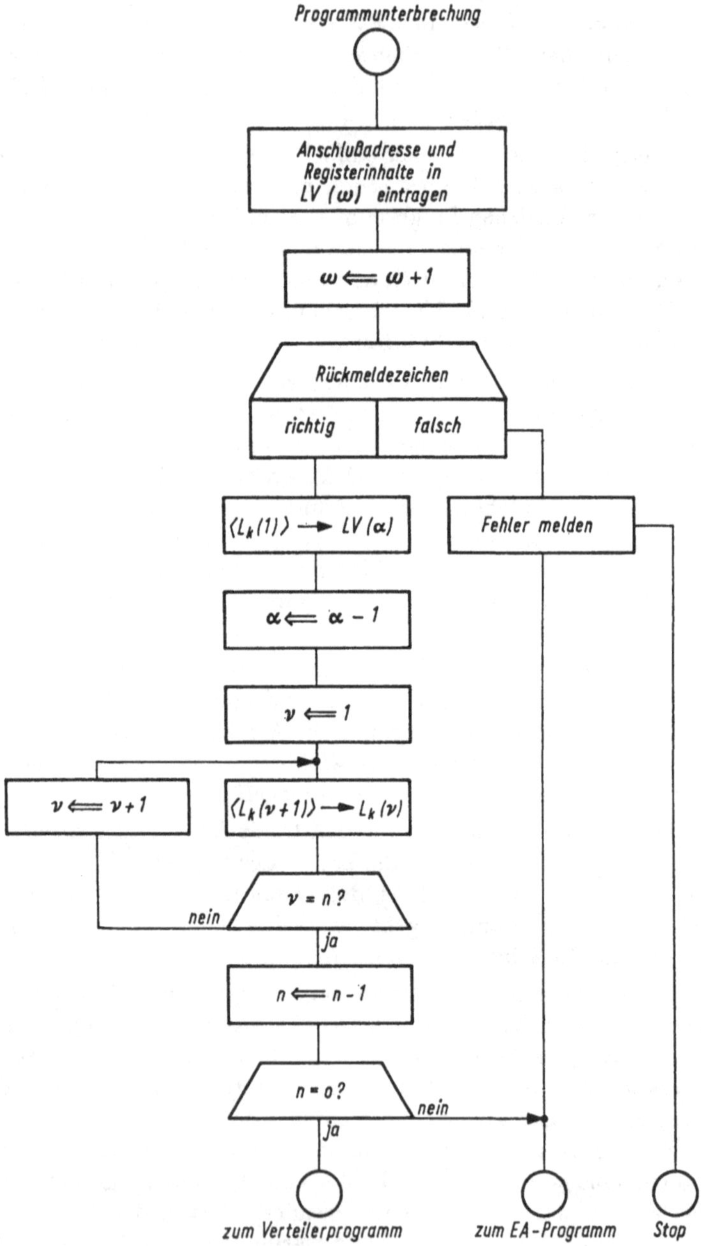

6/3 Unterbrechungsprogramm

unbesetzte Platz heißt $LV(\alpha)$, der erste leere Platz am hinteren Ende $LV(\omega)$:

α	leer
$\alpha + 1$	Adr, ⟨Register⟩
$\alpha + 2$	
.	
.	
.	
$\omega - 1$	Adr, ⟨Register⟩
ω	leer

Zeigt das Rückmeldezeichen einen Fehler an, dann wird dieser gemeldet. Bei manchen Fehlern kann eine Wiederholung des EA-Befehls zum Erfolg führen, dann geht es bei EAP_k weiter; in anderen Fällen wird das Programm gestoppt. Ist die Operation fehlerfrei abgelaufen, dann kann das Arbeitsprogramm weiterlaufen, das den Auftrag für den EA-Vorgang gegeben hatte. Seine Adresse steht auf dem Listenplatz $L_k(1)$, sie wird jetzt in die Liste $LV(\alpha)$ übergeben und aus L_k gestrichen. Alle anderen in L_k gespeicherten Adressen rücken anschließend um eine Stelle weiter auf. Nach Abschluß dieser Umgruppierung wird geprüft, ob weitere Anmeldungen für das EA-Gerät vorliegen. Ist das der Fall, so werden sie bevorzugt abgefertigt, andernfalls geht es zum Verteilerprogramm weiter.

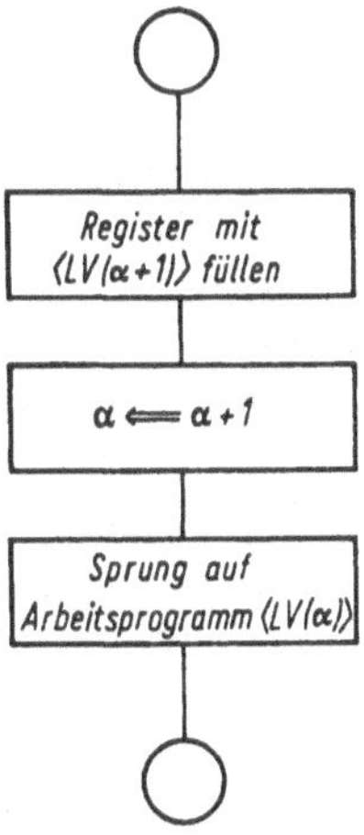

6/4 Verteilerprogramm

Das Verteilerprogramm, Bild 6/4, veranlaßt, daß das Arbeitsprogramm, dessen Adresse auf dem ersten Listenplatz $LV\ (\alpha + 1)$ steht, weiter fortgeführt wird. Hierzu werden die Hauptregister mit den in der Liste stehenden Werten geladen. Bevor der Sprung in das Arbeitsprogramm erfolgt, wird mit der Operation $\alpha + 1 \Rightarrow \alpha$ die Adresse des ersten freien Platzes $LV\ (\alpha)$ in der Liste geändert.

Die Listen L_k und LV werden so geführt, daß die Adresse eines wartenden Arbeitsprogramms nur in einer Liste gespeichert wird. Ein Programm, das gerade vom Rechner verarbeitet wird, erscheint in keiner Liste. Die Reihenfolge der Abwicklung von Arbeitsprogrammen ist durch folgende Bedingungen gegeben:

1. Ein-Ausgabe-Operationen werden in der Reihenfolge des Auftragseingangs ausgeführt. Sie haben Vorrang vor den Arbeitsprogrammen. Hiermit wird erreicht, daß die Peripheriegeräte nach Möglichkeit beschäftigt sind.
2. Nach Abschluß einer EA-Operation wird in dem Arbeitsprogramm fortgefahren, das den Auftrag an das EA-Programm gegeben hat.
3. Ein unterbrochenes Arbeitsprogramm wird an die letzte Stelle der Warteliste LV gesetzt.

Bei der hier in groben Zügen geschilderten Organisation der Parallelprogrammierung muß vorausgesetzt werden, daß die Organisationsprogramme nicht unterbrochen werden können. Wesentliche Teile der Programme beschäftigen sich mit dem Führen der Vormerklisten. Die Listen sind aber so aufgebaut, daß sie ein genaues Bild des Zustands aller Arbeitsprogramme geben sollen. Eine Unterbrechung während der Bearbeitung der Listen kann deshalb zum Verlust wichtiger Informationen und damit zu Fehlern führen.

Um solche Fehler zu vermeiden, gibt es Befehle, mit denen eine Unterbrechungssperre gesetzt und wieder gelöscht werden kann. Wird von einem Peripheriegerät ein Unterbrechungssignal gesendet, während sich der Rechner im Zustand „Unterbrechungssperre" befindet, so wird das Signal gespeichert. Es wird erst wirksam, wenn die Sperre durch einen Befehl wieder aufgehoben wird.

Eine weitere Bedingung für das richtige Arbeiten der Organisationsprogramme ist, daß die parallel abzuwickelnden Arbeitsprogramme keine gemeinsamen Teile besitzen dürfen. Würden sie z. B. gemeinsame Unterprogramme benutzen, dann könnte der in Bild 6/5 dargestellte Fall eintreten. Ein Programm $P\,1$ leitet eine EA-Operation ein, während des Datentransports arbeitet ein anderes Programm $P\,2$, das ein Unterprogramm UP aufruft. UP wird nach Abschluß des EA-Vorgangs unterbrochen, und es geht weiter bei *P* 1, das seinerseits das eben unterbrochene Unterprogramm benutzt. Sind *UP* und *P* 1 beendet, dann wählt das Verteilerprogramm *VP* das vorher unterbrochene *UP* als nächstes Programm aus. Das Unterprogramm benötigt für seine Arbeit eine Reihe von Parametern. Wenn es diese Werte an bestimmte Speicherplätze bringt, würden beim Aufruf durch *P* 1 die Werte überschrieben werden, die vorher von *P* 2 dem Unterprogramm mitgeteilt wurden. Die Programmunterbrechung hätte also zur Folge, daß bei der späteren Fortsetzung von *UP* Fehler entstehen.

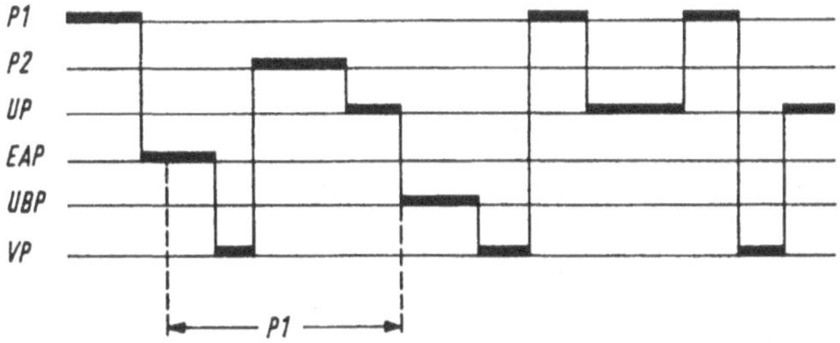

6/5 Benutzung eines gemeinsamen Unterprogramms *UP* durch zwei unabhängige Arbeitsprogramme *P* 1, *P* 2

Eine Möglichkeit zur Vermeidung solcher Fehler besteht darin, auch Unterprogramme, die von mehreren Arbeitsprogrammen gemeinsam benutzt werden, gegen Unterbrechungen zu sperren; ein Unterprogramm kann damit erst dann wieder neu aufgerufen werden, wenn es vollständig durchlaufen ist. Bei Prozeßrechnern ist es jedoch wünschenswert, die Sperrzeiten möglichst kurz zu halten, damit die Verarbeitung von Alarmsignalen aus dem Prozeß, die sich als Programmunterbrechungen melden, nicht zu sehr verzögert wird. Das läßt sich dadurch erreichen, daß man dem Unterprogramm bei seinem Aufruf einen bestimmten Speicherbereich als *Arbeitsspeicher* zuteilt. Der Arbeitsspeicher enthält die benötigten Parameter und dient zur Aufnahme errechneter Größen. Das Unterprogramm selbst enthält nur Befehle und Konstanten, alle veränderlichen Größen stehen im Arbeitsspeicher. Damit auch die Operandenadressen des gespeicherten Programms nicht geändert werden müssen, werden die Plätze des Arbeitsspeichers unter Verwendung eines Indexregisters adressiert. Beim Unterprogrammaufruf setzt das Hauptprogramm die Anfangsadresse des Arbeitsspeichers in das Indexregister. Bei einer Programmunterbrechung wird sein Inhalt ebenso wie der aller anderen Register in der Liste *LV* gespeichert, so daß beim Wiederaufruf durch das Verteilerprogramm der alte Zustand wieder hergestellt werden kann.

Beide Verfahren, mit denen die Verwendung gemeinsamer Programmteile in parallelen Arbeitsprogrammen möglich gemacht wird, bringen gewisse Einschränkungen bei der Aufstellung der Arbeitsprogramme mit sich. Man muß also die Eigenarten der Organisationsprogramme beim Abfassen der Arbeitsprogramme berücksichtigen. Will man sich solchen Einschränkungen nicht unterwerfen, dann darf man nur völlig voneinander unabhängige Programme parallel ablaufen lassen [35], [36], [37].

6.2 Organisationsprogramme für Prozeßrechner

Die Vorgänge bei der Überwachung und Steuerung eines technischen Prozesses lassen sich als eine Folge von einzelnen Maßnahmen, wie Prüfen eines Meßwerts oder Schalten eines Motors, darstellen, die etwa den Befehlen eines Programms entsprechen. Im Unterschied zu einem Rechenprogramm ist ein Steuerungsprogramm aber nicht allein durch die Reihenfolge der Einzelmaßnahmen bestimmt, sondern es ist häufig auch die Zeit zwischen je zwei Maßnahmen vorgeschrieben. Beispielsweise muß man nach dem Einschalten des Antriebsmotors einer Pumpe eine gewisse Zeit vergehen lassen, bis man durch Messen des Drucks am Austritt der Pumpe feststellen kann, ob die Maschine einwandfrei läuft. Die Programmierungsverfahren zur Berücksichtigung solcher zeitlicher Bedingungen werden als *Realzeitprogrammierung* bezeichnet [38], [7].

Ein Arbeitsprogramm, das mit einer den technologischen Eigenschaften des Prozesses entsprechenden Geschwindigkeit abläuft, setzt sich aus einer Anzahl von meist kürzeren Teilprogrammen zusammen. Die Befehlsfolge jedes Teilprogramms bewirkt eine Maßnahme im Prozeß. Nach ihrem Ablauf hält das Programm an, um nach einer vorgegebenen Zeit mit dem nächsten Teilprogramm fortzufahren. In den Programmen treten also ähnlich wie bei Ein- und Ausgabe-Vorgängen Wartezeiten auf, in denen andere Arbeitsprogramme abgewickelt werden können. Während aber bei Ein- und Ausgabe das Ende der Wartezeit durch ein Unterbrechungssignal des Peripheriegeräts gemeldet wird, ist jetzt die Länge der Zeit durch den Prozeß bestimmt und muß deshalb im Arbeitsprogramm festgelegt werden. Diese Eigenschaft wirkt sich entsprechend auf die Struktur der Programme zur Organisation der Parallelarbeit aus.

Sind im Verkehrsverteiler des Prozeßrechners Differenzzeituhren vorgesehen, dann läßt sich die Verarbeitung von Wartezeiten verhältnismäßig einfach bewerkstelligen. Allen Differenzzeituhren wird ein gemeinsames Ein-Ausgabe-Programm und ein Unterbrechungsprogramm zugeordnet. Bild 6/6 zeigt das Ein-Ausgabe-Programm EAP. Tritt in einem Arbeitsprogramm eine Wartezeit auf, so springt es auf *EAP*. Dieses Programm führt eine Liste LU, in der für jede Differenzzeituhr n ein Platz $LU(n)$ vorgesehen ist. Wenn die Uhr nicht läuft, ist $\langle LU(n)\rangle = 0$. Aus LU wird eine nicht besetzte Uhr gesucht und auf die gewünschte Wartezeit voreingestellt. Die Anschlußadresse des aufrufenden Arbeitsprogramms kommt nach $LU(n)$. Sind alle Uhren belegt, dann werden Wartezeit und Anschlußadresse in eine Warteliste LW eingetragen.

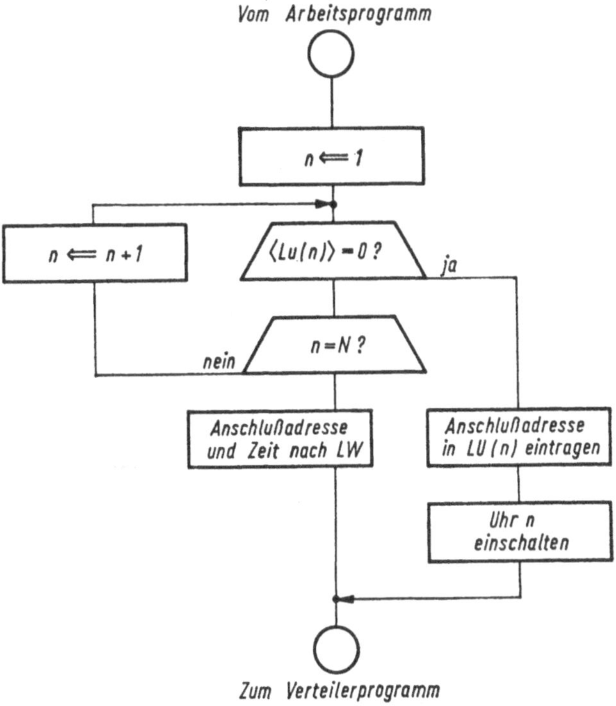

6/6 Ein-Ausgabeprogramm für Differenzzeituhren

Ist eine Uhr abgelaufen, dann erfolgt ein Sprung auf das Unterbrechungsprogramm UBP, Bild 6/7. Das Rückmeldezeichen gibt an, welcher Wecker n die Programmunterbrechung ausgelöst hat. UBP trägt die Adresse des zugehörigen Arbeitsprogramms in die erste Stelle der Liste $LV(\alpha)$ ein, von wo es vom allgemeinen Verteilerprogramm anschließend aufgerufen wird. Vorher wird kontrolliert, ob in der Warteliste LW noch weitere Anmeldungen vorliegen und ggf. der nächste Auftrag ausgeführt.

Bei Verwendung von Differenzzeituhren ist es also möglich, die Programmorganisation für Realzeitbetrieb nach dem gleichen Schema aufzubauen wie für die Parallelarbeit mit simultan arbeitenden Peripheriegeräten. Es müssen allerdings hinreichend viele Uhren vorgesehen werden, so daß auch bei der größtmöglichen Anzahl gleichzeitig arbeitender Programme für jedes eine Uhr vorhanden ist. In den Ablaufplänen war zwar auch der Fall berücksichtigt, daß bei einem Aufruf des EA-Programms alle

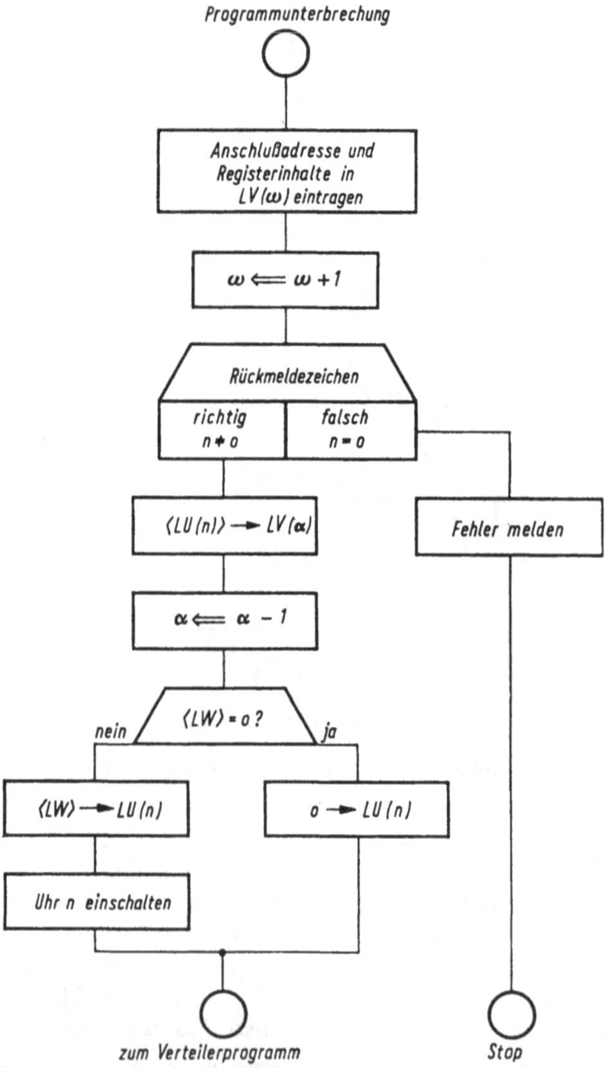

6/7 Unterbrechungsprogramm für Differenzzeituhren

Uhren besetzt sind. Die Eintragung eines Programms in die Warteliste *LW* hat jedoch zur Folge, daß die effektive Wartezeit länger wird als angemeldet, weil noch die unbestimmte Zeit zwischen dem Aufruf von *EAP* und dem Unterbrechungssignal von einer abgelaufenen Differenzzeituhr hinzukommt. Die Programmteile zur Verarbeitung von *LW* sollen deshalb auch nie durchlaufen werden; sie stellen nur eine Sicherheitsmaßnahme dar.

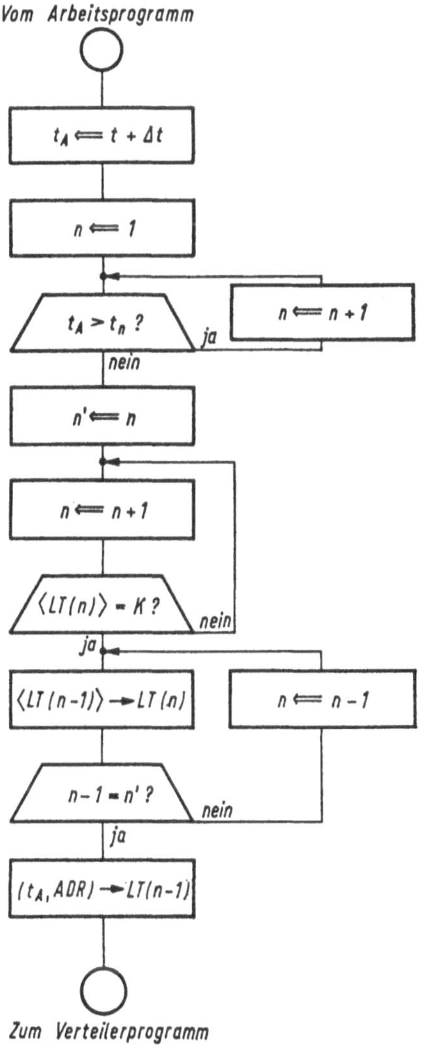

6/8 Einordnung eines Programms in die Wartezeitliste LT

Bei vielen Anwendungen kommt es vor, daß in einer sehr großen Zahl paralleler Programme gleichzeitig Wartezeiten auftreten, so daß der gerätetechnische Aufwand bei der Organisation der Realzeitprogrammierung mit Hilfe von Differenzzeituhren hoch wird. In solchen Fällen benutzt man die etwas umständlichere Methode, die Wartezeiten mit einer Absolutzeituhr zu verwalten.

Tritt in einem Arbeitsprogramm eine Wartezeit auf, dann erfolgt ein Sprung auf ein Zeitprogramm, Bild 6/8. Es liest von der Absolutzeituhr die

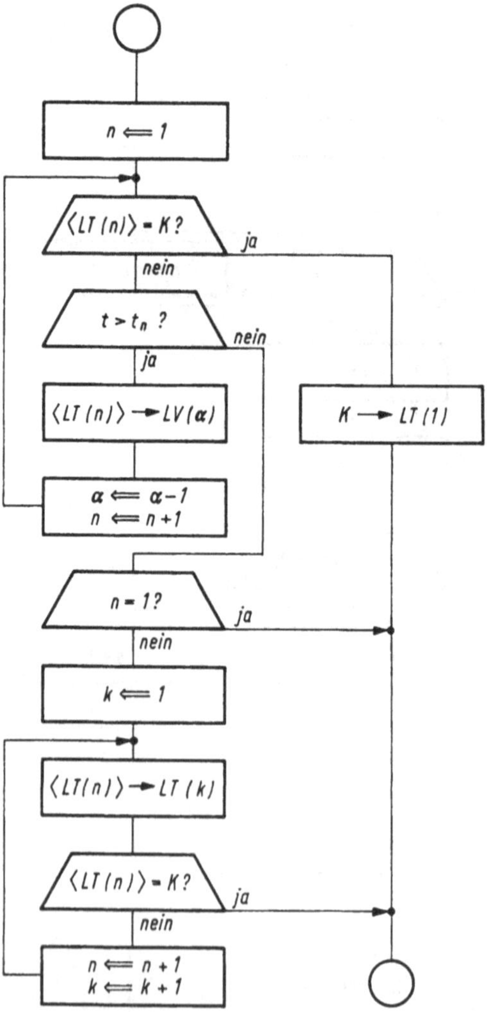

6/9 Durchsuchen der Wartezeitliste

Zeit t ab und addiert dazu die Wartezeit $\triangle t$, woraus sich die Zeit t_A ergibt, zu der das Arbeitsprogramm wieder aufgerufen werden soll. t_A und die Adresse ADR des Programms werden in eine Liste LT eingefügt, in der die wartenden Programme nach Zeiten geordnet stehen. $LT\,(n)$ bezeichnet die n-te Listenposition, t_n die auf Platz $LT\,(n)$ gespeicherte Zeit. Auf dem ersten freien Platz am Ende der Liste steht ein besonderes Kennzeichen K. Die Prüfung, ob die Zeit so weit fortgeschritten ist, daß ein oder mehrere Programme aus der Liste LT wieder aufgerufen werden sollen, geschieht mit einem Umordnungsprogramm, Bild 6/9. Alle Programme, deren Aufrufzeit t_n kleiner ist als die augenblickliche Zeit t, werden aus der Liste LT in die Liste LV des Verteilerprogramms gebracht; anschließend wird die Liste LT wieder um soviel Plätze verschoben, wie Programme aus den ersten Stellen $LT\,(1)$, $LT\,(2)$, ... nach LV übergeben wurden. Das Umordnungsprogramm kann einen Teil des Verteilerprogramms bilden; es wird dann vor dem auf Bild 6/4 gezeigten Programmteil angeordnet. Damit erreicht man, daß die Wartezeitliste häufig durchsucht wird und die Programme bevorzugt abgefertigt werden.

Häufig werden auch beide Methoden der Wartezeitprogrammierung — mit Differenz- und Absolutzeituhr — gemeinsam verwendet. Für kurze Wartezeiten, die genau eingehalten werden sollen, benutzt man Differenzzeituhren, während für längere Zeiten die Genauigkeit des Verfahrens mit einer Absolutzeituhr ausreichend ist.

Der Verkehrsverteiler eines Prozeßrechners besitzt Einrichtungen, mit denen *Alarmsignale* aus dem Prozeß an die Zentraleinheit des Rechners weitergegeben werden. Im Unterschied zu den bisher betrachteten Peripheriegeräten wird die Arbeit der Alarmeinrichtung nicht durch einen EA-Befehl des Rechners, sondern durch eine Meldung aus dem Prozeß eingeleitet. Daraufhin gibt der Verkehrsverteiler ein Signal an den Rechner, und es erfolgt ein Sprung auf das zugeordnete Unterbrechungsprogramm. Dieses liest wie bisher das Rückmeldezeichen ein, mit dem die Ursache des Alarms gemeldet wird. Das kann z. B. in der Form geschehen, daß als Rückmeldezeichen die Adresse des Anlagenkontakts verwendet wird, der seine Stellung geändert hat. Das Unterbrechungsprogramm bestimmt daraus unter Benutzung einer Tabelle das zugehörige Reaktionsprogramm und trägt es in die erste Stelle der Liste des Verteilerprogramms ein, so daß dieses Programm als nächstes seine Arbeit aufnimmt.

Die genaue Ursachenmeldung durch den Verkehrsverteiler ist allerdings ziemlich aufwendig. Deshalb werden die Alarmkontakte häufig in größere Gruppen unterteilt, und das Rückmeldezeichen gibt nur an, in welcher Gruppe der Alarm auftrat. Schließlich kann auch für alle Kontakte dasselbe Rückmeldezeichen verwendet werden. In diesen Fällen veranlaßt das Unterbrechungsprogramm, daß die Stellung aller Kontakte der Gruppe

— unter Benutzung des EA-Programms für die Digitaleingabe — eingelesen wird. Anschließend muß mit einem Fehleranalyseprogramm durch Vergleich der eingelesenen Meßwerte mit den Sollwerten die Störungsursache festgestellt und das zugehörige Reaktionsprogramm aufgerufen werden.

Die eben geschilderten Organisationsprogramme sorgen dafür, daß nach Ablauf einer Wartezeit bzw. nach Eintreffen eines Alarmsignals das zugehörige Programm entsprechend seiner Dringlichkeit in die erste Stelle der allgemeinen Warteliste des Verteilerprogramms eingetragen und damit als nächstes aufgerufen wird. Die Reihenfolge des Aufrufs der Programme ist nun aber nicht unbedingt gleichwertig mit der ihrer Ausführung; denn gleich nach dem Aufruf kann ja eine Programmunterbrechung erfolgen, wodurch das wichtige Programm wieder an die letzte Stelle der Warteliste kommt.

Um diesen Mangel der Organisationsprogramme zu beheben, ist es nützlich, den Informationsgehalt einer Programmunterbrechung näher zu untersuchen. Eine Programmunterbrechung meldet entweder das Ende der Arbeit eines Peripheriegerätes oder einen Alarm aus dem Prozeß. Im ersten Fall hatte ein Arbeitsprogramm einen Auftrag zur Ein- oder Ausgabe erteilt; dieses Programm kann jetzt fortgesetzt werden. Im zweiten Fall wird mitgeteilt, daß ein Störungsprogramm aufgerufen werden soll. In beiden Fällen wird also ein weiteres Programm zu den wartenden Arbeitsprogrammen hinzugefügt. Setzt man von den Organisationsprogrammen voraus, daß sie die Arbeitsprogramme in der Reihenfolge ihrer Dringlichkeit ablaufen lassen, dann hatte bisher das unterbrochene Programm die höchste Dringlichkeit. Nach der Programmunterbrechung muß also geprüft werden, ob jetzt das neu hinzugekommene oder das unterbrochene Programm wichtiger ist; dementsprechend sind die Programme in die Warteliste einzuordnen.

Will man Programme in der Reihenfolge ihrer Dringlichkeit abwickeln, dann muß demnach auch die Möglichkeit bestehen, diese Dringlichkeit zu prüfen. Das kann dadurch geschehen, daß man eine bestimmte Zahl von *Vorrangstufen* einführt und jedes Arbeitsprogramm in eine dieser Stufen einordnet. Diese Klassifizierung hängt vom Anwendungsfall ab; sie muß also von dem Ingenieur durchgeführt werden, der die Anlage plant. Die Organisationsprogramme bleiben dagegen wieder universell verwendbar.

Dazu wird jedem Arbeitsprogramm ein Parameter zugeordnet, der seine Vorrangstufe kennzeichnet. Dieser Parameter wird in allen Wartelisten zusammen mit der Adresse des Programms notiert. Die Vorrangstufe des gerade laufenden Arbeitsprogramms wird in einem besonderen Speicherplatz vermerkt. Bei jedem Programmwechsel, wie Aufruf eines Ein-Ausgabe-Programms oder Anstoß eines Arbeitsprogramms durch das Verteilerprogramm, wird der Vorrangparameter mit übergeben. Nach einer Programmunterbrechung werden die Daten des unterbrochenen und des neu hinzukommenden Programms in die Liste des Verteilerprogramms eingetragen. Dieses ruft jetzt die Arbeitsprogramme unter Berücksichtigung ihrer Vorrangstufen auf. Ebenso werden von den Ein-Ausgabe-Programmen die Aufträge unter Berücksichtigung des Vorrangs und nicht mehr in der Reihenfolge des Auftragseingangs erledigt. Unterprogramme können von Arbeitsprogrammen verschiedenen Vorrangs benutzt werden; sie erhalten deshalb bei ihrem Aufruf die Vorrangstufe des übergeordneten Hauptprogramms.

Innerhalb der Organisationsprogramme erhalten die Programme zum Analysieren von Alarmsignalen die höchste Dringlichkeit. Im Anschluß an ein solches Unterbrechungsprogramm geht es immer im Verteilerprogramm weiter, das als nächstes das Arbeitsprogramm mit der höchsten Vorrangstufe, in den meisten Fällen also ein Reaktionsprogramm auf die Alarmmeldung, auswählt. Die Alarmsignale sind ja vor allem für eine kleine Zahl von Meldungen aus dem Prozeß bestimmt, mit denen besonders wichtige, außergewöhnliche Ereignisse angezeigt werden. Nach allen anderen Unterbrechungsprogrammen wird in dem zugehörigen Ein-Ausgabe-Programm fortgefahren. Die Aufträge, die sie in ihrer Warteliste $L_k(n)$ notiert haben, wurden von Arbeitsprogrammen gegeben, die schon vor einiger Zeit gelaufen sind und deshalb meistens wichtiger sind als die Programme, die noch in der allgemeinen Warteliste $LV(n)$ stehen. Im übrigen bestehen die EA-Programme aus nur wenigen Befehlen, so daß sie wenig Zeit benötigen und auch bei Vorliegen dringender Programme keine großen Verzögerungen verursachen. Schließlich kann nur durch eine Bevorzugung der EA-Programme die Simultanarbeit von Rechner und Peripheriegeräten optimal ausgenutzt werden; würde man Arbeitsprogramme vorrangig abfertigen, so könnten leicht Totzeiten während des Wartens auf den Abschluß eines EA-Vorgangs entstehen, die bei frühzeitigerer Ausgabe des EA-Befehls zu vermeiden wären.

7. Überwachung technischer Prozesse

Der Zustand eines technischen Prozesses wird durch eine Reihe von Meßgeräten erfaßt; seine Überwachung geschieht durch ständige Prüfung der Meßwerte oder daraus abgeleiteter Größen. Die Grundlage der Überwachungsverfahren besteht darin, zu kontrollieren, ob jeder einzelne Meßwert hinreichend genau mit seinem Sollwert übereinstimmt. Nun gibt es wegen des engen Zusammenwirkens aller Teile eines Prozesses nur wenige Meßgrößen, die sich in ihrem Betrag ändern können, ohne daß andere Meßwerte kleiner oder größer werden. Bei der herkömmlichen Überwachung wird diesem Umstand dadurch Rechnung getragen, daß das Bedienungspersonal eine große Zahl von Meßinstrumenten beobachtet und bei Abweichungen vom Sollwert prüft, ob die verschiedenen Werte im richtigen Verhältnis zueinander stehen. Wegen der oft komplizierten Zusammenhänge ist es dabei auf Erfahrungswerte und Schätzungen angewiesen. Bei sehr schnell ablaufenden Vorgängen ist eine solche Kontrolle gar nicht möglich.

Hier bringt die Anwendung eines Prozeßrechners große Vorteile mit sich. Die gegenseitige Beeinflussung verschiedener Größen ist durch die physikalischen Vorgänge des Prozesses eindeutig gegeben und läßt sich durch ein mathematisches Modell darstellen. Soweit es möglich ist, alle Einflußgrößen durch Messung zu erfassen, kann deshalb ein Prozeßrechner die Zusammenhänge vorausberechnen und bei der Überwachung exakt berücksichtigen. Wegen seiner hohen Arbeitsgeschwindigkeit können auch schnell verlaufende instationäre Vorgänge von ihm ohne Schwierigkeiten verfolgt werden.

7.1 Prüfung von Analogwerten

Alle Analogwerte werden zum Verkehrsverteiler in Form von Gleichspannungen geliefert; über den Analog/Digital-Umsetzer gelangt die Spannung als Digitalwert in den Rechner. Dieser Zahlenwert ist ein anderer, als ihn die Meßgröße in ihrer üblichen physikalischen Dimension besitzt, dieser Umstand muß deshalb bei der Weiterverarbeitung der Werte im Rechner berücksichtigt werden [39], [40]. Häufig ist die Spannung am Rechnereingang proportional der gemessenen Größe. Beispiele dafür sind die vielfach verwendeten Meßwertumformer, die einen der Meßgröße x proportionalen eingeprägten Strom J liefern. Man läßt den Strom durch einen Ohmschen Widerstand R fließen, die Spannung U an dem Widerstand wird an den Analog/Digital-Umsetzer gelegt. In diesem Fall läßt sich der Meßwert aus der eingelesenen Spannung durch Multiplikation mit einer Eichkonstanten c errechnen:

$$x = k \cdot J = k \cdot \frac{U}{R} = c \cdot U .$$

Im allgemeinen ist der Zusammenhang zwischen Spannung und Meßgröße durch eine *Eichformel*

$$x = E\,(U)$$

gegeben. $E\,(U)$ ist durch die physikalischen Gesetze bestimmt, die bei dem Meßverfahren Verwendung finden. Für die Temperaturmessung mit Thermoelementen gilt z. B. in guter Näherung

$$U = a\,(t - t_0) + b\,(t - t_0)^2 .$$

Dabei ist U die Thermospannung, t die Temperatur am Meßort, t_0 die Temperatur an der Vergleichsstelle und a und b Faktoren, die von dem Material des Thermopaares und der Temperatur t_0 abhängig sind. Die Vergleichsstelle wird in einem Thermostaten untergebracht, so daß für Thermoelemente aus bestimmtem Material die Werte a und b Konstanten sind.

Nicht für alle Meßwertgeber sind die Konstanten der Eichformel von vornherein bekannt. Bei Widerstandsthermometern und Widerstandsferngebern zur Messung von Stellungen ist die Spannung an der Eingabe des Rechners abhängig von dem Widerstand der Leitungen zwischen Meßfühler und Verkehrsverteiler. Im allgemeinen korrigiert man die dadurch entstehenden Abweichungen durch Zusatzwiderstände am Ende der Leitungen. Manchmal verzichtet man aber auch auf den Leitungsabgleich und korrigiert dafür die Konstanten der Eichformel mit Hilfe einfacher *Eichprogramme*. Hat die Eichformel für einen Widerstandsferngeber z. B. die Form

$$x = a + b\,U + c\,U^2,$$

dann werden nacheinander drei Eichwiderstände an Stelle des Fernsenders eingesetzt und dem Rechner die Werte x_1, x_2, x_3 mitgeteilt. Das Eichprogramm liest die zugehörigen Spannungen U_1, U_2, U_3; aus den drei Gleichungen

$$x_i = a + b\,U_i + c\,U_i^2, \qquad i = 1, 2, 3,$$

werden dann die Unbekannten a, b, c errechnet.

In vielen Fällen haben die Leitungswiderstände nur geringen Einfluß auf die Form der Eichkurve. Man kann sich dann damit begnügen, zwei Wertepaare (x_0, U_0) und (x_1, U_1) zu kontrollieren und die Eichkurve so zu verschieben, daß sie durch diese beiden Punkte geht. Dazu schreibt man die Eichformel in der Form

$$x - x_0 = \alpha \cdot E\,(U - U_0)$$

mit $$E\,(0) = 0\,,$$

also z. B. $$x - x_0 = \alpha \sum_1^N a_n\,(U - U_0)^n.$$

Die Koeffizienten a_n sind Konstanten, während x_0, U_0 und α Parameter sind, deren Wert erst bei der Eichung festgelegt wird. Bild 7/1 zeigt den Einfluß dieser Größen. Eine Änderung von x_0, U_0 bewirkt eine Parallelverschiebung des Koordinatensystems, während der Faktor α eine proportionale Veränderung der Ordinaten $x - x_0$ verursacht. x_0 und U_0 ergeben sich direkt aus einer Eichmessung. α wird aus dem zweiten Meßpunkt (x_1, U_1) bestimmt als

$$\alpha = \frac{x_1 - x_0}{E\,(U_1 - U_0)}.$$

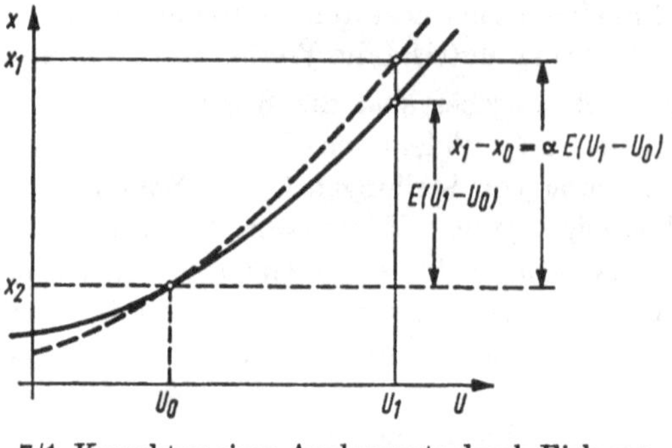

7/1 Korrektur eines Analogwerts durch Eichung

Um eine hohe Genauigkeit der Eichung zu erreichen, sollen die beiden Meßpunkte möglichst weit auseinanderliegen, am besten an den Enden des Meßbereichs.

An Stelle dieses *Interpolationsverfahrens* kann zur Bestimmung der Konstanten auch ein *Approximationsverfahren* verwendet werden, wenn mehr Eichmeßwerte x_i als Unbekannte vorhanden sind.

Analogwerte werden bei der Überwachung des Prozesses auf zwei verschiedene Weisen verarbeitet: Sie werden mit Grenzwerten verglichen, und es werden Rechnungen — z. B. zur Bestimmung von Grenzwerten für andere Meßgrößen — mit ihnen durchgeführt. Die Umrechnung der eingelesenen Werte mit der Eichformel kann dabei unterschiedlich gehandhabt werden.

Für eine Grenzwertprüfung kann man zunächst den Meßwert x aus der eingelesenen Spannung U mit der Eichformel berechnen und ihn dann mit den Grenzwerten vergleichen:

$$x_{\min} \leq x \leq x_{\max}.$$

Die Berechnung von x wird dagegen überflüssig, wenn man an Stelle der echten Grenzwerte $x_{\min}$, $x_{\max}$ transformierte Grenzen $U_{\min}$, $U_{\max}$ einsetzt

$$U_{\min} \leq U \leq U_{\max}.$$

Die Transformation zwischen $U_{\min}$, $U_{\max}$ und $x_{\min}$, $x_{\max}$ ist dabei durch die Eichformel gegeben. Dieses Verfahren bringt eine Ersparnis an Rechenzeit und Speicherplatz mit sich. In ähnlicher Weise kann man bei Rechnungen mit Analogwerten entweder den Wert x vorher aus der Eichformel gewinnen, oder man formuliert die Rechenverfahren gleich so, daß sie mit den Eingabewerten U arbeiten. Hierzu ist es erforderlich, in den Gleichungen des Rechenverfahrens den Wert x mittels der Eichformel $x = E\ (U)$ durch die Spannung U zu substituieren. Soll also z. B. aus x ein Wert y mit dem Polynom

$$y = \sum_{0}^{n} a_\nu x^\nu$$

berechnet werden und besteht die Eichformel aus einer Multiplikation mit einem Faktor

$$x = c \cdot U\,,$$

so ergibt sich

$$y = \sum_{0}^{n} a_\nu (c\,U)^\nu = \sum_{0}^{n} \bar{a}_\nu\, U^\nu \quad \text{mit } \bar{a}_\nu = a_\nu\, c^\nu.$$

Ein Nachteil der Verwendung der Eingabespannungen U an Stelle der umgerechneten Meßwerte x liegt in der umfangreicheren Arbeit bei der Vorbereitung der Programme. Ferner sollte dieses Verfahren nur angewendet werden, wenn die Eichformel von vornherein bekannt ist. Muß die Formel erst mit Hilfe eines Eichprogramms bestimmt werden, dann können die Programme zur Verarbeitung der Analogwerte erst fertiggestellt werden, wenn die Meßstellen an den Prozeßrechner angeschlossen sind. Hierdurch entstehen aber zu lange Verzögerungen bei der Inbetriebnahme, so daß bei dieser Art der Installation von Meßgeräten vor jeder Verarbeitung von

Analogwerten die Umrechnung mit der Eichformel erfolgen sollte. Häufig tritt auch der Fall auf, daß ein Meßwert in einem Programm mehrfach benutzt wird. Man kann dann U sofort nach dem Einlesen mit der Eichformel umrechnen und x abspeichern. Der zusätzliche Aufwand gegenüber der direkten Verwendung von U im folgenden Programm ist wegen der mehrfachen Benutzung von x gering. Außerdem wird die Übersichtlichkeit der Programme erhöht. Im folgenden soll deshalb nur noch diese Methode angewendet werden.

Bild 7/2 zeigt das Kernstück des Ablaufplans eines Programms für die Prüfung eines Analogwertes. Solange der Meßwert x innerhalb der Grenzen x_{min} und x_{max} liegt, arbeitet der mit dieser Meßstelle überwachte Teil des Prozesses einwandfrei. Ist dagegen eine der Grenzen überschritten, so deutet das noch nicht auf eine Störung im Prozeß hin. Vielmehr kann auch nur die Messung fehlerhaft sein. Nach einer Grenzwertüberschreitung ist es deshalb erforderlich, deren Ursache genauer zu analysieren.

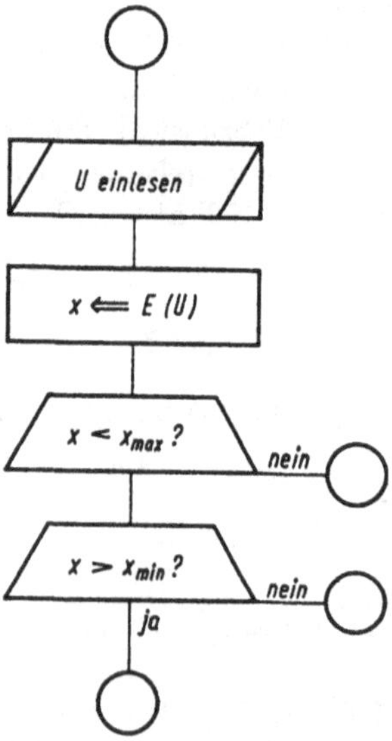

7/2 Prüfen eines Analogwerts auf Grenzwertüberschreitung

Ein Verfahren zur Ausschaltung von Meßfehlern besteht darin, für jede zu messende Größe zwei oder mehr unabhängige Meßgeräte einzusetzen. Solange die Mehrzahl der Geräte denselben Wert — innerhalb gewisser Toleranzen — angibt, wird dieser als richtig angesehen. Ändert aber eine Meßstelle ihren Wert, so deutet das auf einen Gerätefehler hin. Diese

Methode bietet zwar große Sicherheit, sie erfordert aber auch einen hohen Aufwand an Geräten. Sie sollte deshalb nur dort angewendet werden, wo die im folgenden geschilderten Verfahren zur Auswertung von Messungen nicht brauchbar sind.

Eine Fehlmessung kann verschiedene Ursachen haben. Wenn die Meßeinrichtung einwandfrei arbeitet, so kann doch ein Meßfehler dadurch entstehen, daß durch induktive oder kapazitive Einstreuungen in die Meßleitung der Meßspannung eine Störspannung überlagert wird. Ist die Meßleitung nur mit einem konventionellen Anzeige- oder Registriergerät verbunden, so machen sich diese Störungen kaum bemerkbar; denn die Frequenz der Störspannungen ist hoch genug, daß sie durch die mechanische Trägheit der Anzeiger und Schreiber weitgehend gedämpft werden. Beim Anschluß an einen elektronischen Analog/Digital-Umsetzer fehlt diese Dämpfung, weil die Meßwertumwandlung in wenigen Millisekunden vor sich geht. Man verwendet deshalb zur Meßwertübertragung Kabel, die gegen kapazitive Einstreuungen mit einem elektrostatischen Schirm und gegen induktive Beeinflussung durch paarweise Verseilung der Leitungen geschützt werden. Außerdem werden häufig Filter am Eingang des Verkehrsverteilers vorgesehen. Diese Maßnahmen sind ausreichend, um den Einfluß der normalerweise in Industrieanlagen auftretenden elektromagnetischen Felder hinreichend klein zu halten. Bei einzelnen Betriebssituationen, so z. B. beim Ein- oder Ausschalten von Hochspannungsaggregaten, bilden sich jedoch kurzzeitig so starke inhomogene Felder aus, daß die Störspannungen in den Meßleitungen immer noch zu hoch werden. Als weitere Schutzmaßnahme ist eine Kabelverlegung in dickwandigen Stahlpanzerrohren möglich; dieses Verfahren ist jedoch so aufwendig, daß man darauf nur in seltenen Sonderfällen zurückgreifen kann [41].

Man muß also damit rechnen, daß bei den in den Rechner eingelesenen Meßwerten einzelne „Ausreißer" auf Grund des Einflusses von Störfeldern vorkommen. Charakteristisch für diese Fehlmessungen ist, daß die Abweichung des Meßwertes von seinem normalen Niveau nur kurzzeitig auftritt. Um diese Fehler von anderen zu unterscheiden, kann man folgendes Verfahren anwenden:

Nach einer Grenzwertüberschreitung wird der gleiche Meßwert noch einmal in den Rechner eingelesen und die Grenzwertprüfung wiederholt. Wenn der Wert jetzt innerhalb der Grenzen liegt, waren kurzzeitige Störspannungen die Ursache der Überschreitung. Die Dauer derartiger Störungen liegt in der Größenordnung von einigen Millisekunden. Die Zeit für die Eingabe eines Meßwertes ist bei den meisten Prozeßrechnern etwas größer, so daß sofort nach der Feststellung der Grenzüberschreitung der Meßwert neu angefordert werden kann. Nur wenn die Analogeingabe wesentlich schneller arbeitet, muß vorher eine Wartezeit von etwa 10 msec eingeschoben werden.

Eine andere Ursache für Fehlmessungen können Störungen in der Meßeinrichtung — Meßfühler, Meßwertumformer, Kabelverbindungen — sein. Tritt ein Schaden, z. B. durch mechanische Beschädigungen, plötzlich auf, so hat das zur Folge, daß sich der Meßwert sprunghaft ändert. Die häufigsten Schäden dieser Art führen zu einem Drahtbruch oder Kurzschluß, der über eine Sicherung die Unterbrechung des Meßkreises auslöst; die Meßspannung sinkt also in beiden Fällen auf den Wert Null. Um solche Fehler zu erkennen, kann man die Tatsache zunutze machen, daß die überwiegende Mehrzahl aller physikalischen Größen in einem technischen Prozeß auch in Störungsfällen nicht beliebige Werte annehmen kann. Neben den Grenzen $x_{\min}$ und $x_{\max}$, die den ungestörten Betrieb charakterisieren, läßt sich also ein weiterer Bereich $X_{\min} < x_{\min} < x_{\max} < X_{\max}$ angeben, in welchem der Meßwert x auch bei Störungen liegen muß. Eine Überschreitung dieser äußeren Grenzen zeigt, daß der Fehler nicht im Prozeß liegt, sondern auf ein Versagen der Meßanlage zurückzuführen ist.

Eine andere Methode zum Erkennen solcher Fehler läßt sich anwenden, wenn die Prüfung des Meßwertes in festen Zeitabständen Δt wiederholt wird. Die meisten Meßwerte können sich innerhalb der Zeit Δt auch bei Störungen nur um einen bestimmten Betrag Δx ändern. Man bildet deshalb die Differenz zwischen zwei aufeinander folgenden Messungen und vergleicht sie mit dem Grenzwert

$$|x(t) - x(t - \Delta t)| < \Delta x \ ?$$

Ein Überschreiten der Grenze zeigt auch hier, daß der Fehler durch die Meßeinrichtung verursacht wird.

Neben plötzlich auftretenden Fehlern der Meßgeräte können schließlich auch durch Alterung von Bauelementen oder durch Korrosionserscheinungen Störungen langsam eingeleitet werden; sie äußern sich in einer stetigen Vergrößerung der Meßfehler. Solche Fehler lassen sich allein durch eine Kontrolle des Meßwertes nicht von Störungen in der Anlage unterscheiden. Man muß dazu vielmehr die schon eingangs erwähnte Tatsache berücksichtigen, daß innerhalb des technischen Prozesses kaum eine Meßgröße ihren Wert ändern kann, ohne daß sich Auswirkungen an anderen Stellen des Prozesses und damit auf andere Meßstellen zeigen.

Die Kopplung zwischen verschiedenen Meßwerten ist durch das mathematische Modell des Prozesses gegeben. Theoretisch lassen sich diese Zusammenhänge in der Form darstellen, daß für jeden Meßwert x_i eine Funktion F_i angegeben wird, mit der x_i aus den übrigen Werten x_k berechnet werden kann:

$$x_i = F_i(x_1, x_2, \ldots, x_N) \qquad i = 1, \ldots, N.$$

In den meisten Fällen lassen sich die Funktionen F_i jedoch nicht aufstellen, weil einmal nur wenige technische Prozesse dazu theoretisch genau genug bekannt sind und außerdem nicht alle den Prozeß charakterisierenden Parameter meßtechnisch erfaßt werden können. Doch selbst wenn die Funktionen F_i vorhanden sind, ist ihre Verwendung zur Überprüfung von Meßwerten nur selten geeignet. Es müßte dann nämlich für jeden Analogwert x_i ein spezielles Programm geschrieben werden, mit dem x_i aus anderen Meßgrößen x_k berechnet und anschließend ein Vergleich zwischen gemessenem und errechnetem Wert durchgeführt wird. Der Aufwand für diese Programmierungsarbeit und die erforderliche Speicherkapazität wird so groß, daß es billiger ist, jede Meßstelle mit zwei unabhängigen Meßeinrichtungen auszurüsten. Eine quantitative Prüfung der Meßwerte scheidet also aus theoretischen und praktischen Gründen aus.

Wesentlich einfacher, für den vorliegenden Zweck der Kontrolle von Meßwerten ausreichend und in fast allen Fällen durchführbar ist dagegen eine qualitative Prüfung. Auch wenn das mathematische Modell des Prozesses nicht genau bekannt ist, lassen sich doch zu jedem Meßwert ein oder mehrere andere finden, die sich gemeinsam mit dem ersten ändern. Für jeden dieser Werte x_i werden zwei Grenzen $x_{i\,\max}$ und $x_{i\,\min}$ angegeben. Wird bei der Prüfung eines Wertes x_i, des *Primärwertes*, eine Grenzwertüberschreitung festgestellt, dann werden die mit x_i veränderlichen Werte x_k, die *Sekundärwerte*, ebenfalls überprüft. Überschreiten auch die Sekundärwerte ihre Grenzen, so liegt eine Störung im Prozeß vor, andernfalls ist die Meßeinrichtung fehlerhaft [40].

Dieses Prinzip bedarf allerdings noch einer Verfeinerung. Die Grenzwerte beruhen ja auf mehr oder weniger genauen Schätzungen. Es wird daher nur selten der Fall eintreten, daß gleichzeitig mit $x_i = x_{i\,\max}$ auch ein Sekundärwert x_k gleich einem der Grenzwerte $x_{k\,\min}$ oder $x_{k\,\max}$ ist; vielmehr wird x_k nur „in der Nähe“ eines dieser Werte liegen. Ist also z. B. der Primärwert $x_i = x_{i\,\max}$ und ein Sekundärwert $x_k > x_{k\,\max}$, so wird dieser Fall vom Rechner richtig als eine Prozeßstörung gedeutet. Bildet aber x_k den Primärwert, so ergäbe sich bei $x_k = x_{k\,\max}$ für den Sekundärwert $x_i < x_{i\,\max}$; der Rechner würde einen Fehler der Meßeinrichtung melden. Diese Meldung ist falsch, wenn die Grenze $x_{i\,\max}$ zu hoch geschätzt wurde und x_i nur wenig kleiner als $x_{i\,\max}$ ist.

Um solche Fehler zu vermeiden, benutzt man bei der Prüfung von Sekundärwerten einen schmaleren Toleranzbereich, Bild 7/3. Bei normalen Betriebsbedingungen liegt der Meßwert x etwa in der Mitte zwischen den Grenzwerten $x_{\min}$ und $x_{\max}$:

$$x_{\text{normal}} = \frac{x_{\min} + x_{\max}}{2}\,.$$

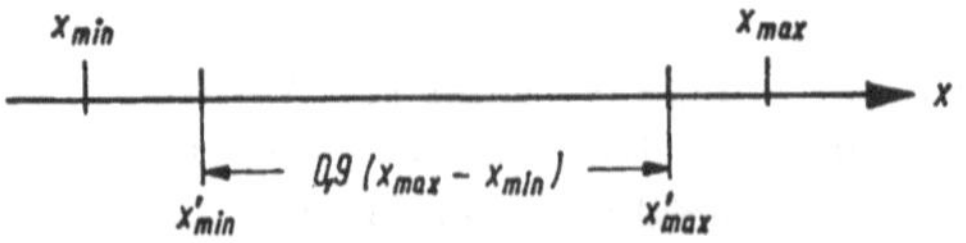

7/3 Grenzwerte zum Prüfen einer Sekundärmeßstelle

Für Sekundärprüfungen werden die engeren Grenzen $x'_{\min}$ und $x'_{\max}$ genommen, der Bereich kann z. B. als

$$x'_{\max} - x'_{\min} = 0{,}9\,(x_{\max} - x_{\min})$$

gewählt werden. Damit ist

$$\begin{aligned} x'_{\max} &= x_{\text{normal}} + 0{,}9\,\frac{x_{\max} - x_{\min}}{2} \\ &= 0{,}95\,x_{\max} + 0{,}05\,x_{\min}, \\ x'_{\min} &= x_{\text{normal}} - 0{,}9\,\frac{x_{\max} - x_{\min}}{2} \\ &= 0{,}95\,x_{\min} + 0{,}05\,x_{\max}. \end{aligned}$$

Bei der Verarbeitung der Sekundärwerte muß im Gegensatz zu den Primärwerten nur geprüft werden, ob eine der beiden Grenzen $x'_{\max}$ oder $x'_{\min}$ überschritten ist, denn aus der Technologie des Prozesses läßt sich neben der Zuordnung bestimmter Meßwerte auch die Tendenz ihrer Änderung vorherbestimmen. Welche der beiden möglichen Prüfungen vorzunehmen ist, richtet sich also nach dem Ergebnis der Primärprüfung. Dabei können folgende Kombinationen auftreten:

Ergebnis der Primärprüfung	Sekundärprüfung	Kennzeichen
$x_i \geq x_{i\,\max}$	$x_k > x'_{k\,\max}$?	B_1 C_1
$x_i \geq x_{i\,\max}$	$x_k < x'_{k\,\min}$?	B_1 C_2
$x_i \leq x_{i\,\min}$	$x_k > x'_{k\,\max}$?	B_2 C_2
$x_i \leq x_{i\,\min}$	$x_k < x'_{k\,\min}$?	B_2 C_1

Ordnet man einem Primärwert mehrere Sekundärwerte zu, so ist diese Fallunterscheidung bei jedem der Werte vorzunehmen. Außerdem muß dabei beachtet werden, daß die Prüfung mehrerer Werte verschiedene Einzelergebnisse haben kann. Das Gesamtergebnis wird dann durch die Mehrheit der Einzelergebnisse bestimmt.

Die verschiedenen Schritte bei der Prüfung eines Analogwertes sind in dem Programmablaufplan Bild 7/4 zusammengestellt. Der linke Zweig ist das Kernstück des Programms, das schon auf Bild 7/2 erläutert wurde.

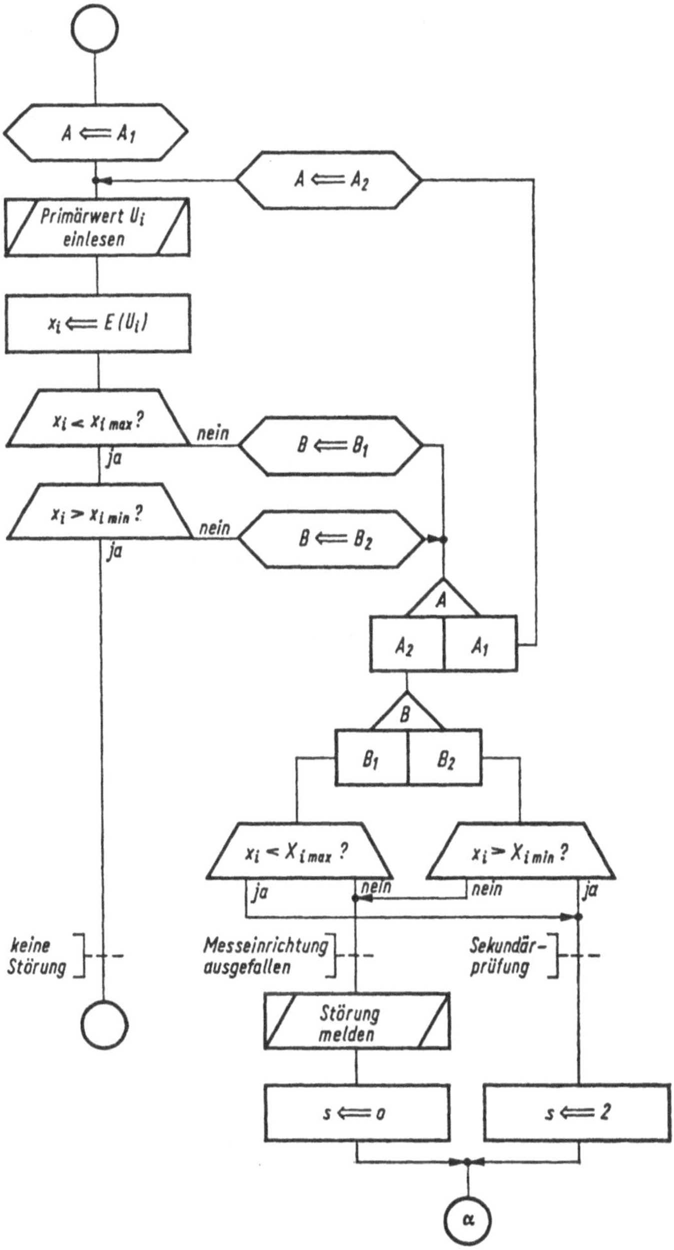

7/4 Prüfung des Primärwertes

Nach Überschreiten einer der Grenzen wird die Prüfung wiederholt, um Zufallsfehler durch Störspannungen auf der Meßleitung zu erkennen; Schalter A sorgt dafür, daß die Wiederholung nur einmal vorgenommen wird. Bleibt die Grenzwertüberschreitung auch bei der zweiten Prüfung erhalten, dann wird durch Vergleich mit einer der äußeren Grenzen X_{max}

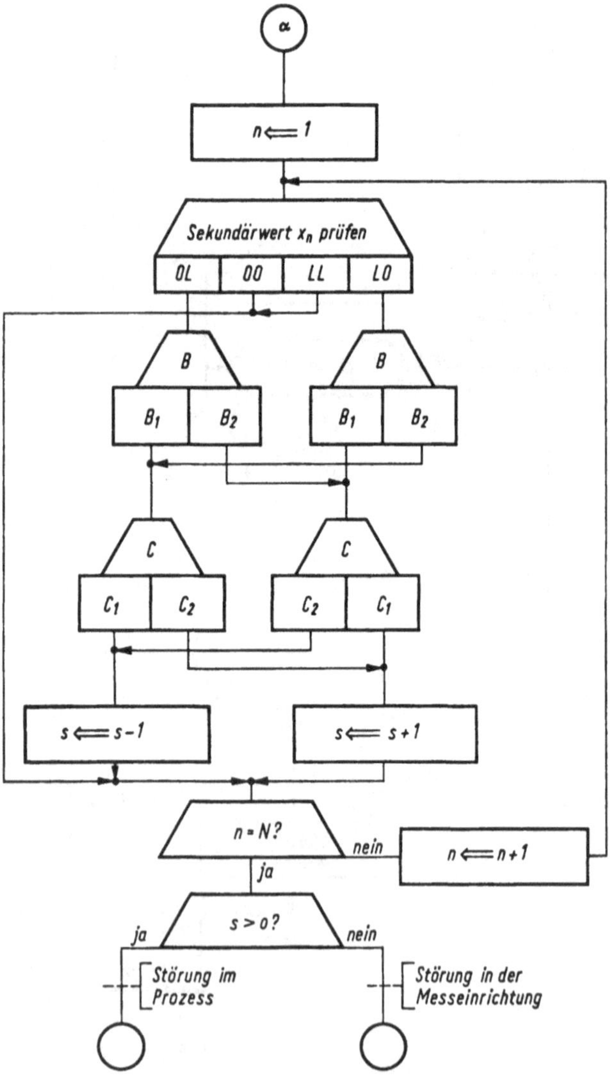

7/5 Prüfung von Sekundärwerten

oder $X_{\min}$ festgestellt, ob die Meßeinrichtung ausgefallen ist. Welche der beiden Prüfungen vorzunehmen ist, hängt vom Ergebnis des vorhergehenden Vergleichs im Hauptzweig des Programms ab; die Zuordnung wird mit Hilfe des Schalters B vorgenommen. Eine Störung der Meßeinrichtung wird gemeldet und mit dem Zähler s für die folgende Prüfung der Sekundärwerte notiert.

Das Programm für die Sekundärwertverarbeitung, Bild 7/5, ist für die Prüfung einer beliebigen Zahl N von Meßwerten x_n geeignet. Es arbeitet zyklisch; mit dem Index n werden die Zyklusdurchläufe gezählt und damit der gerade in Bearbeitung befindliche Sekundärwert x_n bestimmt. Die Art der Meßwertprüfung ergibt sich aus der Stellung des Schalters B und der Verzweigungen C. B hat dieselbe Bedeutung wie im ersten Teil des Programms. C sagt, ob der gleiche oder der entgegengesetzte Grenzwert wie bei der Primärprüfung zu nehmen ist. Die möglichen Kombinationen für B und C sind in der Spalte „Kennzeichen" der Tabelle auf S. 194 eingetragen. Aus den Einzelergebnissen der Sekundärprüfungen wird das Gesamtergebnis mit Hilfe des Zählers s abgeleitet. s wird um 1 erhöht, wenn eine Grenze überschritten ist und um 1 erniedrigt, wenn der Sekundärwert innerhalb der Grenzen liegt. Der Zählerstand bleibt unverändert, wenn eine Störung in der Meßeinrichtung des Sekundärwertes vorliegt. Ist nach Abschluß der Einzelprüfungen $s > 0$, dann zeigt die Mehrheit der Meßwerte eine Überschreitung der zulässigen Grenze; die Störung hat also ihre Ursache im Prozeß.

Ist eine Störung des Primärwertes eindeutig erkannt, so wird angenommen, daß der Prozeß selbst ungestört ist und dementsprechend $s = 0$ gesetzt, Bild 7/4. Erst wenn die Mehrzahl der Sekundärwerte dagegen spricht, geht es im Ausgang „Prozeßstörung" weiter. Kann dagegen das Prüfprogramm für den Primärwert keinen Gerätefehler feststellen, so wird mit dem Gewicht $s = 2$ eine Prozeßstörung angenommen, so daß die Sekundärprüfung eine Mehrheit von mindestens zwei Werten gegen diese Annahme liefern muß, ehe der Prozeß als ungestört angesehen wird.

Diese — etwas willkürliche — Bewertung gründet sich auf die Tatsache, daß alle Arten von Störungen unwahrscheinlich sind; der Normalfall ist der ungestörte Betrieb. Das Zusammentreffen von zwei Störungen im Meßgerät und im Prozeß besitzt dementsprechend eine noch viel kleinere Wahrscheinlichkeit. Ist also eine Störung erkannt, so braucht man nicht vorauszusetzen, daß gleichzeitig eine andere Störung aufgetreten ist. Andererseits hat eine Störung im Prozeß weitreichendere Konsequenzen als eine Meßgerätestörung. Wird sie nicht bemerkt, so können als Folge schwere Schäden auftreten. Deshalb wird der Prozeßstörung ein höheres Gewicht als der Gerätestörung gegeben. Die folgende Tabelle enthält alle Kombinationen, die bei der Verwendung von einem Primär- und zwei Sekundärwerten auftreten können.

Primärwert		Sekundärwert 1		Sekundärwert 2		Prozeß-störung
Gerät gestört	Prozeß gestört	Gerät gestört	Prozeß gestört	Gerät gestört	Prozeß gestört	
nein	nein	—	—	—	—	nein
		nein	nein	nein	nein	nein
		nein	ja	nein	nein	ja
nein	ja	nein	ja	nein	ja	ja
		ja	—	nein	nein	ja
		ja	—	nein	ja	ja
		ja	—	ja	—	ja
		nein	nein	nein	nein	nein
		nein	ja	nein	nein	nein
ja	—	nein	ja	nein	ja	ja
		ja	—	nein	nein	nein
		ja	—	nein	ja	ja
		ja	—	ja	—	ja

Analogwerte werden in allen Programmen zur Überwachung und Steuerung technischer Prozesse häufig benötigt. Eine Prüfung der eingelesenen Werte vor ihrer Weiterverarbeitung sollte dabei stets erfolgen, damit nicht durch Meßfehler falsche Entscheidungen in den folgenden Programmen getroffen werden. Diese Prüfungen lassen sich zwar nicht immer so umfangreich und gründlich durchführen wie in dem vorangehenden Beispiel. So ist es bei instationären Betriebsvorgängen manchmal nicht möglich, Grenzwerte anzugeben; man muß sich dann auf eine wiederholte Abfrage der Meßstelle mit anschließendem Vergleich der eingelesenen Werte begnügen.

Für das Einlesen und Prüfen von Analogwerten verwendet man geschlossene Unterprogramme. Sie müssen so aufgebaut sein, daß sie jeden beliebigen Analogwert verarbeiten können. Bei ihrem Aufruf werden ihnen deshalb als Parameter die Meßstellenadresse und alle für die Verarbeitung des speziellen Meßwertes erforderlichen Daten übergeben. Diese Werte speichert man am besten als Parameterblock; jeder Meßstelle werden feste Speicherplätze zugeordnet, so daß beim Ausruf eines Unterprogramms nur die Anfangsadresse des Blocks übergeben werden muß (vgl. Kap. 3.9).

Für das vorangehende Beispiel könnte der Parameterblock wie folgt gegliedert sein:

V_i	Verkehrsverteiler-Adresse der Meßstelle i
$\rangle E\,(U)\langle$	Adresse des UP für die Eichformel
$x_{i\,\max}$	Grenzwerte
$x_{i\,\min}$	
$X_{i\,\max}$	
$X_{i\,\min}$	
$\rangle B\,x_1\langle$	Adresse für Parameterblock des ersten Sekundärwertes x_1
$C^{(1)}$	Kennzeichen für Sekundärprogramm
$\rangle B\,x_2\langle$	Daten für zweiten Sekundärwert x_2
$C^{(2)}$	
.	.
.	.
.	.

Die Adresse V_i dient zum Einlesen der Meßspannung U_i. Die Umrechnung mit der Eichformel $x_i = E\,(U_i)$ muß mit einem Unterprogramm geschehen, weil verschiedene Eichformeln benutzt werden, das Programm aber für alle Meßstellen gelten soll. Der Programmteil für die Sekundärprüfung benötigt mehrere Parameter der Sekundärwerte; deshalb ist es aus Gründen der Speicherplatzersparnis vorteilhaft, nicht die Parameter selbst, sondern die Adresse des Parameterblocks anzugeben. Lediglich das Kennzeichen C, welches die Art der Sekundärprüfung festlegt, muß in der Liste aufgeführt werden.

Sind verschiedene Unterprogramme zum Einlesen und Prüfen von Analogwerten vorhanden, dann sollte der Parameterblock so aufgebaut sein, daß alle Programme damit arbeiten können. Für eine Tendenzüberwachung der Form

$$|\,x\,(t) - x\,(t - \Delta\,t)\,| < \Delta\,x$$

müßten also noch Plätze für den zuletzt eingelesenen Meßwert $x\,(t - \Delta\,t)$ und die Grenze $\Delta\,x$ vorgesehen werden. Es ist dazu nur erforderlich, daß die Parameter in genau festgelegter Form und Reihenfolge gespeichert werden, so daß jedes Unterprogramm aus der Anfangsadresse des Parameterblocks die von ihm benötigten Werte auffinden kann.

Bei vielen Meßwerten wird nur ein Teil der möglichen Prüfungen sinnvoll sein. Bei Schwingungsmessungen zur Überprüfung der Laufruhe von

Maschinen wird z. B. nur die Überschreitung eines oberen Grenzwertes x_{max} untersucht; für andere Meßgrößen lassen sich keine Sekundärwerte angeben. Um nicht für jede mögliche Kombination von Prüfungen ein besonderes Unterprogramm schreiben zu müssen, kann man in dem Parameterblock jeder Meßstelle durch besondere Kennzeichen auch angeben, welche Prüfungen durchgeführt werden sollen.

Es läßt sich also für die überwiegende Mehrzahl aller Fälle ein universelles Prüfprogramm aufstellen, in welchem alle möglichen Prüfungen vorgesehen sind. Welche Teile des Programms im Einzelfall durchlaufen werden sollen, kann aus den Kennzeichen in der Parameterliste abgeleitet werden.

7.2 Prüfung von Digitalwerten

Für eine Reihe von kontinuierlich veränderlichen physikalischen Größen gibt es Einrichtungen, die den Meßwert in digitaler Form liefern; hierzu gehören vor allem Zähler zur Erfassung von Durchflußmengen oder elektrischer Energie sowie Drehzahlmeßgeräte. Die Verarbeitung solcher Digitalwerte geschieht mit den gleichen Methoden wie bei Analogwerten; der Unterschied besteht ja lediglich darin, daß Analogwerte mit einem zentralen Analog/Digital-Umsetzer im Verkehrsverteiler in digitale Form gebracht werden, während bei einer digitalen Messung die Umwandlung dezentralisiert, für jede Meßstelle gesondert, vorgenommen wird.

Besondere Maßnahmen erfordert dagegen die Prüfung von Binärwerten, die die wichtigste Gruppe unter den Digitalwerten darstellen. Da eine binäre Größe nur zwei Werte, *O* und *L*, annehmen kann, kann ihre Prüfung nur darin bestehen festzustellen, ob sie gleich oder ungleich einem vorgeschriebenen, ebenfalls binären Sollwert ist, oder ob sie ihren Wert seit der letzten Prüfung verändert hat. Bei einer Abweichung ist es nicht wie bei einem Analogwert möglich, allein aus dem eingelesenen Meßwert durch weitere Prüfungen zu entscheiden, ob ein Fehler in der Meßeinrichtung oder eine Störung in der Anlage vorliegt. Auch eine Wiederholung der Abfrage ist bei Binärwerten nicht sinnvoll; denn die beiden den Werten *O* und *L* zugeordneten Meßspannungen liegen weit genug auseinander, so daß induktive oder kapazitive Störspannungen keine Fälschung des Meßwertes bewirken können. Es bleibt also allein die Möglichkeit übrig, weitere Meßwerte zur Kontrolle heranzuziehen.

Bei Binärwerten ist es wesentlich weniger aufwendig, für die zu messende Größe mehrere Meßfühler einzusetzen. Der größte Teil der Meßgeräte besteht aus Kontakten. Wählt man an Stelle eines einfachen Kontaktes, eines Öffners oder Schließers, einen Wechselkontakt, so hat man damit bereits die Verdoppelung der Meßfühler erreicht. Bild 7/6 zeigt die möglichen Informationen eines Wechslers bei ungestörtem Gerät, bei einer Unterbrechung und bei einem Kurzschluß. Die Werte *LO* und *OL* zeigen in allen Fällen die Stellung richtig an, auch wenn eine Störung vorliegt. *OO* deutet auf eine Unterbrechung, *LL* auf einen Kurzschluß hin. Aus der Information läßt sich zwar nicht jede Störung erkennen, es wird aber nie eine falsche Kontaktstellung vorgetäuscht. Bild 7/7 zeigt den Ablaufplan zur Prüfung eines Wechslers. x_s ist der Sollwert, durch die Negation $\bar{x}_s$ wird die entgegengesetzte Stellung bezeichnet.

Eine Fehlmeldung kann erst auftreten, wenn gleichzeitig mindestens zwei Störungen vorhanden sind. Ist z. B. ein Kontakt durch einen Kurzschluß überbrückt und der andere unterbrochen, so erscheint die Meldung *OL* bzw. *LO* unabhängig von der Stellung der Kontaktfeder. Eine Kombination von zwei bestimmten Störungen ist jedoch so unwahrscheinlich, daß man diesen Fall fast immer außer Betracht lassen kann. Soll bei der Überwachung besonders wichtiger Anlageteile auch bei mehrfachen Störungen noch keine Falschmeldung auftreten können, so kann das nur durch Einsatz weiterer Meßwertgeber erreicht werden. Große Sicherheit erzielt man mit dem Verfahren „2 aus 3". Dabei werden drei Meßgeräte vorgesehen;

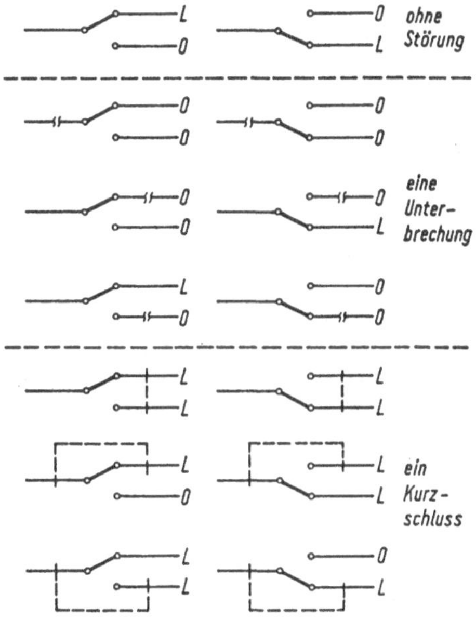

7/6 Informationen von einem Wechselkontakt

mindestens zwei der drei Werte müssen störungsfrei sein und übereinstimmen, damit der Wert als richtig befunden wird.

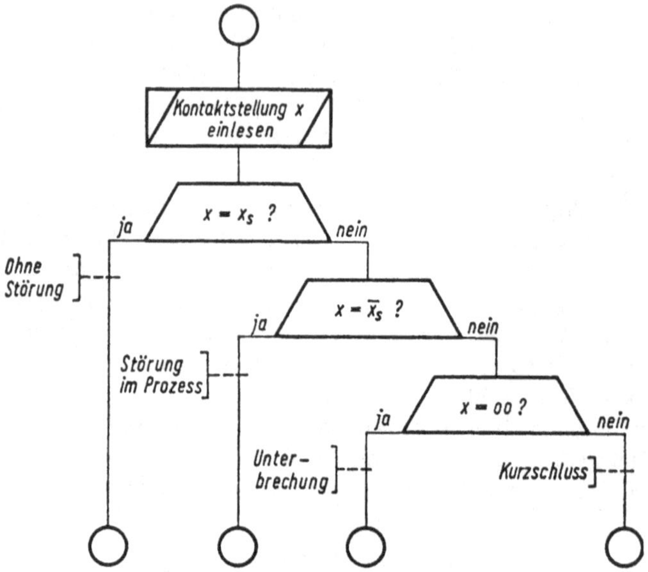

7/7 Prüfen eines Wechslers

Eine wichtige Anwendung von Kontakten als Meßfühler ist die Erfassung der Stellung von Ventilen und Schiebern, die nur zwei Endlagen einnehmen [42]. Zur Lagebestimmung werden Kontakte benutzt, die in der Endlage geschlossen sind, Bild 7/8. Die beiden Wechsler können 16 verschiedene Informationen liefern, die in der folgenden Tabelle zusammengefaßt sind. Die Aussagen über die Stellung des Ventils und Störungen an den Kontakten gewinnt man durch Kombination aus den in Bild 7/6 gezeigten Möglichkeiten für einen einzelnen Wechselkontakt.

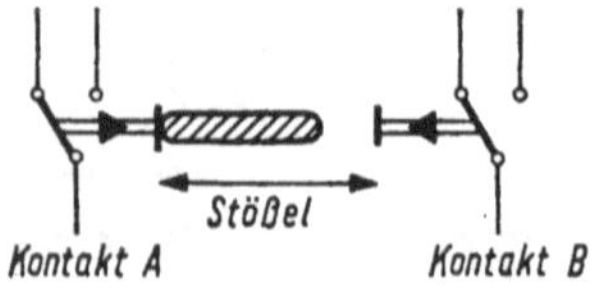

7/8 Endschalter an einem Auf/Zu-Stellglied

Nr.	Information		Stellung	Störung
1	*OL*	*OL*	auf	—
2	*LO*	*LO*	zu	—
3	*OL*	*LO*	Mitte	—
4	*OO*	*OL*	auf	*UA*
5	*OO*	*LO*	nicht auf	*UA*
6	*LL*	*OL*	auf	*KA*
7	*LL*	*LO*	nicht auf	*KA*
8	*OL*	*OO*	nicht zu	*UB*
9	*LO*	*OO*	zu	*UB*
10	*OL*	*LL*	nicht zu	*KB*
11	*LO*	*LL*	zu	*KB*
12	*OO*	*OO*	?	*UA*, *UB*
13	*OO*	*LL*	?	*UA*, *KB*
14	*LL*	*OO*	?	*KA*, *UB*
15	*LL*	*LL*	?	*KA*, *KB*
16	*LO*	*OL*	?	Verdrahtung

A = Kontakt A U = Unterbrechung
B = Kontakt B K = Kurzschluß

Fall 1 und 2 geben ungestörte eindeutige Aussagen über die Stellung des Ventils. Wird die Kontaktstellung während der Bewegung von einer Endlage in die andere abgefragt, so tritt Fall 3 ein. Bei Fall 4 bis 11 ist ein Endkontakt gestört. Viele Stellglieder sind so konstruiert, daß ein Hängenbleiben in einer Mittelstellung praktisch ausgeschlossen ist. Deshalb ist in diesen Fällen die Stellung trotz der Störung noch eindeutig erkennbar. In den äußerst seltenen Fällen 12 bis 15, bei denen an beiden Kontakten gleichzeitig eine Störung auftritt, kann die Stellung nicht mehr ermittelt werden. Einen Sonderfall bildet 16, wo die beiden Endkontakte entgegengesetzte Aussagen liefern. Hier muß entweder ein Verdrahtungsfehler vorliegen, oder ein Kontakt ist verklemmt und schaltet nicht zurück.

Läßt sich aus der Prüfung eines Digitalwertes keine sichere Aussage über den Zustand der überwachten Anlage gewinnen, so müssen ebenso wie bei den Analogwerten sekundäre Meßwerte zur Prüfung herangezogen werden. Durch die Verwendung von Wechselkontakten sind bereits mehrere Meßfühler zur Erfassung eines Meßwertes eingesetzt, so daß die Aussage der Primärinformation ein höheres Gewicht hat als bei einem Analogmeßgerät. Deshalb ist eine Sekundärprüfung bei Digitalwerten seltener erforderlich als bei Analogwerten.

Bild 7/9 zeigt als Beispiel den Ablaufplan zur Kontrolle der Stellung eines Ventils, das mit zwei Endschaltern ausgerüstet ist. Solange nur ein Endkontakt gestört ist, kann die Ventilstellung mit genügender Sicherheit angegeben werden. Nur bei Störung beider Kontakte oder bei Mittelstellung des Ventils muß eine Sekundärprüfung vorgenommen werden. In Bild 7/10 ist diese Prüfung für Wechselkontakte als Sekundärwerte angegeben. Die Schalter *B* und *C* haben sinngemäß die gleiche Bedeutung wie bei der Sekundärprüfung von Analogwerten. *B* sagt aus, welche Stellung das Ventil haben soll, *C* gibt die Zuordnung zwischen der Ventilstellung und dem Wert der Sekundärgröße. Es können folgende Kombinationen auftreten:

Ventilstellung	Sekundärwert	Kennzeichen	
auf	*OL*	B_1	C_1
auf	*LO*	B_1	C_2
zu	*LO*	B_2	C_1
zu	*OL*	B_2	C_2
auf	*OL*	B_1	C_2
auf	*LO*	B_1	C_1
zu	*OL*	B_2	C_2
zu	*LO*	B_2	C_1

In den ersten vier Fällen stimmt der Sekundärwert mit der Sollstellung des Ventils überein, in den übrigen Fällen zeigt er einen Fehler an. Die Verwendung des Zählers *s* zur Bildung einer Bilanz der verschiedenen Aussagen geschieht wie bei der Analogwertprüfung.

Als Sekundärwert zur Prüfung der Aussage eines digitalen Meßwertes kann auch eine analoge Größe dienen. Zur Kontrolle der Stellung eines Ventils kann z. B. der Druck in der Leitung hinter dem Ventil benutzt werden. Das Zusammenwirken der Programme zur Verarbeitung von Primär- und Sekundärwerten läßt sich dabei in der gleichen Weise wie in dem letzten Beispiel organisieren. Durch Stellen des Schalters *B* teilt das Primärprogramm den Sollwert des digitalen Meßwertes mit. In seiner Parameterliste steht wieder neben der Adresse jedes Sekundärwertes das Kennzeichen C, das die Art der Sekundärprüfung festlegt. Bei Analogwerten kann C bestimmen, mit welchem Grenzwert der Meßwert zu vergleichen ist. Da der Zusammenhang zwischen dem primären Sollwert und den sekundären Grenzwerten allgemein gültig ist und nicht von einer momentanen Betriebssituation abhängt, wird C nicht von einem Programm gesetzt, sondern ist in der festen Parameterliste enthalten.

Das Programm zur Prüfung sekundärer Analogwerte kann ganz ähnlich dem auf Bild 7/5 gezeigten aufgebaut werden. Ebenso ist es auch möglich, zur Kontrolle von primären Analogwerten digitale Größen als Sekundärwert heranzuziehen. Auch diese Programme wirken in der gleichen Weise zusammen.

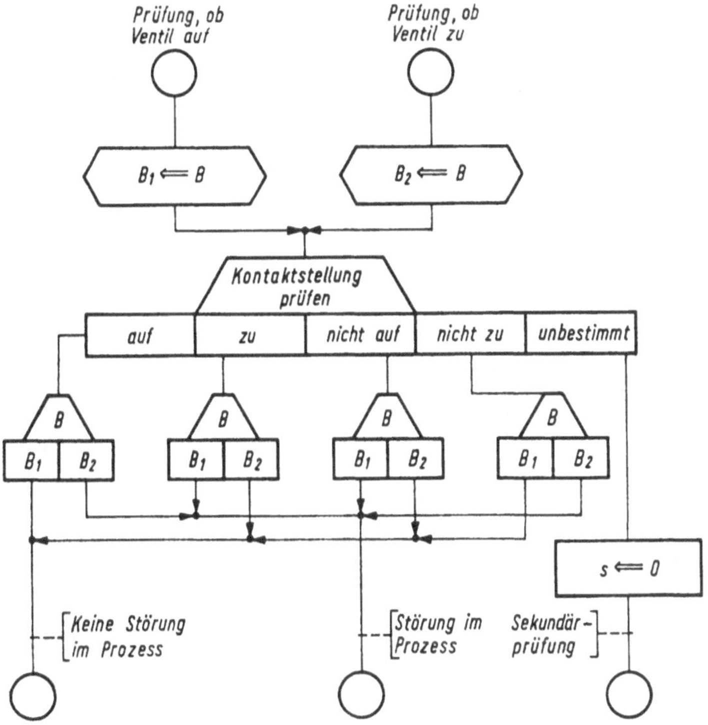

7/9 Kontrolle der Stellung eines Ventils

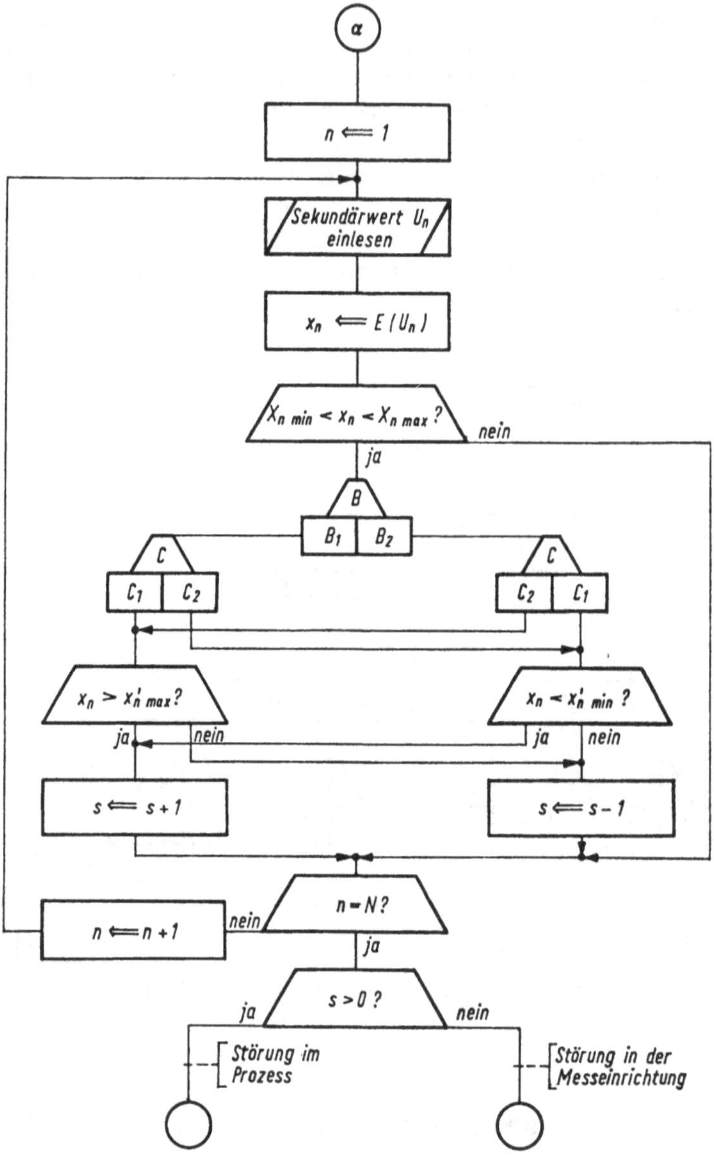

7/10 Informationsauswertung mit Wechselkontakten als Sekundärwert

7.3 Überwachung stationärer Betriebszustände

Ein stationärer Betriebszustand eines technischen Prozesses ist dadurch gekennzeichnet, daß alle Betriebsgrößen zeitlich konstant bleiben. Diese Betriebsweise tritt oft in Anlagen mit kontinuierlichem Material- oder Energiefluß auf, wie z. B. in der chemischen Industrie und in der Energieerzeugung. Der Prozeß wird dabei so geführt, daß die Menge des erzeugten Produktes — Stoff oder Energie — zeitlich konstant bleibt. Wenn eine Änderung der Leistung erforderlich ist, werden die zugehörigen Steuerungsvorgänge in möglichst kurzer Zeit durchgeführt; anschließend ist der Betriebszustand wieder stationär.

Auch bei Prozessen mit diskontinuierlichem Stoffstrom kann die Menge des erzeugten Produkts zeitlich im Mittel konstant sein, so z. B. in Stahl- und Walzwerken, bei der mechanischen Fließbandfertigung oder beim Verladen von Schüttgütern auf Eisenbahnwaggons. Der Prozeß läuft dabei pulsierend ab, im einfachsten Fall wiederholt sich eine Reihe von Vorgängen periodisch. Es treten dauernd Änderungen der Parameter des Prozesses auf, der Vorgang ist also instationär.

Bei stationärem Betrieb bleiben die Meßwerte theoretisch konstant, so daß sich die Überwachung darauf beschränken könnte zu prüfen, ob die Meßwerte sich zeitlich verändern. Im praktischen Betrieb werden aber stets gewisse Schwankungen auftreten. Sie haben ihre Ursache einmal in den Meßeinrichtungen, zum anderen können durch Ungenauigkeiten der Regelung kleine Abweichungen von den Normalwerten entstehen. Deshalb verwendet man zur Überwachung stationärer Vorgänge alle Verfahren, wie sie in den letzten Abschnitten geschildert wurden.

Analogwerte werden in festen Zeitabständen in den Rechner eingelesen und geprüft. Je nach Wichtigkeit der Meßgrößen für die Prozeßführung und nach ihrer möglichen Änderungsgeschwindigkeit kann man sie in mehrere Gruppen einteilen, die sich durch ihre Abfragezeiten unterscheiden. Gebräuchliche Zeiten sind 5 *s*, 10 *s*, 30 *s*, 1 *m*, 5 *m*.

Bild 7/11 zeigt den Ablaufplan des Programms zur Überwachung einer Gruppe von Meßstellen. Den Kern bildet ein Unterprogramm, mit dem die eigentliche Verarbeitung jedes Meßwertes durchgeführt wird. Mit einem zyklischen Oberprogramm wird dafür gesorgt, daß alle Meßstellen der Gruppe nacheinander eingelesen und geprüft werden. Es wird vom Verteilerprogramm für die Organisation der Parallelarbeit aufgerufen. Nachdem es durchlaufen ist, springt es auf das Verteilerprogramm zurück und teilt diesem dabei den Zeitpunkt t_A mit, an dem es wieder aufgerufen werden soll.

Bild 7/12 zeigt den Ablaufplan des Programms zur Meßwertverarbeitung. Es enthält wieder mehrere Unterprogramme. Die eigentliche Meßwertprüfung erfolgt nach den in Kap. 7.1 geschilderten Verfahren. Bei Auftreten eines Fehlers wird z. B. mit einem akustischen Signal die Störung dem Bedienungspersonal gemeldet. Außerdem ist es üblich, die Fehlerursache zusammen mit der Uhrzeit zu protokollieren[1].

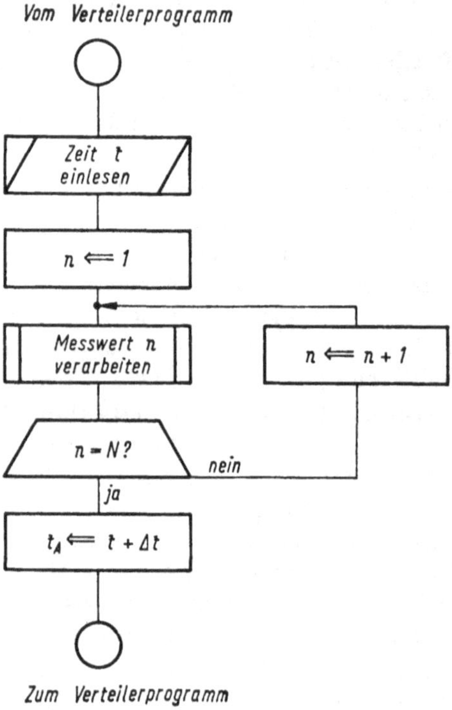

7/11 Zyklisches Programm zum Prüfen von Analogwerten

Bei einem Fehler in der Meßeinrichtung ist es nicht sinnvoll, die Prüfung des Meßwertes in Zukunft zu wiederholen, weil dabei nur immer wieder dieselbe Störungsmeldung gedruckt würde. Deshalb wird mit dem Schalter A eine Marke gesetzt, aus der das Programm den Fehler erkennen kann und bei weiteren Durchläufen die fehlerhafte Meßstelle bei der Prüfung ausläßt. Der Schalter wird als Kennzeichen im Parameterblock der Meßstelle gespeichert und entsprechend vom zentralen Meßwertverarbeitungsprogramm geprüft. Dieselbe Meßstelle kann auch in anderen Programmen benötigt werden, die vielleicht ein anderes Unterprogramm für die Meßwert-

[1] Über Programme zur Ausgabe von Betriebsprotokollen wird in Kap. 7.5 berichtet.

verarbeitung, aber denselben Parameterblock benutzen. Durch die Anordnung des Schalters in dem Block kann deshalb auch erreicht werden, daß eine im Fall einer Gerätestörung sinnlose Bearbeitung des Meßwertes in allen Programmen vermieden wird. — Ist die Meßeinrichtung wieder repariert, dann soll der Schalter A in die Stellung A_1, „Meßstelle in Ordnung", gesetzt werden, damit der Meßwert wieder zur Überwachung des Betriebes herangezogen werden kann. Diese Meldung muß durch das Bedienungspersonal erfolgen[1].

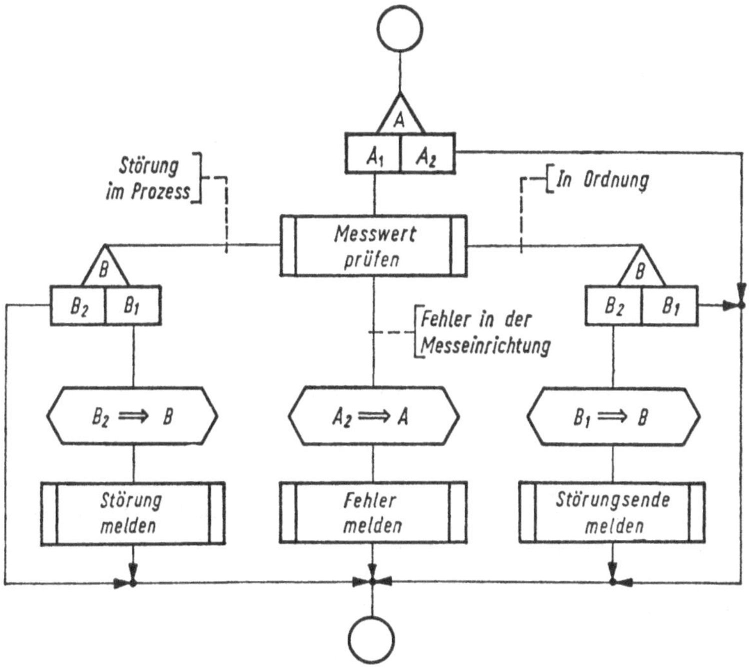

7/12 Unterprogramm zur Meßwertverarbeitung

Auch bei Störungen im Prozeß soll der Fehler nur einmal gemeldet werden, wenn er erstmalig aufgetreten ist; bleibt er bei folgenden Prüfungen erhalten, so wird keine erneute Meldung vorgenommen. Hierzu dient der Schalter B, der in Stellung B_2 gebracht wird. Wenn die Störung verschwindet, wird dieses Ereignis wieder registriert. Deshalb wird die Stellung von

[1] Über Programme zur Vereinfachung der Bedienung des Rechners vgl. Kap. 7.6.

B auch in dem Programmzweig kontrolliert, der bei ungestörter Anlage durchlaufen wird.

Der zyklische Aufruf der Meßstellen kann so geschehen, daß die Parameterblöcke auf nebeneinanderliegenden Plätzen gespeichert sind. Der Übergang zum nächsten Wert wird dann mit einer einfachen Adreßaddition erledigt. Bei der Inbetriebnahme einer Anlage kann es vorkommen, daß die Aufteilung der Meßstellen auf die Gruppen mit verschiedenen Abfragezeiten noch geändert wird. Die Folge ist dann eine Änderung der Speicheraufteilung. Wenn die Meßstellen in mehreren Programmen benötigt werden, müssen in allen diesen Programmen Adressenänderungen vorgenommen werden. Bei Verwendung symbolischer Adressen ist das zwar keine besonders schwierige Arbeit, sie ist aber zeitraubend, weil nach jeder derartigen Änderung das gesamte Programm neu in die Maschinensprache übersetzt werden muß. Deshalb kann es vorteilhafter sein, für jede Meßstellengruppe eine Adressenliste zu speichern; das Oberprogramm ruft die Meßstellen dann in der Reihenfolge auf, in der die Adressen ihrer Parameterblöcke gespeichert sind. Eine Umgruppierung der Meßstellen ist allein durch eine Änderung der Listen möglich. Der Speicherplatzbedarf ist hierfür gering, wenn man nicht jede einzelne Adresse in die Liste aufnimmt, sondern bei einer Gruppe nebeneinanderliegender Meßstellen nur die erste und letzte Adresse in der Liste vermerkt.

Digitalwerte werden ebenso wie Analogwerte in festen Zeitabständen in den Rechner eingelesen und geprüft. Eine Unterteilung in Gruppen mit verschiedenen Abtrageintervallen ist hier jedoch nicht erforderlich. Während die Anwahl von Analogmeßstellen im Verkehrsverteiler meist mit Relaismatrizen erfolgt, werden digitale Meßstellen mit elektronischen Schaltkreisen angesteuert. Außerdem muß bei Analogwerten noch die Umsetzung in digitale Form geschehen, so daß die Eingabe eines Digitalwertes wesentlich schneller als die eines Analogwertes vor sich geht. Auch die Verarbeitung von Digitalwerten ist in kürzerer Zeit zu erledigen, weil die Zahl der Prüfungen kleiner und die Art der Rechenoperationen einfacher als bei Analogwerten ist. Deshalb ist es üblich, alle Digitalwerte gemeinsam in sehr kurzen Zeitabständen zu verarbeiten, auch wenn das zur Überwachung des Prozesses nur für einen kleinen Teil erforderlich ist.

Die Struktur des Überwachungsprogramms für Digitalwerte unterscheidet sich nur geringfügig von der für Analogwerte. Es ist deshalb auch möglich, ein gemeinsames zyklisches Oberprogramm für Digital- und Analogwerte zu verwenden und nur andere Unterprogramme für die Meßwertverarbeitung aufzurufen. Eine Besonderheit bei der zyklischen Kontrolle von Binärwerten ergibt sich aus der Tatsache, daß die Informationseinheit im Rechner, das Wort oder Zeichen, aus mehreren Bits besteht, während binäre Meßwerte ein Bit, bei Wechselkontakten zwei Bits und im Höchstfall bei Ventilen vier Bits enthalten. Es ist deshalb üblich, mit einem Eingabebefehl gleich soviel Binärwerte auf einmal einzulesen, wie zusammen mit einem Rechnerwort dargestellt werden können. Beim ungestörten stationären Betrieb eines technischen Prozesses behalten alle Meßgrößen ihren Wert. Zur Prüfung der Binärwerte ist es deshalb ausreichend, das eingelesene Wort mit dem der letzten Meßwertabfrage zu vergleichen. Mit einer Vergleichsoperation hat man dann gleich mehrere binäre Meßgrößen auf ihre Richtigkeit geprüft. Erst wenn dabei eine Ungleichheit festgestellt wird, müssen die Bits innerhalb des Wortes ausgefiltert werden, die die Änderung verursacht haben. Damit hat man dann auch die Meßstelle gefunden, die sich unzulässig geändert hat, und beginnt jetzt erst mit der genaueren Prüfung der Fehlerursache mit den im vorigen Abschnitt geschilderten Verfahren.

Wenn binäre Meßstellen mit der Alarmeinrichtung des Verkehrsverteilers verbunden sind, ist es nicht erforderlich, sie in festen Zeitabständen zu prüfen [43]. Das Alarmsignal liefert ja eine Meldung, wenn eine der Größen ihren Wert verändert hat, so daß nur dann ein Einlesen und Prüfen der Meßwerte erfolgen muß, die das Signal ausgelöst haben können. Das Prüfprogramm hat denselben Aufbau wie die bisher beschriebenen.

Wird der Prozeßrechner auch zur Steuerung der Anlage eingesetzt, dann hat ein Überwachungsprogramm nicht nur die Aufgabe, auftretende Störungen nach „außen“ an das Bedienungspersonal zu melden, sondern es muß die Meldung auch nach „innen“ an die Steuerungsprogramme weitergeben, damit diese in den Prozeß eingreifen, um die Störung zu beheben oder zumindest Folgeschäden zu verhüten. Das kann dadurch geschehen, daß ein Störungsprogramm mit einem seiner Bedeutung entsprechendem Vorrang in die Warteliste des Verteilerprogramms eingetragen wird. Auf Einzelheiten der Kopplung zwischen Steuerungs- und Überwachungsprogrammen soll bei der Behandlung von Steuerungsvorgängen in Kap. 8 eingegangen werden.

Die Programme gestatten die Überwachung eines technischen Prozesses bei einem bestimmten stationären Zustand. Viele Industrieanlagen können aber in einem weiten Bereich stationär betrieben werden: Ein Schiff kann mit jeder beliebigen konstanten Geschwindigkeit zwischen zwei Grenzwerten fahren, ebenso kann ein Kraftwerk zwischen zwei Leistungsgrenzen jede gewünschte Leistung abgeben. Die Verfahren der Überwachung sind nun bei jedem stationären Zustand dieselben, der Unterschied zeigt sich in erster Linie in den Sollwerten und Grenzwerten zur Prüfung der gemessenen Größen. Bei einer Änderung des Betriebszustandes, bei einem *instationären* Vorgang also, müssen Grenzwerte geändert werden. Die Überwachungsprogramme für den *stationären* Betrieb brauchen aber diese Aufgabe nicht zu übernehmen, sondern hierfür sind besondere Programme zuständig, die der Überwachung instationärer Vorgänge dienen, vgl. Kap. 7.7.

Die bisher beschriebenen Verfahren zur Überwachung stationärer Vorgänge sind unabhängig von den besonderen Eigenschaften des technischen Prozesses. Es ist deshalb möglich, für diese Aufgaben ein System von Standardprogrammen auszuarbeiten, das für sehr viele Anwendungsfälle immer wieder verwendet werden kann [40], [44]. Um die Programme für die Überwachung einer speziellen Anlage einsetzen zu können, müssen eine Reihe von Parametern festgelegt werden. Das geschieht in der Form, daß für jede Meßstelle ein *Fragebogen* ausgefüllt wird, der z. B. für Analogwerte folgendes Aussehen haben kann:

1	Meßstellennummer	
2	Kurzbezeichnung	
3	Adresse im Verkehrsverteiler	
4	Adresse des Parameterblocks	
5	Eichformel	
6	Zykluszeit der Abfrage	
7	Oberer Grenzwert x_{max}	
8	Unterer Grenzwert x_{min}	
9	Obere Schranke X_{max}	
10	Untere Schranke X_{min}	
11	Max. Differenz Δx	
12	Sekundärwert 1	
13	Adresse des Parameterblocks	
14	Art der Prüfung	
15	Sekundärwert 2	
16	Adresse des Parameterblocks	
17	Art der Prüfung	

Der Fragebogen dient zur Aufnahme aller Informationen, die die Überwachungsprogramme bei der Verarbeitung eines Meßwertes benötigen. Nachdem diese Daten in bestimmter Form in den Speicher des Rechners gebracht sind, ist die Anpassung der universellen Überwachungsprogramme an einen speziellen Anwendungsfall durchgeführt. Das Einlesen der Fragebögen in den Rechner kann wieder mit einem einfachen Übersetzungsprogramm geschehen, das folgende Aufgaben zu erfüllen hat:

1. Zuordnung von Maschinenadressen zu symbolischen Adressen.
2. Zusammenstellung des Parameterblocks für jede Meßstelle.
3. Aufbau der Meßstellenlisten für die zyklischen Abfrageprogramme.

Voraussetzung für die Arbeit des Übersetzungsprogramms ist nur, daß die Fragebögen nach einer festgelegten Norm ausgefüllt werden. Es muß also z. B. bestimmt sein, in welcher Form die symbolischen Adressen für den Eingang am Verkehrsverteiler und den Parameterblock anzugeben sind. Für jeden Typ von Meßfühlern ist ein Unterprogramm vorhanden, mit dem die Eichformel ausgewertet wird; in Zeile 5 des Fragebogens dürfen also nur bestimmte Namen stehen. Das Übersetzungsprogramm prüft, ob diese Normen eingehalten sind; bei einem Fehler druckt es eine Störmeldung aus und hält an. Ebenso wird geprüft, ob für zwei verschiedene Meßstellen die gleichen Adressen verwendet wurden.

Bei manchen Meßwerten soll nur ein Teil der im Fragebogen vorgesehenen Prüfungen durchgeführt werden; in diesem Fall wird in der entsprechenden Zeile ein besonderes Zeichen eingesetzt. Andere Meßstellen besitzen variable Grenzwerte, die vom Betriebszustand abhängig sind. Auch hier wird in der Zeile ein besonderer Hinweis eingetragen.

Die *Standardprogramme zur Überwachung* werden wegen ihrer vielseitigen Verwendbarkeit sehr umfangreich. Da sie aber nur einmal geschrieben werden sollen, um dann für viele Anwendungen nützliche Dienste zu leisten, ist ihre gründliche Ausarbeitung sehr zu empfehlen. Sie bringen den Vorteil mit sich, daß bei der Projektierung einer prozeß-gekoppelten Datenverarbeitungsanlage nur wenig Programmierungsarbeit für die Überwachungsaufgaben zu leisten ist. Die Anpassung der Standardprogramme an die speziellen Eigenschaften des technischen Prozesses erfolgt durch Ingenieure, die mit der Technologie der Anlage gut vertraut sind, über die Programmierung von Digitalrechnern aber nur wenig wissen müssen.

Der große Umfang verbietet es, an einem Programmbeispiel alle Einzelheiten genau zu erläutern. Bei der Formulierung der Befehlslisten und Speicherpläne ergeben sich jedoch keine Gesichtspunkte, die nicht schon in den vorangegangenen Programmbeispielen behandelt worden sind. Die wichtigsten Merkmale des Programmsystems sind: Zyklische Oberprogramme, verschachtelte Unterprogramme, Weitergabe von Informationen über Parameterlisten, Kopplung der Programme über Schalter und Eingabe von Meßdaten.

7.4 Berechnung von Kenngrößen

Neben den universellen Überwachungsprogrammen werden für viele Prozesse noch einige spezielle Programme benötigt. Häufig gibt es nämlich Größen, die nicht direkt gemessen werden können, sich aber aus mehreren Meßwerten berechnen lassen und für die Beurteilung der Arbeitsweise einer Anlage besonders nützlich sind. Die Gleichungen zur Berechnung solcher *Kenngrößen* sind durch die Gesetze des Prozesses bestimmt, so daß die zugehörigen Überwachungsprogramme in jedem Einzelfall neu aufgestellt werden müssen.

Beispiele für Kenngrößen sind Wirkungsgrad, spezifischer Energieverbrauch, Menge und Qualität des erzeugten Gutes, Mengen- und Energieverluste. Meistens charakterisieren sie die Wirtschaftlichkeit des Prozesses. Jeder technische Prozeß wird ja so ausgelegt, daß er seine Aufgabe möglichst wirtschaftlich erfüllt. Das Absinken einer damit verbundenen Kenngröße unter ihren normalen Wert deutet deshalb gleichzeitig auf eine Störung in der Anlage oder auf eine falsche Prozeßführung hin. Im allgemeinen werden die Werte solcher Kenngrößen garantiert und bei der Lieferung der Anlage in Abnahmeversuchen nachgewiesen. Es ist daher naheliegend, die Kenngrößen durch einen Prozeßrechner auch laufend zu überwachen.

Im Unterschied zu vielen anderen Prozeßgrößen müssen die Kenngrößen mit sehr hoher Genauigkeit ermittelt werden, um eine brauchbare Aussage über den Anlagenzustand zu liefern. Sie lassen sich nur selten direkt messen; in den meisten Fällen werden sie aus anderen Meßwerten berechnet. Voraussetzung ist also eine genaue Bestimmung der Ausgangswerte. Hierzu sind die in Kap. 7.1 beschriebenen Verfahren zum Ausscheiden fehlerhafter Meßwerte allein nicht ausreichend, weil mit ihnen nur grobe Meßfehler erkannt werden können. Daneben treten aber auch immer kleine Schwankungen der Meßwerte auf, deren Ursache sowohl in Unzulänglichkeiten der Meßeinrichtungen als auch im Prozeß selbst liegen können. Ein stationärer Betriebszustand, bei dem theoretisch alle Prozeßgrößen konstante Werte besitzen, wird durch die Regeleinrichtungen hergestellt. Da ein Regler aber nur korrigierend eingreift, wenn eine Regelabweichung vorliegt, sind Schwankungen der Prozeßgrößen unvermeidlich; ein „reiner" stationärer Zustand kommt praktisch nicht vor. Wird nun eine Kenngröße aus mehreren ungenauen Meßwerten berechnet, so kann auf Grund des Fehlerfortpflanzungsgesetzes der Gesamtfehler so groß werden, daß das Ergebnis für die Beurteilung der Betriebsweise des Prozesses nicht mehr brauchbar ist.

In vielen Fällen ist es also nicht möglich, die vom Rechner eingelesenen Meßwerte für die Kenngrößenberechnung direkt weiterzuverarbeiten. Einen Ausgleich der Schwankungen kann man aber erreichen, indem man zeitliche Mittelwerte der Meßgrößen verwendet. Die Mittelwertbildung kann z. B. so geschehen, daß die benötigten Meßgrößen mit dem zyklischen Überwachungsprogramm in festen Zeitabständen abgefragt und aufsummiert werden; die Summenspeicher werden zweckmäßigerweise in dem Parameterblock der jeweiligen Meßstelle angeordnet. Nach Ablauf einer bestimmten Zeit werden aus den Summen durch Division mit der Zahl der Summanden — das ist die Zahl der Durchläufe des Überwachungsprogramms — die Mittelwerte gebildet und an das Programm zur Kenngrößenberechnung als Parameter weitergegeben. Anschließend werden die Summenspeicher wieder gelöscht, und der Summationsvorgang beginnt von neuem. Über die Zahl der Abfragen und die Zeitperiode für die Mittelung lassen sich keine allgemeinen Angaben machen; diese Werte hängen vor allem von den dynamischen Eigenschaften der Prozeßregelung ab.

Manchmal ist es möglich, dieselbe Kenngröße mit mehreren Methoden zu errechnen. Man kann dann eine Vergrößerung der Genauigkeit erreichen, wenn man als Ergebnis einen Mittelwert der auf verschiedenen Wegen gefundenen Kenngröße verwendet. Ein Beispiel ist die Bestimmung des Wirkungsgrades η eines Dampfkessels, der definiert ist als das Verhältnis der an das Speisewasser abgegebenen Wärme Q_W zu der Nutzwärme des Brennstoffs Q_B

$$\eta = \frac{Q_W}{Q_B}.$$

Die Wärme Q_W wird aus Durchflußmenge M und Enthalpie i von eintretendem Speisewasser (Index W) und austretendem Dampf (Index D) bestimmt

$$Q_W = M_D\, i_D - M_W\, i_W.$$

Die Mengen können direkt gemessen werden; die Enthalpien lassen sich nach den Wasserdampftafeln [45] aus Druck und Temperatur errechnen. Da der Zustand des Wassers bzw. Dampfes am Ein- und Austritt des Kessels bei verschiedenen Betriebszuständen nur in verhältnismäßig engen Grenzen variiert, ist es empfehlenswert, nicht die allgemeinen, sehr komplizierten Zustandsgleichungen für die Berechnung zu benutzen, sondern für die engen Bereiche einfache Näherungsformeln, z. B. Polyme, aufzustellen.

Die Nutzwärme Q_B ist gegeben durch

$$Q_B = M_B \cdot H_u$$

mit M_B als Brennstoffmenge und H_u als unterem Heizwert. Bei Öl oder Gas als Brennstoff kann M_B wieder direkt gemessen werden. H_u ist praktisch konstant, so daß der Heizwert im Labor vorab ermittelt werden kann. Bei Kohlefeuerung ist dagegen eine Bestimmung von Q_B nicht möglich, weil einmal eine Messung des Mengenflusses M zu ungenau wird und außerdem H_u großen Schwankungen unterworfen ist und nicht kontinuierlich gemessen werden kann.

Neben dieser *direkten Messung* und Berechnung des Kesselwirkungsgrades läßt sich auch die *indirekte Methode* anwenden, bei der die Verluste V des Kessels ermittelt werden; der Wirkungsgrad ergibt sich dann zu

$$K = \frac{Q_W}{Q_W + V}.$$

Die Verluste werden verursacht durch unvollständige Verbrennung, Wärmeabstrahlung sowie Wärme, die mit der Schlacke und den Rauchgasen abgeführt wird. Zum Teil lassen sich diese Werte nur schätzen oder mit groben Näherungsformeln ermitteln [46]; den Hauptanteil bilden aber die Verluste im Rauchgas V_R, die recht genau erfaßt werden können:

$$V_R = M_R \cdot C_P\,(t_A - t_E).$$

Es müssen hierzu die Rauchgasmenge M_R und die Ein- und Austrittstemperaturen t_E und t_A gemessen werden; die spezifische Wärme C_P wird nach den Zustandsgleichungen aus der Temperatur berechnet[1].

Bei der Verwendung von Kohle als Brennstoff stellt die indirekte Methode die einzige Möglichkeit zur Erfassung des Kesselwirkungsgrades dar, bei Öl- und Gasfeuerung kann durch Anwendung des direkten und indirekten Verfahrens ein Mittelwert ein besseres Ergebnis liefern.

Bei Abnahmeversuchen für die Anlage werden die Kenngrößen mit so hoher Genauigkeit ermittelt, wie sie sich später im laufenden Betrieb nur selten erreichen läßt. Während bei den Versuchen besonders geeichte Präzisionsmeßgeräte eingesetzt werden, verändern die von Anfang an ungenaueren Betriebsmeßgeräte durch Alterung ihre Ausgangsdaten. Andere Meßwerte entfallen ganz, weil es für sie keine Geräte zur kontinuierlichen Messung gibt; hierzu gehören die meisten durch chemische Analysen zu bestimmenden Größen. In solchen Fällen kann es ratsam sein, die

---

[1] Man kann die Verluste auch aus einer Rauchgasanalyse, ohne Bestimmung der Rauchgasmenge, ableiten [47].

Kenngröße während des laufenden Betriebes nach einem anderen Verfahren als bei der Abnahme zu bestimmen [48].

Eine Kenngröße y wird aus mehreren Meßwerten, den unabhängigen Veränderlichen x_i, berechnet als

$$y = f(x_1, x_2, \ldots, x_n).$$

Sind einige der bei den Abnahmeversuchen verwendeten unabhängigen Variablen x_i im laufenden Betrieb nicht oder nur sehr ungenau zu ermitteln, dann muß man versuchen, die Kenngröße aus einem Satz anderer Meßwerte ξ_i zu bestimmen

$$y = g(\xi_1, \ldots, \xi_n). \qquad (*)$$

Die Auswahl der Meßgrößen x_i für die Abnahmeversuche geschieht nun unter dem Gesichtspunkt einer möglichst genauen Bestimmung von y, jedes andere Verfahren (*) wird also schlechter sein. Beim Eintritt von Störungen im Prozeß ändert sich die Kenngröße aber zunächst nur wenig, so daß y in erster Näherung berechnet werden kann aus

$$y = \bar{y} + \sum_{i=1}^{n} a_i (\xi_i - \bar{\xi}_i),$$

$$a_i = \frac{\partial g(\bar{\xi}_1, \ldots, \bar{\xi}_n)}{\partial \xi_i}.$$

y und ξ_i bezeichnen die momentanen Werte, $\bar{y}$ und $\bar{\xi}_i$ die Werte im Auslegungszustand. Die Glieder $a_i (\xi_i - \bar{\xi}_i)$ bilden die Korrekturen bei einer Abweichung vom Normalzustand; diese Größen werden also im Vergleich zu $\bar{y}$ klein sein. Ist beispielsweise $a_i/\bar{y} = 0{,}1$ und wird ξ_i mit einem Fehler von 10 % gemessen, dann wirkt sich dieser Fehler im Ergebnis nur mit $0{,}1 \cdot 10\,\% = 1\,\%$ aus. Setzt man für $\bar{y}$ und $\bar{\xi}_i$ die bei den Abnahmeversuchen mit großer Genauigkeit ermittelten Werte ein, so ist es also möglich, auch bei ungenauen Meßwerten die Kenngrößen mit großer Sicherheit zu bestimmen.

Eine Voraussetzung für dieses Verfahren ist allerdings, daß die Koeffizienten a_i hinreichend genau bekannt sind. Man kann sie empirisch ermitteln, indem man bei den Abnahmeversuchen die unabhängigen Variablen ξ_i variiert und die Auswirkung auf die Kenngrößen mißt. Die Zahl der Variablen ξ_i ist jedoch meistens zu groß, so daß diese Versuche einen sehr hohen Aufwand erfordern. Man sollte deshalb die Koeffizienten a_i weitgehend theoretisch ableiten und sich auf die empirische Bestimmung möglichst weniger Parameter beschränken.

Die wichtigste Voraussetzung für die Berechnung einer Kenngröße durch Korrektur des Normalwertes ist, daß sich y nur in engen Grenzen ändert. Sie findet ihren Ausdruck in der Forderung, daß die Koeffizienten a_i, die ersten Ableitungen der Funktion $y = g(\xi_1, \ldots \xi_n)$, klein sind gegen y.

Häufig tritt nun der Fall auf, daß y in Abhängigkeit von einer bestimmten Veränderlichen z stark variiert, während für die übrigen Variablen die Bedingung erfüllt ist. So ändert sich z. B. der Wirkungsgrad vieler Arbeitsmaschinen mit ihrer Leistung, während andere Größen nur geringen Einfluß haben. Dieser Fall läßt sich dadurch berücksichtigen, daß man die Bezugsgrößen $\bar{y}$ und $\bar{\xi}_i$ und die Koeffizienten a_i als Funktion der „einflußreichen" Variablen z in die Gleichung einsetzt:

$$y(z) = \bar{y}(z) + \sum_{i=1}^{n} a_i(z)\,[\xi_i - \bar{\xi}_i(z)]\,.$$

Wenn die Ausgangswerte für die Bestimmung von Kenngrößen von den allgemeinen Überwachungsprogrammen bereitgestellt werden, dann sind in den eigentlichen Kenngrößenprogrammen nur Rechnungen durchzuführen; ihre Aufstellung kann also mit den in Kap. 3 besprochenen Verfahren geschehen.

7.5 Betriebsprotokoll

Solange eine technische Anlage nicht mit einem Prozeßrechner ausgerüstet ist, erfolgt ihre Überwachung durch die Kontrolle einer großen Zahl von Meßinstrumenten durch das Bedienungspersonal. Ein kleiner Teil der Meßstellen ist dazu mit *Registriergeräten* — Punkt- oder Linienschreibern — verbunden, die Mehrzahl wird auf *Anzeigegeräte* geführt.

Registriergeräte verwendet man vor allem für Meßwerte, die als Ausgangsgrößen für spätere Rechnungen, z. B. zum Ermitteln von technischen Kenngrößen oder der Betriebskosten dienen. Ferner werden solche Meßwerte automatisch registriert, bei denen die Kenntnis der Änderungsgeschwindigkeit zur Beurteilung des Verhaltens der Anlage wichtig ist. Schließlich werden noch Meßwerte geschrieben, aus deren Verlauf bei einer eventuellen Unregelmäßigkeit im Prozeß die Vorgeschichte der Störung abgeleitet werden kann.

Auch die auf den Anzeigegeräten dargestellten Meßwerte werden zum Teil registriert. Das Bedienungspersonal trägt diese Werte zu bestimmten Zeitpunkten, etwa im Abstand von 30 oder 60 Minuten, in Formulare ein. Der Zweck dieser Aufschreibung kann der gleiche sein wie bei der automatischen Registrierung; diese Meßwerte ändern sich nur so langsam, daß eine ständige Notierung überflüssig ist. Wichtiger ist jedoch, daß das Personal durch den Zwang zum Aufschreiben veranlaßt wird, alle Meßgeräte in gewissen Zeitabständen zu beobachten und nicht einzelne zu vergessen.

Bei der Überwachung des Prozesses durch einen Digitalrechner wird das Registrieren der meisten Werte überflüssig. Das bisherige Aufschreiben von Meßwerten ist ja größtenteils nichts anderes als ein Speichern der Daten zum Zwecke einer späteren Weiterverarbeitung. Diese Tätigkeit wird jetzt aber vom Prozeßrechner übernommen, so daß nur noch die Ergebnisse der Datenverarbeitung registriert werden müssen.

Solange der Prozeß fehlerfrei arbeitet, wird in Abständen von etwa einer halben Stunde ein *Übersichtsprotokoll* geführt. Es enthält neben Datum und Uhrzeit eine kleine Zahl von besonders charakteristischen Meßwerten sowie die vom Rechner gebildeten Kenngrößen, aus denen der Betriebszustand der Anlage ersichtlich ist. Die Ausgangswerte für die Kenngrößenberechnungen werden dagegen nicht protokolliert. Das Übersichtsprotokoll ist für das Bedienungspersonal nur von untergeordneter Bedeutung; es dient vor allem dazu, der Betriebsleitung in gedrängter Form einen Überblick über die Arbeitsweise der Anlage zu geben. Außerdem können die in ihm enthaltenen Daten für spätere statistische Auswertungen dienen.

Das Übersichtsprotokoll enthält stets die gleichen Größen. Es kann daher in ein vorgedrucktes Formular geschrieben werden. Meist wird es möglich sein, alle Werte in einer Zeile anzuordnen. Da die Daten nicht sofort nach ihrer Ermittlung durch den Rechner ausgegeben werden müssen, weil von ihnen keine sofortigen Entscheidungen des Bedienungspersonals abhängen, braucht man keinen schnellen Zeilendrucker zu verwenden, sondern es ist ausreichend, die Werte über eine Schreibmaschine oder einen Fernschreiber auszugeben.

Die Daten für das Übersichtsprotokoll werden von einem besonderen *Druckprogramm* zusammengestellt und ausgegeben. Da dieses Programm in festen Zeitabständen arbeiten soll, meldet es immer, wenn es einmal durchlaufen ist, beim Verteilerprogramm den Zeitpunkt an, zu dem es wieder aufgerufen werden soll. Die Daten des Betriebsprotokolls werden von anderen Programmen geliefert. Soweit es sich um Meßwerte handelt, sind sie in den Parameterblöcken der betreffenden Meßstellen gespeichert. Die Kenngrößen werden von zugehörigen Berechnungsprogrammen bereitgestellt und ebenfalls auf bestimmten Plätzen gespeichert. Von dort holt das Druckprogramm die Werte ab und gibt sie in richtiger Reihenfolge aus.

Wenn ein Überwachungsprogramm einen Fehler feststellt, so muß dieser in einem *Störungsprotokoll* festgehalten werden. Es enthält Datum, Uhrzeit und eine Meldung über die Art der Störung. Eine Störung in der Anlage wird häufig durch mehrere Meßwerte angezeigt, auch können sich schnell Folgeschäden einstellen, so daß kurz nacheinander mehrere Meßstellen eine Fehlermeldung auslösen. Es wird deshalb oft vorkommen, daß eine neue Störung im Überwachungsprogramm erkannt wird, bevor die vorhergehende ausgedruckt ist. Diese Eigenart muß im Druckprogramm für das Störungsprotokoll berücksichtigt werden, Bild 7/13.

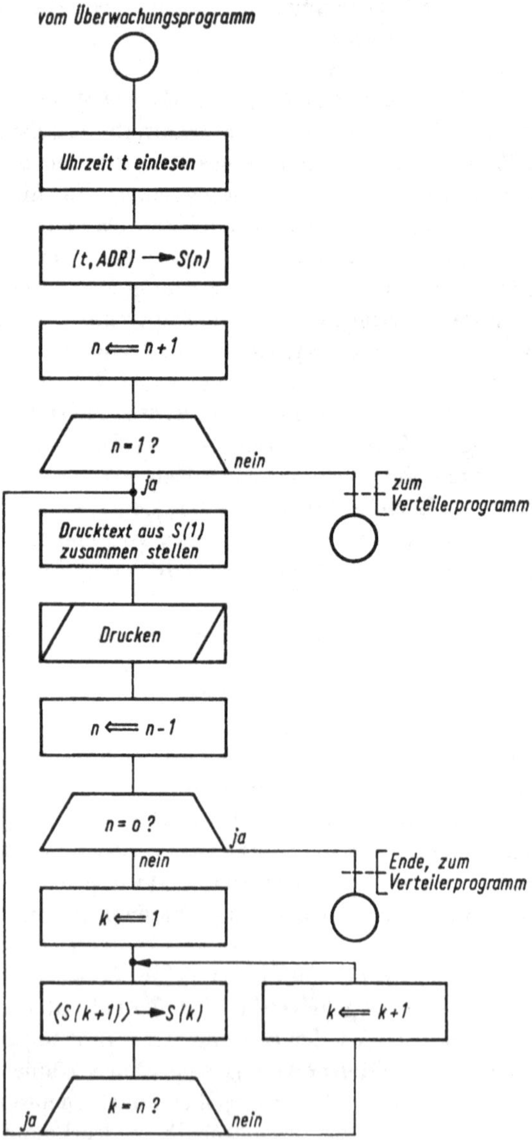

7/13 Programm zum Ausdrucken von Störungsmeldungen

Beim Aufruf des *Störungsdruckprogramms* vom Überwachungsprogramm wird die Adresse ADR des Parameterblocks übergeben, der zu der Meßstelle gehört, die den Fehler angezeigt hat. Das Störprogramm liest die Uhrzeit t ein und speichert t und ADR in einer Liste $S(n)$. Die Störungen werden in $S(n)$ in der Reihenfolge ihres Eintreffens aufgehoben. War die Liste leer — $n = 1$ —, dann kann die Meldung sofort ausgedruckt werden, andernfalls geht es zum Verteilerprogramm, das ein anderes Programm aufruft.

Da alle Daten über den Meßwert im Parameterblock gespeichert sind, kann das Druckprogramm aus ADR den Text der Meldung zusammenstellen und ausgeben. Anschließend ist die erste Position $S(1)$ der Liste frei geworden; die übrigen Parameter werden um eine Stelle vorgerückt und die nächste Störmeldung ausgegeben. Während des Druckvorgangs können weitere Meldungen vom Überwachungsprogramm eintreffen und den ersten Teil des Programms durchlaufen; die Prüfung „$n = 1$?" sorgt dafür, daß der eigentliche Druckzyklus nicht gestört wird.

Die Art des Drucktextes und die Geschwindigkeit der Ausgabe richten sich danach, ob der Rechner in Störungsfällen steuernd eingreift oder ob er nur überwacht, so daß das Bedienungspersonal auf Grund der Meldung des Rechners Korrekturmaßnahmen im Prozeß vornehmen muß. Im ersten Fall ist es ausreichend, z. B. nur die Nummer der Meßstelle und den Meßwert auszudrucken.

An Hand einer Meßstellenliste ist es möglich, daraus die Störungsursache abzuleiten. Dabei vergeht jedoch einige Zeit. Wenn die Steuerung durch das Bedienungspersonal erfolgt, muß der Rechner deshalb genauere Informationen liefern, aus denen schnell die notwendigen Gegenmaßnahmen erkannt werden können.

Die beste Lösung wäre es, wenn für jeden möglichen Störungsfall eine Anweisung in Klartext ausgegeben würde. Bei einem nur etwas umfangreicheren Prozeß scheidet diese Möglichkeit jedoch wegen der Vielzahl der denkbaren Störungen und ihrer Kombinationen aus. Eine schnelle Orientierung des Personals ist aber auch schon möglich, wenn eine genaue Bezeichnung der Meßstelle und der Art des Fehlers ausgegeben wird.

Eine Meßstelle kann durch Angabe des Ortes, an dem sie in der Anlage angeordnet ist, und durch die Art der gemessenen Größe beschrieben werden. Eine Anlage läßt sich räumlich zunächst grob in bestimmte Komplexe einteilen, die als *Baugruppen* bezeichnet werden sollen. Jede Baugruppe setzt sich wieder aus einer Reihe von *Bauelementen* zusammen. Beispiele für Baugruppen in einem Walzwerk sind Walzgerüste und Rollgänge, in einem Kraftwerk Kondensator, Kühlwasserpumpen, Speisewasserpumpen, Turbine usw. Als Bauelemente seien Ventile, Schieber, Rohrleitungen, Antriebsmotoren genannt. In einer Baugruppe können mehrere gleichartige Bauelemente auftreten. Zu ihrer Unterscheidung können sie numeriert werden. Die Art der Meßstelle wird durch den Namen der gemessenen Größe gekennzeichnet, wie z. B. Druck, Temperatur, Menge, Stromstärke. Bei chemischen Prozessen kann durch Angabe des Mediums, in dem sich der Meßfühler befindet, eine feinere Unterteilung vorgenommen werden.

Die Art der Störung kann bei Analogwerten durch Angabe des Sollwertes und der Abweichung erfolgen. Wenn mit binären Werten die Überschreitung eines Grenzwertes signalisiert wird, kann die Meldung „zu hoch“, „zu tief“, „zu groß“ oder „zu klein“ heißen. Bei Stellungsanzeigen wird z. B. „auf“, „zu“, „öffnet nicht“, „schließt nicht“ gemeldet.

Ein Auszug aus einem Störungsprotokoll hat damit folgendes Aussehen:

Zeit	Baugruppe	Element	Nr.	Meßgröße	Medium	Meldung
07.31.27	*SP-PUMPE*	*LEITUNG*	1	*DRUCK*	*WASSER*	*ZU TIEF*
09.20.10	*HD-TURB.*	*FLANSCH*	–	*TEMP.*	*GEHÄUSE*	310 + 20
09.37.00	*ENT-WAES.*	*VENTIL*	3	*STELLUNG*	–	*AUF*

Da sich die Texte aus einer begrenzten Zahl von Wörtern zusammensetzen, ist es nicht erforderlich, für jede Meßstelle den vollständigen Text zu speichern. Es reicht vielmehr, für jede Spalte ein Code-Zeichen einzusetzen und das so entstehende Code-Wort im Parameterblock der Meßstelle zu speichern. Das Druckprogramm für die Störungsmeldungen kann damit aus einer Liste aller Klartextwörter und der zugehörigen Code-Zeichen den Drucktext zusammensetzen.

Die Überwachungsprogramme stellen neben den Störungen in der Anlage auch Fehler an den Meßgeräten fest. Diese Mängel können auf ähnliche Weise protokolliert werden. Da eine sofortige Behebung der Schäden nicht möglich ist, braucht hier nur die Meßstellennummer gemeldet zu werden. Ist aber eine Ausgabe von Störungsmeldungen in Klartext sowieso schon vorgesehen, dann bereitet es keine Mühe, auch die Meßgerätestörungen in dieser Form zu drucken. Der Text kann ja weitgehend derselbe bleiben, nur in der Spalte Meldung wird als Kennzeichen „Geberstörung“ ausgegeben.

In die Störungsprotokolle werden auch Meldungen über das Ende einer Störung aufgenommen. Jede von einem Überwachungsprogramm entdeckte Störung wird dazu im Speicher mit einem Kennzeichen notiert. Liegt ein analoger Meßwert innerhalb seiner zulässigen Grenzen oder nimmt eine digitale Größe ihren Sollwert an, dann kann das Programm durch Abfragen des Kennzeichens feststellen, ob bei der vorangegangenen Prüfung eine Störung vorlag. Ist das der Fall, so wird das Ende der Störung gemeldet und das Kennzeichen wieder gelöscht. In der Spalte Meldung des Drucktextes wird dazu „Störung beseitigt“ eingesetzt. Die erfolgreiche Reparatur eines Meßgerätes kann dagegen nicht immer vom Programm eindeutig festgestellt werden. Sie muß deshalb dem Rechner vom Bedienungspersonal mitgeteilt werden. In das Protokoll wird daraufhin die Meldung „repariert" eingesetzt, und die Meßstelle wird wieder vom Überwachungsprogramm beobachtet.

Auch für die Ausgabe von Störungsmeldungen ist die Geschwindigkeit von Schreibmaschinen oder Fernschreibern, 10—15 Zeichen/sec, noch ausreichend. Die Zeit zwischen dem Lesen einer Meldung und einer Entscheidung, welche Gegenmaßnahme getroffen werden soll, liegt sicher in der Größenordnung von 1—3 Minuten. Für Störungen, die eine schnellere Reaktion verlangen, müssen automatisch arbeitende Schutzeinrichtungen in der Anlage vorhanden sein. Es genügt deshalb, wenn für Störungsmeldungen eine gesonderte Schreibmaschine vorgesehen wird.

Neben den bisher betrachteten Protokollen kann der Rechner noch ein Tagesprotokoll im Abstand von 24 Stunden ausgeben, welches einen Überblick über die wichtigsten Daten und Ereignisse liefert und für die Betriebsführung bestimmt ist. Bei Produktionsprozessen enthält es z. B. die Mengen der erzeugten Ware. Ferner druckt es aus, welche Meßgeräte oder Anlagenteile gestört sind und noch nicht wieder repariert wurden. Schließlich kann der Rechner für alle Baugruppen eine Betriebsstundenzählung durchführen und auf Grund des Wartungsplans Mahnungen ausdrucken, wenn Anlagenteile in naher Zukunft in Revision genommen werden müssen.

7.6 Verkehr zwischen Bedienungspersonal und Rechner

Wie in Kap. 7.3 gezeigt wurde, muß die Reparatur einer gestörten Meßeinrichtung dem Rechner vom Bedienungspersonal gemeldet werden, damit der Meßwert anschließend von dem Überwachungsprogramm wieder verarbeitet wird. Durch die Meldung wird im Rechner ein Programm aufgerufen, das in dem Parameterblock der Meßstelle einen Schalter setzt, aus dem alle anderen Programme ersehen können, daß das Meßgerät betriebsbereit ist. Auf gleiche Weise kann noch eine Reihe weiterer Programme vom Bedienungspersonal bei Bedarf gestartet werden, die den Betrieb des Rechners vereinfachen und die Überwachung des Prozesses verbessern helfen. Die Aufgaben dieser Programme sollen genauer geschildert werden, nachdem zunächst die Methoden des Verkehrs zwischen Bedienungspersonal und Rechner erläutert worden sind.

Die Eingabe einer Meldung in den Rechner kann über ein besonderes Tastenfeld oder die Bedienungsschreibmaschine erfolgen. Bild 7/14 zeigt den Aufbau einer Eingabetastatur. Mit der linken Gruppe von Tasten kann eine dreistellige Zahl eingestellt werden. Die Tasten jeder Spalte sind mechanisch gegeneinander verriegelt, so daß jeweils nur eine Taste eingerastet ist. In der rechten Spalte können fünf verschiedene Programme angewählt werden; die Tasten sind ebenfalls verriegelt. Um z. B. die Reparatur eines Meßgerätes zu melden, muß mit den Zifferntasten die Nummer der Meßstelle eingestellt werden, während einer der rechten Tasten das Programm *Reparaturmeldung* zugeordnet ist. — An Stelle der Programm-Nummern wird man neben die Programmtasten natürlich besser eine Kurzbezeichnung der Programme schreiben.

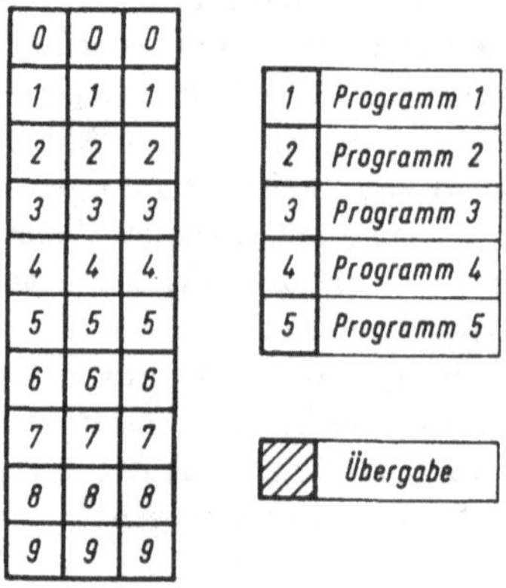

7/14 Tastatur zum Aufruf von Programmen

Jede der Tasten schaltet einen Kontakt, der mit der Digitaleingabe des Verkehrsverteilers verbunden ist. Diese Kontakte werden jedoch von den normalen Überwachungsprogrammen nicht abgefragt, ihre Einstellung liefert also noch keine Meldung an den Rechner. Erst durch Betätigen der Taste „Übergabe“ wird ein Alarmsignal ausgelöst, und es erfolgt eine Programmunterbrechung mit Sprung auf das Unterbrechungsprogramm der Digitaleingabe. Wie in Kap. 6.2 geschildert, wird von diesem die Ursache der Alarmmeldung untersucht und das zugehörige Reaktionsprogramm aufgerufen. Dieses *Tastaturprogramm* liest die Stellung aller Tasten ein und leitet daraus ab, welches Programm vom Rechner auszuführen ist.

Bei Verwendung einer Schreibmaschine als Eingabegerät zum Aufruf besonderer Programme muß ein Aufrufcode festgelegt werden, der z. B. ähnlich wie bei Befehlen aus drei Buchstaben besteht, die als Abkürzung für den Namen des Programms dienen. Zwar würde auch ein einzelnes Zeichen für diesen Zweck ausreichen, jedoch ist dieser Weg nicht empfehlenswert, weil sonst durch unbeabsichtigtes Berühren der Schreibmaschine ein Programm aufgerufen werden könnte. Nachdem eine Taste der Schreibmaschine angeschlagen ist, erfolgt ein Aufruf des Unterbrechungsprogramms, in dem mit einem EA-Befehl das Zeichen eingelesen wird. Sind alle drei Zeichen im Rechner, dann wird aus einer Liste das gewünschte Programm ausgesucht und in Betrieb genommen. Wegen der großen Zahl der möglichen Kombinationen von drei Zeichen gibt es allerdings nur wenige Zeichengruppen, denen ein Programm zugeordnet ist. Wird durch eine Fehlbedienung der Schreibmaschine eine unzulässige Kombination eingegeben, so wird deshalb dieser Fehler gemeldet, z. B. durch Ausdrucken des Textes „Code nicht vereinbart". Ebenso muß eine Meldung ausgeschrieben werden, wenn nach Ablauf einer bestimmten Zeit weniger als drei Zeichen eingegeben sind.

Die eigentlichen Arbeitsprogramme, die vom Bedienungspersonal angefordert werden, benötigen häufig noch weitere Parameter; ein Beispiel ist die Meßstellennummer bei der Reparaturmeldung. Um diese Werte in der richtigen Form und Reihenfolge einzugeben, ist es nützlich, daß ihr Eintippen auf der Schreibmaschine erst nach Aufforderung durch das Arbeitsprogramm erfolgt. Es wird also z. B. der Text „Meßstellen-Nr." ausgegeben, dahinter muß die Zahl vom Personal eingesetzt werden. Geschieht das ohne formale Fehler, so gibt das Arbeitsprogramm ein Schlußzeichen und beginnt mit seiner eigentlichen Arbeit, andernfalls wird der Fehler gemeldet und die Aufforderung zur Eingabe des Parameters wiederholt. Besitzt die Schreibmaschine eine Farbbandumschaltung, so kann die Ausgabe z. B. in roter, die Eingabe in schwarzer Schrift erfolgen.

Die Aufgaben der Programme, die auf diese Weise auf Anforderung des Bedienungspersonals vom Rechner abgewickelt werden, lassen sich grob in zwei Gruppen teilen, nämlich einmal die Ausgabe zusätzlicher Informationen über den Ablauf des Prozesses, zum anderen die Durchführung kleiner Änderungen in den normalen Überwachungsprogrammen.

Die Übersichts- und Störungsprotokolle sind so aufgebaut, daß nur die wichtigsten Daten vom Rechner ausgedruckt werden. Solange die Anlage einwandfrei arbeitet, ist die laufende Registrierung einer größeren Zahl von Meßwerten überflüssig, weil die Protokolle nur dazu dienen, die Betriebsweise des Prozesses zu kontrollieren, diese Kontrolle aber bereits vom Rechner durchgeführt wird. Es gibt nun aber eine Reihe von Betriebsfällen, in denen die Ausgabe einer größeren Anzahl von Meßwerten oder ihre Registrierung in kürzeren Zeitabständen durchaus wünschenswert ist. Hierzu gehört in erster Linie die Inbetriebnahme einer neuen Anlage. Zu diesem Zeitpunkt sind die Überwachungsprogramme noch nicht erprobt. Sie werden vorher auf Grund theoretischer Kenntnisse über den Prozeß und Erfahrungen bei ähnlichen Anlagen aufgestellt und müssen deshalb in den meisten Fällen nachträglich der Funktion des zu überwachenden Prozesses besser angepaßt werden. Hierfür ist es nützlich, durch Ausdrucken vieler Meßwerte bei verschiedenen Betriebszuständen schnell einen guten Überblick über das tatsächliche Verhalten der Anlage zu gewinnen. Eine ähnliche Situation kann sich aber auch nach jahrelangem Betrieb immer wieder ergeben, wenn auf Grund der Betriebserfahrungen Anlageteile ausgetauscht oder zusätzliche Meß- und Regelgeräte in die Anlage eingebaut werden. Es ist deshalb angebracht, die Programme zum Ausdrucken von Meßwerten nicht nur bei der Inbetriebnahme bereitzuhaben, sondern sie ständig im Rechner zu speichern, um sie jederzeit auf einfache Weise wieder aufrufen zu können. Ein anderer wichtiger Anwendungsfall sind Betriebsstörungen. Nachdem der Rechner eine Störung gemeldet hat, kann es dem Bedienungspersonal wichtig erscheinen, sich mehr Meßwerte ausdrucken zu lassen, als in dem Störungsprogramm vorgesehen sind, um daraus die Störungsursache und die erforderlichen Gegenmaßnahmen schneller erkennen zu können.

Für die Ausgabe von Meßwerten können verschiedene Programme vorgesehen werden. Das einfachste besorgt das einmalige Ausdrucken eines angewählten Meßwertes. Bei Analogwerten wird die Meßspannung eingelesen und mit der Eichformel umgerechnet. Als Drucktext wird Uhrzeit, Nummer oder Kurzbezeichnung der Meßstelle in Klartext und der Meßwert ausgegeben. Bei Digitalwerten entfällt die Umrechnung mit der Eichformel; außerdem ist es bei Kontaktwerten angebracht, nicht nur die Stellung eines einzelnen Kontaktes, sondern gleich die Lage aller Kontakte auszugeben, die zusammen in einem Rechnerwort eingelesen werden, weil sie meist an benachbarten Teilen der Anlage angebracht sind und deshalb einen besseren Überblick als ein Einzelwert liefern. Die Kontaktstellung wird als *Bitmuster* ausgegeben, der angewählte Kontakt kann dabei durch ein Sonderzeichen (x) gekennzeichnet werden:

$$\begin{array}{lll} 18.43 & D\,433 & LOOLOLLOLOLO \\ & & \qquad\quad xx \end{array}$$

Um die Änderung eines Meßwertes leicht verfolgen zu können, benutzt man ein Programm, das nach seinem Aufruf den Wert in festen Zeitabständen immer wieder ausdruckt. Die Abfrageperiode richtet sich nach der Art des Prozesses. Häufig wird es nützlich sein, zwei verschiedene Zykluszeiten, z. B. 5 Sekunden und 60 Sekunden, vorzusehen und für jede ein Programm aufzustellen. Dieses Programm wird nur für Analogwerte, nicht für Kontakte benötigt.

Beim Aufruf der bisher behandelten Programme muß dem Rechner als Parameter die Nummer der Meßstelle mitgeteilt werden. Sollen mehrere Meßwerte gleichzeitig gedruckt werden, so ist es vorteilhaft, das zugehörige

Programm für jeden einzelnen Meßwert gesondert aufzurufen, weil andernfalls die Tastatur für die Rechnerbedienung umfangreicher werden müßte. Im Protokoll wird Uhrzeit und Meßstellennummer nur beim Aufruf gedruckt, die zu einer Meßstelle gehörenden Meßwerte werden in je einer Spalte unter der Meßstellennummer angeordnet:

14.28	*A* 218		
	370.7		
	371.9		
14.30		*A* 307	
	372.4	22.13	
	373.1	22.01	
14.32			*A* 101
	373.7	21.90	33.70

Um den Druckvorgang zu beenden, muß dem Rechner wieder die Meßstellennummer und der zugehörige Befehl gemeldet werden.

Die zeitliche Änderung von Meßwerten kann noch besser verfolgt werden, wenn neben den Werten der zeitliche Differenzenquotient ausgegeben wird. Für manche Zwecke ist es auch angebracht, die Meßwerte in Kurvenform zu schreiben. Hierzu muß an die Analogausgabe des Verkehrsverteilers ein Punktschreiber angeschlossen werden. Das Programm rechnet den angewählten Meßwert in eine proportionale Spannung um und gibt diese Größe in kurzen Abständen über einen Digital/Analog-Umsetzer an den Schreiber.

Wenn auf Grund der Meldung des Überwachungsprogramms, daß ein Analogwert außerhalb seiner zulässigen Grenzen liegt, das Bedienungspersonal eine Maßnahme gegen diese Störung einleitet, dann ist es für die Beurteilung des Erfolges von großem Interesse, die Änderung des gestörten Meßwertes zu beobachten. Das kann unter Zuhilfenahme eines der eben geschilderten Programme geschehen. Da dieser Vorgang aber häufiger auftritt und schnell eingeleitet werden soll, ist es besser, hierfür ein besonderes Programm aufzurufen, mit dem der zuletzt als fehlerhaft gemeldete Meßwert ausgedruckt wird. Durch dieses Sonderprogramm erspart man sich die Eingabe der Meßstellennummer als Parameter.

Außer Meßwerten kann der Rechner auf Anforderung auch andere Größen ausdrucken. Bei einem Schichtwechsel ist es z. B. wünschenswert, ein Übersichtsprotokoll auszugeben. Dieses soll neben den wichtigsten Meßwerten und Kenngrößen vor allem eine Zusammenstellung über alle gestörten Meßgeräte und sonstigen Anlageteile liefern. Ein anderes Protokoll, das nur gelegentlich gebraucht wird, enthält die Betriebsstunden aller Anlageteile. Schließlich ist das Ausdrucken von Summen und Mittelwerten, die über längere Zeiträume gebildet werden, auch nur auf Anforderung nötig.

Die zweite Gruppe von Programmen, die nur sporadisch auf Anforderung des Bedienungspersonals ablaufen, bewirkt kleine Änderungen in den normalen Überwachungsprogrammen. Hierzu gehört das schon eingangs erwähnte Beispiel über die Meldung der Reparatur eines gestörten Meßwertgebers. Das zugehörige Programm muß dafür sorgen, daß die Meßstelle wieder von den Überwachungsprogrammen verarbeitet wird. Ähnlich arbeitet ein anderes Programm, mit dem dem Rechner mitgeteilt wird, daß eine bestimmte Meßstelle in Zukunft nicht mehr überwacht werden soll. Ebenso kann gemeldet werden, daß größere Anlageteile, vor allem Reserveaggregate, nicht betriebsfähig sind. Solche Meldungen werden immer dann an den Rechner gegeben, wenn an den Teilen Revisionsarbeiten vorgenommen werden sollen.

Die Betriebserfahrungen, die man über einen technischen Prozeß sammelt, werden zwar nie den grundsätzlichen Aufbau der Überwachungsprogramme ändern, es wird aber immer erforderlich sein, die Art der Überwachung einzelner Meßstellen dem Verhalten der Anlage anzupassen. Die Verarbeitung jedes Meßwertes ist durch die Daten in seinem Parameterblock gegeben; sie bestimmen, welche der möglichen Prüfungen vorgenommen werden sollen und welche Grenzwerte dabei berücksichtigt werden. Außerdem ist in den Listen des Überwachungsprogramms festgelegt, mit welchem Abfragezyklus die Meßstelle eingelesen werden soll. Eine Änderung des Überwachungsverfahrens ist also durch Änderungen in den Parameterblöcken und Meßstellenlisten möglich.

Die Änderung des Abfragezyklus erfolgt am übersichtlichsten mit zwei Programmen, die beide als Eingabe zwei Parameter, die Meßstellennummer und die Zykluszeit, benötigen. Mit dem ersten wird eine Meßstelle aus einer Liste gestrichen, mit dem zweiten in eine andere eingetragen. Änderungen in einem Parameterblock können mit einem Programm erfolgen. Ihm wird die Meßstellennummer, der neue Wert eines Parameters und die laufende Nummer des Parameters in dem Block mitgeteilt, woraufhin es die Änderung vornehmen kann. Neben diesen Änderungsprogrammen sollten noch zwei Programme zum Ausdrucken der Liste und einzelner Parameterblöcke vorgesehen werden. Sie tragen dazu bei, einen besseren Überblick bei derartigen Änderungen zu behalten und die Ergebnisse protokollarisch festzulegen.

Während die Programme zum Ausdrucken von Meßwerten oder Protokollen vom Bedienungspersonal benötigt werden, das mit der Arbeitsweise des Rechners nur wenig vertraut ist, werden Änderungen der Überwachungsprogramme nur von besser geschultem Personal vorgenommen. Der Aufruf von Druckprogrammen sollte deshalb möglichst einfach geschehen können, während für Programmänderungen kein besonderer Bedienungskomfort nötig ist, zumal sie auch relativ selten erfolgen. Für Druckprogramme ist deshalb eine besondere Tastatur empfehlenswert, für Programmänderungen ist dagegen eine Schreibmaschine ausreichend.

7.7 Überwachung instationärer Vorgänge

Auch bei zeitlich veränderlichen Vorgängen kann die Überwachung der einzelnen Meßstellen mit den gleichen Methoden geschehen wie im stationären Betrieb. Ein wesentlicher Unterschied besteht jedoch darin, daß die für die verschiedenen Prüfungen benötigten Parameter, wie Sollwerte und Grenzwerte, sich zeitlich ändern. Für die Verarbeitung der einzelnen Meßwerte können deshalb dieselben Unterprogramme wie bei der Kontrolle stationärer Vorgänge benutzt werden. In den übergeordneten Programmen, von denen diese Unterprogramme aufgerufen werden, müssen die veränderlichen Größen laufend bestimmt und vor jeder Meßwertprüfung bereitgestellt werden.

Um die Verfahren zur Bestimmung der Parameter kennenzulernen, sei zunächst ein einfacher Fall betrachtet. Ein Prozeß möge bei verschiedenen stationären Zuständen betrieben werden können. Diese Zustände sollen vom Rechner überwacht werden; während des (instationären) Überganges von einem in den anderen Zustand soll der Rechner jedoch nicht arbeiten. Vor jeder beabsichtigten Zustandsänderung muß das dem Rechner vom Bedienungspersonal mitgeteilt werden. Daraufhin hört das Überwachungsprogramm auf zu laufen. Anschließend wird die Anlage durch Steuerungsmaßnahmen in den neuen Zustand gebracht. Nun muß der Rechner eine Meldung erhalten, daß er das Überwachungsprogramm wieder in Betrieb nehmen soll. Dieses benötigt aber für seine Arbeit die dem neuen stationären Zustand zugeordneten Parameter. Es müssen also dem Rechner weitere Informationen übergeben werden, die den Zustand der Anlage eindeutig beschreiben. Häufig läßt sich das durch Angabe einer oder weniger *Führungsgrößen* erledigen, aus denen sich auf Grund der technologischen Gesetzmäßigkeiten des Prozesses die Sollwerte aller Meßgrößen ergeben. Es wird also ein Programm aufgerufen, das aus den Führungsgrößen alle Grenzwerte und Sollwerte ermittelt, in die Parameterblöcke der einzelnen Meßstellen speichert und dann das Überwachungsprogramm aufruft. Die Parameter können z. B. durch Interpolation aus einer gespeicherten Tabelle gefunden werden, die die Führungsgröße als unabhängige und die Parameter als abhängige Veränderliche enthält. Lassen sich die Parameter mit einfachen Formeln als Funktion der Führungsgröße darstellen, so kann ihre Bestimmung auch mit Rechenprogrammen geschehen.

Nach dem gleichen Verfahren kann auch die Überwachung des instationären Überganges zwischen zwei stationären Zuständen erfolgen, wenn der Vorgang nur hinreichend langsam — quasistationär — abläuft. Auch hier muß das Bedienungspersonal den Beginn dem Rechner melden, weil sonst die folgenden Änderungen als Störungen aufgefaßt würden. Außerdem ist es zur Vermeidung solcher Fehlmeldungen angebracht, wenn die Führungsgrößen vom Rechner als Meßwerte eingelesen werden können und nicht dauernd über Tastaturen eingegeben werden müssen. Bild 7/15 zeigt

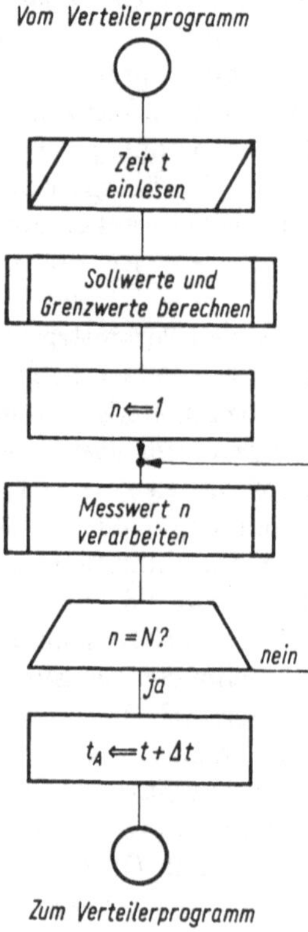

7/15 Überwachungsprogramm für quasistationäre Vorgänge

den Aufbau eines Überwachungsprogramms für quasistationäre Vorgänge. Bevor die eigentliche Prüfung der Meßwerte abläuft, werden die Führungsgrößen eingelesen und daraus die Parameter, Sollwerte und Grenzwerte, berechnet. Die Meßwertverarbeitung geschieht dann mit demselben zyklischen Programm, das auch für die Überwachung stationärer Zustände verwendet wird. Der Aufruf des Programms bewirkt also nur, daß dem zyklischen Programm für stationäre Überwachung ein Vorprogramm für die Parameterüberwachung vorgeschaltet wird.

Bei allgemeinen instationären Vorgängen läßt sich dieses Verfahren nicht mehr anwenden, weil bei Änderung einer Führungsgröße im Prozeß

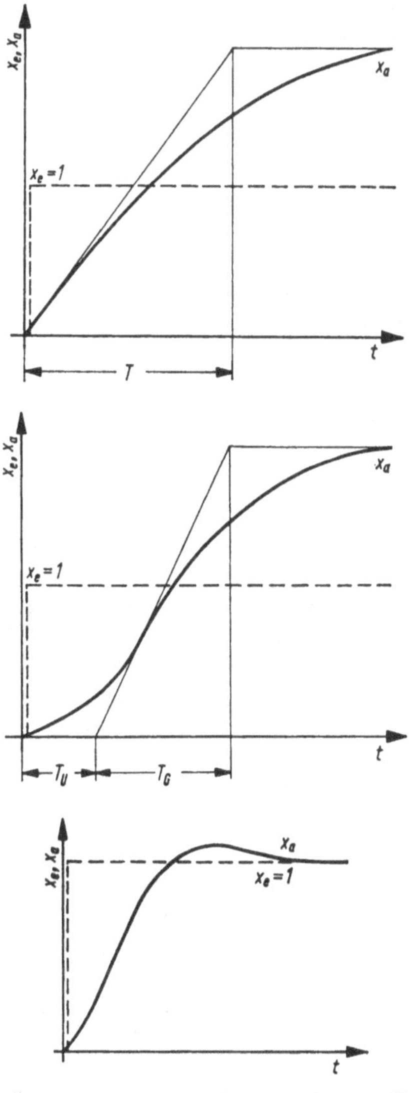

7/16—18 Übergangsfunktionen bei instationären Vorgängen

andere Größen nicht sofort die Werte annehmen, die sie im stationären Zustand besitzen; vielmehr werden diese Werte im allgemeinen erst nach einiger Zeit erreicht. Dieser Zusammenhang wird in der Regelungstechnik u. a. durch die *Übergangsfunktion* beschrieben; sie stellt den zeitlichen Verlauf einer (abhängigen) Ausgangsgröße x_a nach einer sprunghaften Änderung einer (unabhängigen) Eingangsgröße x_e um den Betrag 1 dar [49]. Die Bilder 7/16—18 zeigen typische Formen von Übergangsfunktionen.

Um dieses Übergangsverhalten zu berücksichtigen, müßten die Sollwerte nach folgendem Schema berechnet werden:

$$x_a = f(x_e) - g(\Delta x_e, t).$$

Mit $f(x_e)$ wird der Wert von x_a im stationären Zustand wie bisher bestimmt. $g(\Delta x_e, t)$ stellt ein Korrekturglied dar, welches die Verzögerung berücksichtigt, mit der der stationäre Wert angenommen wird; seine Größe hängt von der Änderung Δx_e der Eingangsgröße und der Zeit t ab. Die Bestimmung der Korrekturfunktion $g(\Delta x_e, t)$ bereitet nun in vielen Fällen einige Schwierigkeiten. Nur selten ist es möglich, das Übergangsverhalten in einem verwickelten Prozeß hinreichend genau theoretisch vorherzusagen. Man ist vielmehr darauf angewiesen, durch Versuche, wie sie z. B. für das Einstellen von Regelungen üblich sind, das Verhalten experimentell zu ermitteln. Wenn die Zahl der möglichen instationären Vorgänge nicht zu groß ist und auch nicht zu viele Parameter errechnet werden müssen, kann man die Versuchsergebnisse tabellarisch speichern. Das Überwachungsprogramm muß dann aus der Tabelle die erforderlichen Werte aussuchen und in den Parameterblock einsetzen. In vielen Fällen wird die Zahl der zu speichernden Daten jedoch so groß, daß sich dieses Verfahren verbietet. Darum müssen die gemessenen Übergangsfunktionen durch einfache Formeln approximiert werden, und die Bestimmung der Parameter geschieht mit besonderen Rechenprogrammen. Beide Verfahren erfordern einen recht hohen Arbeitsaufwand. Es kann deshalb manchmal angebracht sein, bei instationären Vorgängen auf diese Weise nur die wichtigsten Meßwerte zu überwachen und das Überwachungsprogramm für die anderen Meßstellen erst dann wieder einzuschalten, wenn der Vorgang stationär geworden ist.

Bei den bisher betrachteten Vorgängen wurde der Ablauf durch eine oder wenige Führungsgrößen charakterisiert. Es gibt nun aber auch Vorgänge, die sich nicht so einfach beschreiben lassen. Ein Beispiel ist das Anfahren einer großen Anlage aus dem Stillstand, wobei viele Einzelaggregate nacheinander geschaltet werden müssen. Die Reihenfolge dieser Schaltvorgänge und ihr zeitlicher Abstand kann dabei in weiten Grenzen variieren. Zwar gibt es meistens eine optimale Folge, jedoch sind auch viele andere Arten des Anfahrens möglich, ohne daß die Anlage gefährdet wird.

Erhält der Rechner nur die Meldung „Anfahren“ oder „Leistung von 0 auf 100% steigern“, so kann er den Vorgang noch nicht überwachen. Es ist nicht möglich, alle erlaubten Folgen von Schaltvorgängen und ihre Auswirkungen auf die verschiedenen Meßwerte zu speichern und den Rechner prüfen zu lassen, ob die gemessenen Digital- und Analogsignale in eine der Folgen passen.

Solche Vorgänge, bei denen vom Bedienungspersonal sehr viele Eingriffe in den Ablauf des Prozesses vorgenommen werden, lassen sich aber durch einen Rechner teilweise überwachen, wenn der Gesamtvorgang in eine Reihe von Einzelvorgängen gegliedert wird und jedem ein eigenes Überwachungsprogramm zugeordnet ist. Denn wenn auch der gesamte Ablauf nicht eindeutig festgelegt werden kann, so gibt es doch kleinere Abschnitte, in denen die Reihenfolge und Geschwindigkeit der Maßnahmen des Bedienungspersonals und ihre Rückwirkungen auf Meßwerte in der Anlage nur wenig variieren dürfen. Vor derartigen Schaltfolgen wird das zugehörige Überwachungsprogramm aufgerufen, und der Rechner verfolgt den Ablauf und meldet eventuell auftretende Störungen oder Fehlbedienungen.

Eine wesentlich genauere Überwachung instationärer Vorgänge ist möglich, wenn der Rechner selbst die Anlage steuert. Jede Meldung des Personals über eine beabsichtigte Änderung des Betriebszustandes wird vom Rechner sofort ausgeführt. Die optimale Reihenfolge der Schaltvorgänge ist programmiert, so daß damit die oben geschilderten Schwierigkeiten der Überwachung entfallen. Über den Aufbau derartiger Programme soll im folgenden Kapitel über Steuervorgänge berichtet werden.

8. Steuerung instationärer Vorgänge

8.1 Elemente von Steuerungsabläufen

Die Vorgänge bei der Steuerung technischer Prozesse sind in viel höherem Maße von den Besonderheiten jeder Anlage abhängig als die Methoden der Überwachung. Zwar besitzen viele Anlagen eine Reihe von Baugruppen, die demselben Zweck dienen und auch in ähnlicher Weise gesteuert werden, jedoch lassen sich kaum zwei Funktionsgruppen finden, bei denen sich die Steuerungsprogramme nur durch einige Parameter, wie z. B. Adressen von Meßstellen oder Stellgliedern und Grenzwerte oder Sollwerte, unterscheiden. Es ist deshalb nicht möglich, ganze Programme zur Steuerung von Industrieanlagen universell zu schreiben.

Alle Steuerungsvorgänge setzen sich jedoch aus einer kleinen Zahl gleicher Elemente zusammen, Die wichtigsten sind:

1. Ausgeben von Schaltsignalen
2. Warten auf Erfolg des Schaltens
3. Überprüfen von Meßwerten

Diese Elemente der Steuerungsfolge haben eine ähnliche Struktur wie die Befehle eines Digitalrechners. Ein *Operationsteil* bestimmt, was zu tun ist:

1. Ausgeben!
2. Warten!
3. Prüfen!

Ein *Parameterteil,* der dem Adreßteil eines Rechnerbefehls entspricht, sagt, mit welchen Daten der Befehl ausgeführt werden soll:

1. Schalterbezeichnung
2. Wartezeit
3. Meßstellenbezeichnung, Vergleichswert

Bei der Steuerung durch einen Prozeßrechner kann jedem der bisher erwähnten Elemente ein Unterprogramm zugeordnet werden. Welches Unterprogramm gebraucht wird, bestimmt der Operationsteil; die Daten, die das Unterprogramm zu seiner Ausführung benötigt, stehen im Parameterteil. Die Gesamtheit der Elemente, dargestellt in Form von *Makrobefehlen*, bildet also eine Kommandosprache, die sich einfach in die Maschinensprache eines Digitalrechners übersetzen läßt.

Die Elemente der Steuerungsabläufe entsprechen etwa den Maßnahmen, die das Bedienungspersonal beim Steuern einer Anlage „von Hand" ausführen muß. Die zugehörigen Makrobefehle lassen sich in einer Form darstellen, die unabhängig ist von den Eigenschaften eines speziellen Prozeßrechners. Wenn es also gelingt, ein System von Makrobefehlen so aufzustellen, daß damit alle Steuerungsvorgänge eindeutig beschrieben werden können, so hat man für die Aufgaben der Prozeßsteuerung eine einfache problemorientierte Programmsprache gewonnen. Im folgenden sollen an Hand des Aufbaues der Elemente von Steuerungsabläufen und ihrer Darstellung durch Makrobefehle die Eigenschaften von Steuerungsprogrammen dargelegt werden [40].

8.2 Aufbau der Makrobefehle

Der Operationsteil der Makrobefehle soll aus drei Buchstaben bestehen, die wie bei den Maschinenbefehlen als Abkürzung des Textes zur Beschreibung der Funktion des Befehls gebildet sind, z. B.:

ASP	**A**nalogwert einlesen und **sp**eichern
DPR	**D**igitalwert einlesen und **pr**üfen
END	**End**e eines Programms
DRU	**Dru**cken einer Meldung

Die Befehle sind also leicht zu merken, außerdem können sie vom Rechner durch ein Suchprogramm in einer gespeicherten Befehlsliste einfach identifiziert werden.

Hinter dem Operationsteil werden die Parameter in vorgeschriebener Reihenfolge notiert. Ihre Art und Zahl hängt vom Befehlstyp ab. Parameter sind *Sollwerte* und *Grenzwerte* für Meßwertprüfungen, *Wartezeiten*, *Adressen* sowie *Sonderzeichen* bei einzelnen Befehlen.

Sollwerte und Grenzwerte werden als Zahlen mit Vorzeichen angegeben. Für eine Wartezeit wird der Wert in sec ohne Vorzeichen aufgeschrieben. Die Ein- und Ausgabeadressen dienen zur Festlegung der Meß- und Steuerstellen, die in dem Befehl benötigt werden. Bei der Aufstellung der Programme ist oft noch nicht bekannt, an welche Anschlußklemmen des Rechners die Geräte angeschlossen werden. Deshalb können hierfür wahlweise symbolische oder Maschinenadressen eingesetzt werden. Die symbolischen Adressen haben als erstes Zeichen einen Buchstaben und dahinter Ziffern. Der Buchstabe kennzeichnet den Typ des Anschlußkanals:

A Analogeingabe
B Digitaleingabe
C Analogausgabe
D Digitalausgabe
E Impulsausgabe

Wenn der Anschlußplan für alle Geräte festliegt, wird eine Liste mit der Zuordnung von symbolischen zu Maschinenadressen aufgestellt; ein Übersetzungsprogramm übernimmt damit das Einsetzen der Maschinenadressen in die Programme.

Eine Reihe von Daten kann durch Befehle zwischengespeichert werden. Hierzu gehören Meßwerte, Kennzeichen für den Programmablauf und programminterne Zähler. Die Adressen der Zwischenspeicher werden in derselben Form wie die symbolischen Ein- und Ausgabeadressen geschrieben mit dem Buchstaben *Z* als erstem Zeichen. Eine Zuordnungsliste für die Übersetzung ist nicht erforderlich.

Um bei Programmverzweigungen — z. B. nach der Prüfung von Meßwerten — festzulegen, mit welchem Befehl das Steuerungsprogramm fortfahren soll, muß es möglich sein, Befehle zu kennzeichnen. Hierzu dienen *Befehlsadressen*, die symbolisch durch eine Folge von Buchstaben und Ziffern beliebiger Zahl und Reihenfolge geschrieben werden. Zur Kennzeichnung ihrer Länge und zur Unterscheidung von anderen Adressen werden sie in Klammern gesetzt, z. B. (*BEF* 18).

In den nächsten Abschnitten soll ein Überblick über die Wirkungsweise der verschiedenen Makrobefehle gegeben werden. Für die Parameter werden dabei folgende Abkürzungen verwendet:

SW Sollwert oder Grenzwert
WZ Wartezeit
EA Ein-Ausgabeadresse
ZA Zwischenspeicheradresse
(*BA*) Befehlsadresse
SZ Sonderzeichen

8.3 Befehle zur Meßwertverarbeitung

Die einfachste Form der Meßwertverarbeitung besteht darin, einen Wert einzulesen und ihn mit einem Sollwert oder Grenzwert zu vergleichen. Hierfür dienen die Befehle:

OPC	Parameter	Bedeutung
DPR	*EA SW (BA)*	Digitalwert prüfen
APR	*EA SW SZ (BA)*	Analogwert prüfen

Die Befehle benötigen eine EA-Adresse zur Kennzeichnung der Meßstelle, einen Grenzwert oder Sollwert *SW*, mit dem der eingelesene Wert verglichen wird, und eine Befehlsadresse (*BA*) zur Bezeichnung der Stelle, auf der das Programm fortgesetzt werden soll, wenn die Prüfung ein negatives Ergebnis hat.

Bei Digitalwerten wird festgestellt, ob Meßwert und Sollwert übereinstimmen. Die Werte können aus einem, zwei oder vier Bits bestehen. Welche Anzahl von Bits zu prüfen ist, ergibt sich aus der EA-Adresse. Der Sollwert wird als *Bitmuster* notiert mit den Buchstaben *O* und *L* zur Bezeichnung der möglichen Werte. Ein Befehl hat also z. B. die Form

DPR B 381 *LOOL* (*BEF* 28).

Die Stellenzahl der EA-Adresse *B* 381 ist willkürlich, vom Übersetzungsprogramm kann ihre Länge daran erkannt werden, daß hinter der letzten Ziffer ein Buchstabe, *O* oder *L*, folgt.

Bei Analogwerten kann geprüft werden, ob der eingelesene Istwert kleiner oder größer als der Grenzwert *SW* ist. Welcher Test vorgenommen werden soll, wird durch das Sonderzeichen *SZ* bestimmt. Als *SZ* sind die Buchstaben *K* für „kleiner" und *G* für „größer" zugelassen. Ein Befehl hat also z. B. das Aussehen

APR A 117 + 358 *K* (*P* 7 *B* 8).

Die Stellenzahl der Parameter ist wieder willkürlich, da ihre Länge durch den Wechsel von einer Ziffer auf die Zeichen + oder – bzw. auf *G* oder *K* vom Programm festgestellt werden kann. Der Grenzwert wird in der physikalischen Dimension der Meßgröße angegeben. Vor dem Vergleicch zwischen Istwert und Sollwert muß deshalb wieder eine Umrechnung der eingelesenen Spannung mit Hilfe der Eichformel erfolgen. Um in den Befehl *APR* nicht auch noch diese Eichformel in Form von Parametern aufnehmen zu müssen, wird als EA-Adresse der Meßstelle nicht die Nummer des Meßkanals, sondern die Adresse des Parameterblocks für das allgemeine Überwachungsprogramm eingesetzt. In diesem Datenblock finden sich sowohl die Verkehrsverteiler-Adresse der Meßstelle als auch die Anfangsadresse des Unterprogramms für die Eichformel.

Auch bei Steuerungsvorgängen kann es von Bedeutung sein, die Änderungsgeschwindigkeit einzelner Meßwerte zu erfassen, um damit z. B. die Reaktion in der Anlage auf bestimmte Steuerungsmaßnahmen zu überprüfen. Hierzu müssen die Meßwerte in den Rechner eingelesen und gespeichert werden, wozu folgende Befehle dienen:

ASP EA ZA Analogwert speichern
DSP EA ZA Digitalwert speichern.

Die durch die EA-Adresse gekennzeichneten Werte gelangen damit auf den Zwischenspeicher *ZA*.

Für die eigentliche Prüfung wird der Wert erneut eingelesen und mit dem gespeicherten verglichen. Für Analogwerte hat der Befehl die Form

TEP EA SW SZ ZA (*BA*) Tendenz prüfen.

Mit *SW* wird der Grenzwert angegeben, mit dem die Differenz zwischen gespeichertem und neu eingelesenem Wert verglichen wird; *SZ* kann wieder die Zeichen *G* oder *K* annehmen; *ZA* sagt, wo der früher eingelesene Wert im Speicher steht. Um die Tendenzprüfung einfach wiederholen zu können, wird der eingelesene Wert nach *ZA* gebracht, so daß bei allen folgenden Prüfungen nur der Befehl *TEP* und nicht jedesmal auch *ASP* benötigt wird.

Bei der Tendenzprüfung ist die Größe des Vergleichswertes abhängig von der Zeit zwischen zwei aufeinander folgenden Messungen. Die Festlegung des Zeitpunkts einer Prüfung kann mit einem *Wartebefehl* erfolgen:

WRT WZ Warten.

WRT bewirkt, daß der im Programm folgende Befehl nach *WZ* Sekunden ausgeführt wird. Eine Befehlsfolge zur Überwachung der Änderungsgeschwindigkeit eines Meßwertes hat damit folgendes Aussehen:

OPC	Parameter
ASP	A 163 Z17
WRT	10
TEP	A 163 +12 G Z17 (P7B3)
WRT	10
TEP	A 163 +10 G Z17 (P7B3)
.	
.	
.	
.	

Bei Digitalwerten ist eine Tendenzkontrolle nicht möglich. Die Verwendung eines vorher gespeicherten Wertes bei der Prüfung kann aber von Vorteil sein, weil dadurch die Sicherheit der Aussage erhöht wird. Die Wirkung eines Steuerbefehls wird häufig durch die Stellung eines Umschaltkontaktes geprüft. Der Kontakt möge z. B. vorher die (richtige) Stellung *OL* haben; bei ordnungsgemäßen Ablauf des Vorgangs soll er nach Ausführung des Steuerbefehls in die Stellung *LO* gehen. Zeigt er bei der Prüfung immer noch die alte Stellung *OL*, so ist der Steuerbefehl mit Sicherheit nicht richtig ausgeführt worden. Hat er dagegen den Wert *OO* oder *LL*, tritt also plötzlich eine Störung an dem Kontakt auf, so kann angenommen werden, daß die Schaltung richtig erfolgte und der Fehler schon vorher vorhanden war; denn es ist in hohem Maße unwahrscheinlich, daß gleichzeitig bei einem Steuervorgang ein Fehler auftritt und außerdem ein Kontakt gestört wird. Bild 8/1 zeigt die möglichen Ursachen einer solchen Fehlmeldung.

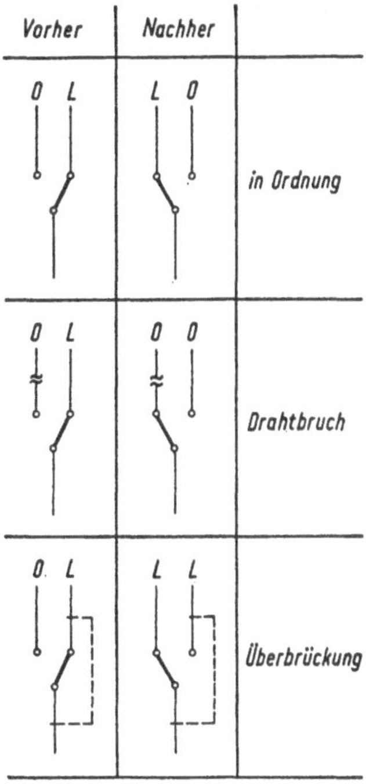

8/1 Kontaktstellung vor und nach einem Steuerungsvorgang

Für diese Kontrolle von Wechselkontakten dient der Befehl

WPR EA SW ZA (*BA*) Wechsler prüfen.

Die ursprüngliche Kontaktstellung muß zu seiner Ausführung vorher mit einem Befehl *DSP* nach Platz *ZA* gebracht sein. Bild 8/2 zeigt den Ablaufplan für diesen Befehl. x_0 bezeichnet den vorher eingelesenen und auf Platz *ZA* gespeicherten Wert, x_1 den neuen Wert, x_{soll} den Sollwert *SW*. Ist $x_1 = x_{soll}$, so braucht keine weitere Prüfung vorgenommen zu werden. $x_1 = OL$ oder $x_1 = LO$ bedeutet dann, daß kein Fehler in der Meßeinrichtung vorliegt, aber $x_1 \neq x_{soll}$ ist. Ist weiter $x_1 \neq x_0$, so hat eine Umschaltung stattgefunden, und das Ergebnis wird als richtig angesehen. Bei $x_1 = x_0$ kann keine Aussage über die Stellung des Kontakts gemacht werden. Sicherheitshalber wird angenommen, daß der Kontakt nicht geschaltet hat.

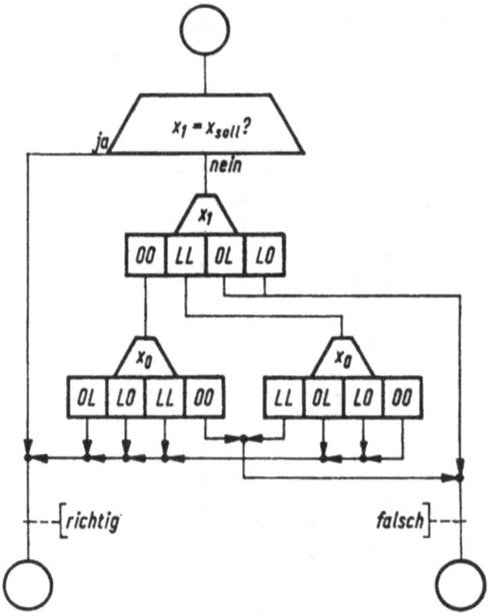

8/2 Auswertung der Kontaktstellungen vor (x_0) und nach (x_1) einer Schaltung

Wird mit diesen Befehlen zur Meßwertverarbeitung ein Fehler in der Anlage festgestellt, dann soll im allgemeinen eine Meldung in das Störungsprotokoll aufgenommen werden. Wie solche Meldung aufzubauen ist, damit ihr Inhalt vom Bedienungspersonal schnell erfaßt werden kann, wurde bereits in Kap. 7.6 geschildert. Die Ausgabe kann mit dem Befehl

DRU SZ_1 SZ_2 ... **Drucken einer Meldung**

erfolgen. Die Parameter SZ_1, SZ_2, ... sind einzelne Zeichen oder Zahlen beliebiger Stellenzahl. Zahlen werden unverändert gedruckt; für jede

Textspalte der Meldung ist eine Liste gespeichert, die neben dem Codezeichen SZ_n das zugehörige Klartextwort W_n enthält, welches von *DRU* ausgedruckt wird. Mit diesem Druckbefehl können alle Meldungen in das Störungsprotokoll gegeben werden, die eine Mitteilung über Fehler im Prozeß oder an Meßgeräten enthalten, soweit sie durch Prüfen eines einzelnen Meßwertes erkannt werden können. In manchen Fällen ist es aber wünschenswert, auch andere Mitteilungen in ein Protokoll aufzunehmen, die sich nicht aus der begrenzten Zahl von Wörtern zusammensetzen lassen, wie sie durch die Textlisten gegeben sind. Deshalb wird noch ein allgemeinerer Druckbefehl vorgesehen, mit dem auch beliebige Texte ausgegeben werden können:

$DRU \ SZ_1 \ TEXT \ SZ_2$ Drucken einer Meldung.

Da im allgemeinen mehrere Schreibmaschinen oder Fernschreiber an den Rechner angeschlossen sind, wird mit SZ_1 die Nummer des Ausgabedruckers bezeichnet. Dahinter folgt der Inhalt der Meldung, der von einem Sonderzeichen SZ_2 abgeschlossen wird. Es dient nur zur Kennzeichnung, daß der Text beendet ist und wird nicht mitgedruckt. Für SZ_2 muß ein bestimmtes Zeichen festgelegt werden, das im Text selbst natürlich nicht verwendet werden darf.

Die Überwachung des Prozesses im Verlauf von Steuerungsvorgängen kann in gewissen Grenzen auch von den allgemeinen Überwachungsprogrammen erfolgen, wie sie im vorigen Kapitel geschildert wurden. Während des Anfahrvorgangs eines technischen Prozesses werden z. B. Teile der Anlage nacheinander durch die Steuerungsprogramme in Betrieb genommen. Um einen störungsfreien Betrieb zu gewährleisten, ist es dabei angebracht, sofort nach dem Einschalten von Aggregaten auch die zugehörigen Teile der Überwachungsprogramme anlaufen zu lassen. Dieser Start der Überwachungsprogramme muß durch die Steuerungsprogramme erfolgen; denn da sie die Vorgänge im Prozeß bestimmen, „wissen" sie auch den Zeitpunkt, zu dem die normale Überwachung einsetzen soll.

Die Kopplung zwischen Überwachungs- und Steuerungsprogrammen kann mit folgendem Befehl einfach bewerkstelligt werden:

$UEI \quad EA\,1 \ EA\,2 \ EA\,3 \ldots$ Überwachung ein.

Als Parameter werden die Adressen der Meßstellen angegeben, die von nun an durch das reguläre Überwachungsprogramm verarbeitet werden sollen. In gleicher Weise kann das Steuerungsprogramm veranlassen, daß ein Teil der Meßstellen nicht mehr überwacht werden soll. Hierzu dient der analog aufgebaute Befehl

$UAU \quad EA\,1 \ EA\,2 \ldots$ Überwachung aus.

Im Verlauf eines instationären Vorgangs, der durch ein Steuerungsprogramm geleitet wird, kann es auch erforderlich sein, die Grenzwerte und Sollwerte der überwachten Meßstellen zu verändern. Man kann solche Prüfungen durch häufiges Wiederholen der Befehle *APR* und *DPR* in den Steuerungsprogrammen erreichen, wobei als Sollwert *SW* der jeweils gerade gültige Wert einzusetzen ist. Häufig ist es jedoch bequemer, auch hierfür die normalen Überwachungsprogramme zu benutzen und nur in längeren Zeitabständen die Grenzwerte zu ändern.

Hierzu dient der Befehl

NGW EA SW 1 *SW* 2 ... Neuer Grenzwert.

Mit *EA* wird die Meßstelle bezeichnet, *SW* 1, *SW* 2 ... geben die neuen Parameter in der Reihenfolge an, wie sie in dem Parameterblock der Meßstelle gespeichert sind.

8.4 Steuerungsbefehle

Die einfachsten Steuerungsbefehle bewirken das Ein- oder Ausschalten eines Kontaktes oder einer Spannung am Digitalausgang des Verkehrsverteilers, die Ausgabe von Impulsen und von Analogwerten. Hierzu dienen die Befehle:

EIN	*EA*		Einschalten
AUS	*EA*		Ausschalten
IMP	*EA*		Impuls ausgeben
ANA	*EA*	*SW*	Analogwert ausgeben

Alle Befehle benötigen die Nummer des Ausgangskanals am Verkehrsverteiler als EA-Adresse, bei *ANA* muß außerdem der Sollwert *SW* vorgegeben werden, auf den der Digital/Analog-Umsetzer geschaltet werden soll. Die Aufgabe dieser Befehle ist etwas umfangreicher, als sie durch die entsprechenden Ausgabebefehle in der Maschinensprache des Rechners gelöst wird. Neben der eigentlichen Ausgabe des Signals wird mit den Makrobefehlen auch die Rückmeldung vom Verkehrsverteiler verarbeitet, die den Abschluß der Befehlsverarbeitung anzeigt.

Häufig ist es erforderlich, einen Schalter eine bestimmte Zeit zu schließen bzw. einen Impuls bestimmter Länge auszugeben. Auf diese Weise wird z. B. ein mit einem Motor angetriebenes Potentiometer verstellt und so auf einfache Weise ein Analogwert ausgegeben. Dieser Vorgang kann mit folgenden Makrobefehlen gesteuert werden:

EIN	*EA*	Spannung einschalten
WRT	*WZ*	*WZ* Sekunden warten
AUS	*EA*	Spannung ausschalten

Da diese Befehlsfolge aber häufig auftritt, ist es vorteilhaft, hierfür einen besonderen Makrobefehl vorzusehen:

EWA EA WZ Ein-Warten-Aus.

Mit den bisher behandelten Makrobefehlen lassen sich bereits viele Steuerungsvorgänge programmieren. Als Beispiel soll das Anfahren einer Pumpe erläutert werden, Bild 8/3 und 8/4. Bevor der Pumpenmotor eingeschaltet wird, muß das Ventil in der Druckleitung geschlossen sein. Nach dem Einschalten baut sich in der Leitung vor der Pumpe ein Druck auf, danach kann das Ventil geöffnet werden. Fehlt der Druck, so deutet das auf einen Fehler hin. Hier sind zwei Ursachen möglich: Entweder ist die Pumpe nicht angelaufen, oder in der Ansaugleitung ist kein Fördermedium vorhanden. Durch Abfrage eines Drehzahlwächters kann die Ursache festgestellt werden. Das zugehörige Programm hat folgenden Aufbau:

Adresse	OPC	Parameter	Erläuterungen
	DPR	B17 OL (B1)	Ventil auf?
	DSP	B17 Z10	
	IMP	E28	Ventil schließen
	WRT	60	
	WPR	B17 LO Z10 (B4)	Ventil zu?
	IMP	E25	Pumpe ein
(*B* 1)	WRT	10	
	APR	A33 + 12 G (B2)	$p > 12$ at?
	IMP	E27	Ventil öffnen
	WRT	60	
	WPR	B17 OL Z10 (B3)	Ventil auf?
	.		Pumpe in Betrieb
	.		
(*B* 2)	DPR	B16 OL (B4)	Läuft Pumpe?
(*B* 3)	IMP	E26	Pumpe aus
(*B* 4)	.		
	.		Pumpe läuft nicht
	.		

In diesem einfachen Beispiel tritt eine für Steuerungsvorgänge typische Folge von Befehlen dreimal auf, nämlich die Ausgabe eines Schaltbefehls (*IMP*), das Warten auf Erfolg der Schaltung (*WRT*) und anschließend die

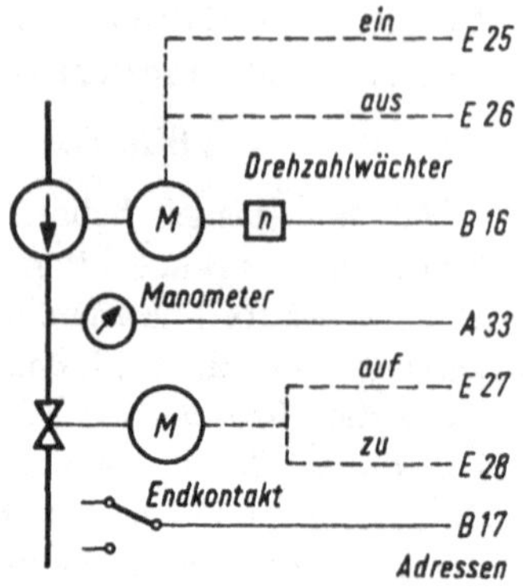

8/3 Pumpe mit Meßfühlern und Stellgliedern

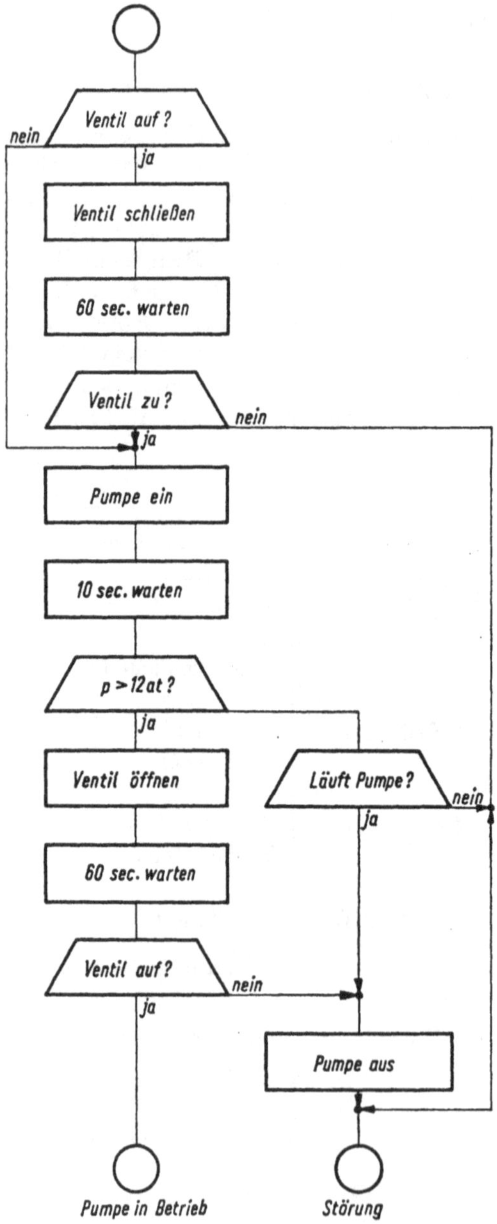

8/4 Programm zum Anfahren der Pumpe

Prüfung des Erfolges (*WPR* bzw. *APR*). Es ist deshalb naheliegend, derartige Befehlsfolgen in einem Makrobefehl zusammenzufassen.

Ein Steuerbefehl benötigt eine größere Zahl von Parametern, wie Adressen von Meßstellen und Steuerausgängen, Sollwerten und Wartezeiten. Ferner ist die Steuerung eines Anlageteils nicht nur an einer Stelle in den Programmen erforderlich, sondern meistens wird von mehreren Programmen, z. B. beim Anfahren, Abstellen und in Störungsfällen, dasselbe Aggregat geschaltet, so daß derselbe lange Steuerbefehl häufig auftritt. Deshalb ist es vorteilhaft, alle Parameter an einer festen Stelle im Speicher abzulegen und in dem Befehl nur diese Adresse *PA* als Parameteradresse anzugeben. In jedem Steuerungsablauf treten nun noch eine oder mehrere Verzweigungen auf, wenn der Vorgang nicht fehlerfrei vonstatten geht. Als Parameter sind hierfür die Adressen der Befehle (*BA*) erforderlich, auf denen das Programm fortgesetzt werden soll. Diese Parameter lassen sich nicht universell angeben, da die Maßnahmen bei dem Versagen eines Aggregates bei verschiedenen Betriebszuständen unterschiedlich sind und deshalb in dem Programm festgelegt werden müssen, in dem der Steuerbefehl steht. Ein Steuerbefehl *STB* hat also die Form:

$$STB \quad (PA) \quad (BA\,1) \quad (BA\,2).$$

Bild 8/5 zeigt den grundsätzlichen Programmablauf bei einem Steuervorgang. Das zu steuernde Aggregat ist mit zwei Meßstellen x und y ausgerüstet. Der Wert an der *Primärmeßstelle* x soll möglichst unmittelbar durch die Steuerung beeinflußt werden, während mit der *Sekundärmeßstelle* y eine indirekte Folge des Schaltens festgestellt werden kann. Die Werte vor dem Steuern sollen mit dem Index 0, danach mit Index 1 gekennzeichnet werden.

Hat bereits der Primärwert x_0 den Sollwert x_{soll}, dann ist das Schalten überflüssig, anderenfalls wird auch der Sekundärwert y_0 eingelesen und die Schaltung durchgeführt. Anschließend muß eine Zeit t_p gewartet werden, bis eine Auswirkung auf den Primärwert erfolgt. Im Normalfall hat x_1 dann den Sollwert x_{soll}, und der Vorgang ist ordnungsgemäß abgelaufen. Sonst muß eine weitere Zeit t_s vergehen, bis auch der Sekundärmeßwert y_1 seinen neuen Wert angenommen hat. Es folgt eine Auswertung der Primär- und Sekundärmeßwerte vor und nach dem Schalten. In den meisten Fällen ist es auch bei fehlerhaften Meßgeräten möglich zu entscheiden, ob der Steuervorgang den erwünschten Erfolg gehabt hat. Nur wenn beide Meßgeräte gestört sind, läßt sich der Anlagenzustand nicht feststellen. Der Steuerbefehl hat deshalb drei Ausgänge: „In Ordnung" — weiter beim nächsten Makrobefehl, „Nicht in Ordnung" — weiter bei (*BA* 1), „Unklar" — weiter bei (*BA* 2).

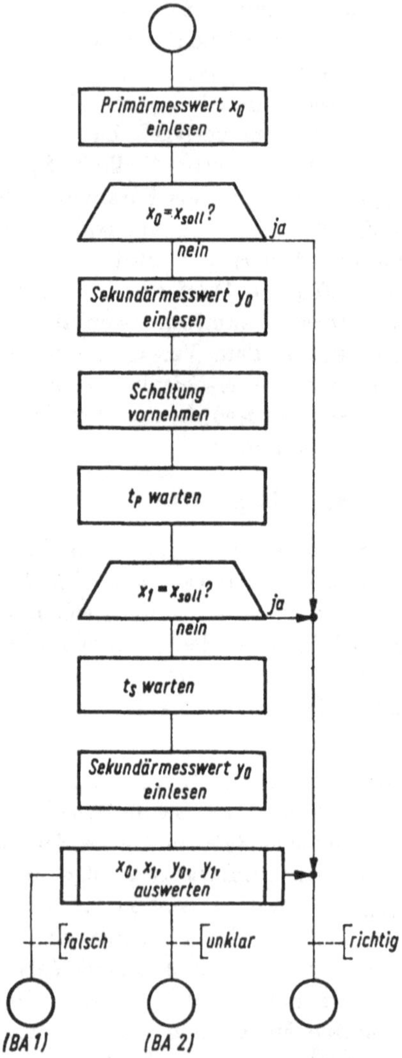

8/5 Programmablauf bei einem Steuerungsvorgang

Dieser Steuerbefehl benötigt folgende Parameter, die in einem Block, beginnend bei Adresse (*PA*), gespeichert werden:

EA 1	Adresse	für Primärmeßwert
SW 1	Sollwert	
WZ 1	Wartezeit	
EA 2	Adresse	für Sekundärmeßwert
SW 2	Sollwert	
WZ 2	Wartezeit	
EA 3	Ausgabeadresse für Schaltung	

Die Besonderheiten der verschiedenen in dieser Form aufgebauten Steuerbefehle sind hauptsächlich durch die Art der Primär- und Sekundärmeßwerte und ihre Auswertung bestimmt. Sind beides Digitalwerte mit jeweils 2 Bits, wie sie durch Umschaltkontakte als Meßgerät geliefert werden, so erfolgt die Auswertung ähnlich wie bei dem Befehl „Wechsler prüfen" *WPR*. Das Verfahren kann hier aber noch verfeinert werden, weil zwei unabhängige Meßwerte vorhanden sind. Bild 8/6 zeigt den Ablaufplan zur Prüfung eines Wechslers z (x oder y).

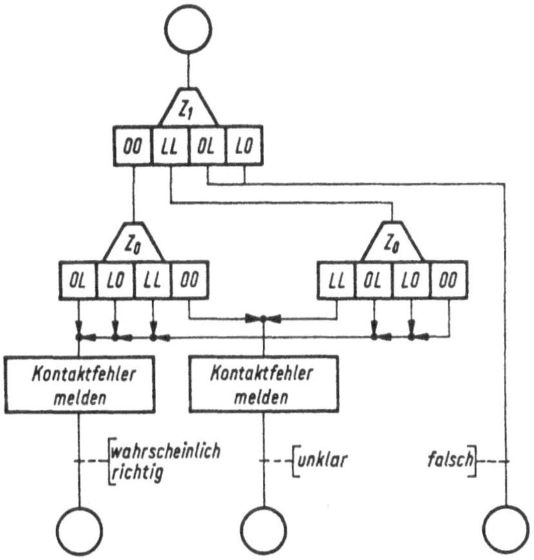

8/6 Unterprogramm zum Prüfen eines Wechselkontakts

In dieses Programm wird nur gesprungen, wenn $z_1 \neq z_{soll}$ ist. Deshalb liegt bei $z_1 = OL$ oder $z_1 = LO$ mit Sicherheit ein Fehler vor, so daß z_0 nicht mehr untersucht wird. Bei $z_0 = z_1$ ($= OO$ oder $= LL$) ist die Kontaktstellung unbestimmt, in allen anderen Fällen hat sich der Kontakt bewegt, so daß mit hoher Wahrscheinlichkeit der Schaltvorgang richtig abgelaufen ist. Der Kontaktfehler wird gemeldet, indem Uhrzeit, Nummer der Meßstelle, Stellung vor und nach der Schaltung in ein Störungsprotokoll gedruckt werden.

Bild 8/7 zeigt das Zusammenwirken der Prüfprogramme für den Primär- (x) und Sekundärwert (y). Dieses Programm bildet die Bilanz der Einzelergebnisse der Informationsauswertung. Zeigt einer der beiden Meßwerte

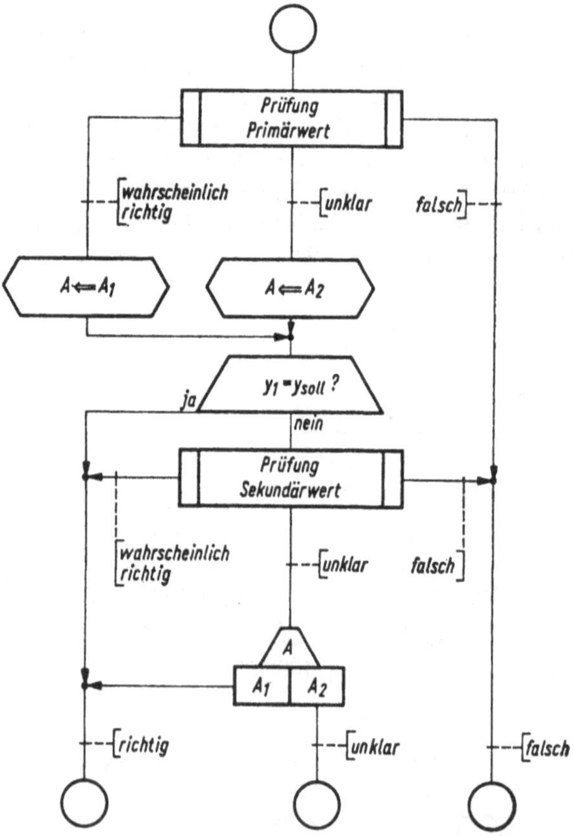

8/7 Auswertung von Primär- und Sekundärwert nach einem Schaltvorgang

eindeutig „falsch", so wird auf den Ausgang „falsch" gesprungen; läßt sich aus keinem Wert die Kontaktstellung herleiten, so ist das Gesamtergebnis „unklar"; bei einem richtigen Wert wird der Steuerbefehl als richtig ausgeführt angesehen.

In ähnlicher Weise können auch Digitalwerte mit 4 Bits behandelt werden, wie sie z. B. als Endkontakte an Ventilen verwendet werden. Eine Analyse der 16 verschiedenen Möglichkeiten wurde bereits in Kap. 7.2 gegeben. Bei einem Schaltvorgang ergeben sich durch Vergleich der Informationen vor und nach dem Steuern 16 · 16 = 256 Fälle. Sie können in die Gruppen

eindeutig auf
eindeutig zu
wahrscheinlich auf
wahrscheinlich zu
Stellung unklar

eingeteilt werden. Demnach hat das Prüfprogramm die vier Ausgänge

falsch
wahrscheinlich richtig
wahrscheinlich falsch
unklar

Die sich daraus ergebende Kombination mit einem Programm zum Prüfen eines 2-Bit-Sekundärwertes zeigt Bild 8/8.

Bei der Verwendung von analogen Meßwerten kann im Steuerungsprogramm geprüft werden, ob der eingelesene Wert in gewissen Grenzen mit dem Sollwert übereinstimmt. An Stelle der Frage in Bild 8/5

$$x_1 = x_{soll}\,?$$

muß es also etwa heißen

$$\left|\frac{x_1 - x_{soll}}{x_{soll}}\right| < 0{,}01\,?$$

Ist diese Bedingung nicht erfüllt, dann wird das Programm zur Überprüfung des Meßwertes herangezogen, Bild 8/9. Als erstes wird kontrolliert, ob der Wert innerhalb der äußeren Grenzen X_{min} und X_{max} liegt. Diese Werte finden sich in dem Parameterblock der Meßstelle im Überwachungsprogramm.

Ist das Meßgerät gestört, wird eine Meldung mit Uhrzeit und Meßstellennummer ausgedruckt. Bei fehlerfreiem Meßgerät wird dann geprüft, ob sich die Werte x_0 und x_1 — vor und nach dem Schaltvorgang — merklich unterscheiden; falls nicht, hatte die Schaltung keine spürbare Rückwirkung, war also erfolglos. Hat sich der Wert aber verändert, ohne jedoch seinen Sollwert zu erreichen, so ist der Zustand unklar.

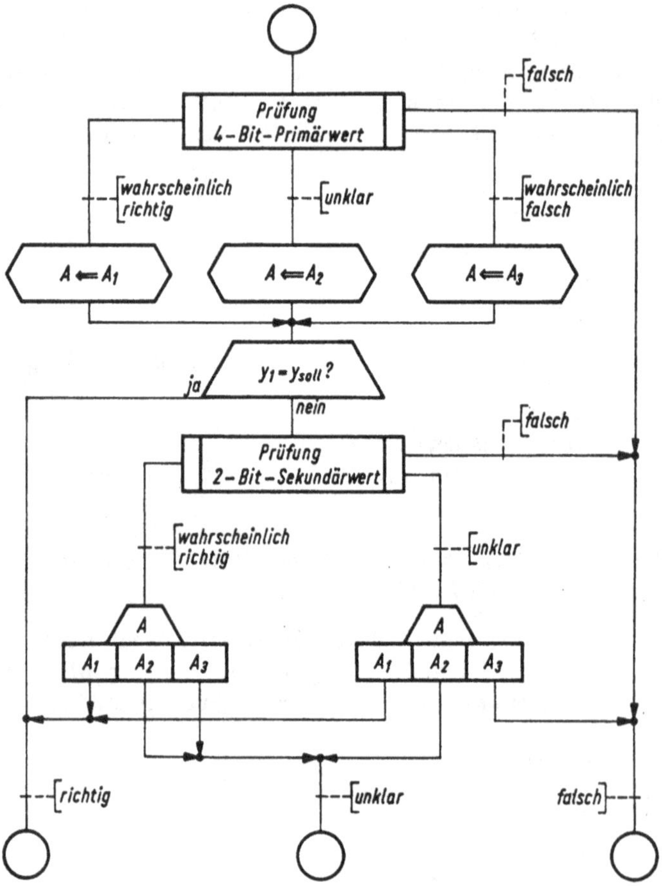

8/8 Prüfen der Stellung eines Ventils nach einem Schaltvorgang

Die Kombination zweier Analogwerte oder von je einem Analog- und Digitalwert als Primär- und Sekundärwert — in beliebiger Reihenfolge — geschieht nach den gleichen Prinzipien, wie sie schon für zwei Digitalwerte dargelegt wurden, Bild 8/7 und 8/8. Welcher Fall jeweils vorliegt, kann das Unterprogramm für den Steuerbefehl an den Adressen der Meßwerte erkennen. Analogwerte werden ja in der Form A ..., Digitalwerte mit B ... adressiert. Ob der Digitalwert aus 2 oder 4 Bits besteht, ergibt sich aus dem zugehörigen Sollwert in der Parameterliste.

Eine weitere Unterscheidung muß von dem Programm nach der Art der elektrischen Schaltung des zu steuernden Aggregates getroffen werden. Die

Steuerung kann entweder durch einen Schaltimpuls oder durch Öffnen oder Schließen eines Kontaktes am Ausgang des Verkehrsverteilers geschehen. Auch hier dient die Adresse des Ausgabekanals zur Unterscheidung; bei Impulsausgabe hat sie die Form *E* ..., bei Kontaktbetätigung *D* .... Da

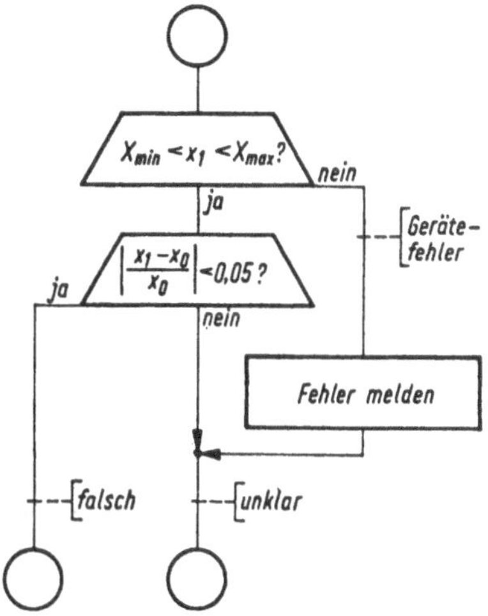

8/9 Prüfen eines Analogwertes nach einer Schaltung

ein Kontakt aber geöffnet oder geschlossen werden kann, reicht die Adresse allein nicht als Information aus. Die Art der Schaltung soll deshalb mit einem zusätzlichen Buchstaben, und zwar *A* für **Auf**, und *Z* für **Zu**, angegeben werden, der hinter das *D* ... gesetzt wird, also *DA* ... bzw. *DZ* ....

Es ist möglich, daß bei einem Steuerbefehl keine Sekundärmeßstelle vorhanden ist. Dann wird in dem Parameterblock für die Adresse *EA* 2 als Kennzeichen die Ziffer 0 eingetragen und die übrigen zu diesem Wert gehörenden Parameter weggelassen. Das Unterprogramm für den Makrobefehl *STB* enthält eine Verzweigung, um diesen Sachverhalt zu prüfen, und läuft entsprechend einfacher ab.

Insgesamt ist das Unterprogramm für den Steuerbefehl *STB* also wesentlich umfangreicher, als es in dem Ablaufplan, Bild 8/5, dargestellt wurde. Da aber immer nur ein kleiner Teil des Programms durchlaufen wird, ist die zeitliche Belastung des Rechners gering, während andererseits mit einem Befehl eine große Zahl verschiedenartiger Steuerungsvorgänge programmiert werden kann.

Unter Benutzung von *STB* soll das auf Seite 243 und Bild 8/3 und 8/4 erläuterte Beispiel noch einmal programmiert werden:

Adresse	OPC	Parameter	Erläuterungen
	STB	(P 20) (B4) (B1)	Ventil schließen
(*B* 1)	STB	(P 30) (B3) (B5)	Pumpe ein
	STB	(P 21) (B3) (B6)	Ventil öffnen
	. . .		
(*B* 3)	IMP	E 26	Pumpe aus
(*B* 4)	. . .		
(*B* 5)	. . .		Unklar, ob Pumpe läuft
(*B* 6)	. . .		Unklar, ob Ventil auf

Parameterblöcke:

(*P* 20)	*B* 17	Adresse des Endschalters
	LO	Sollstellung „zu“
	60	Wartezeit 60 sec
	0	Sekundärmeßstelle fehlt
	E 28	Schaltadresse „zu“
(*P* 21)	*B* 17	Adresse des Endschalters
	OL	Sollstellung „auf“
	60	Wartezeit 60 sec
	0	Sekundärmeßstelle fehlt
	E 27	Schaltadresse „auf“
(*P* 30)	*A* 33	Adresse des Manometers
	12	Sollwert 12 atü
	10	Wartezeit 10 sec
	B 16	Adresse des Drehzahlwächters
	OL	Sollwert „Motor läuft“
	0	Wartezeit 0 sec
	E 25	Schaltadresse „ein“

Während bei der ersten Variante 13 Makrobefehle benötigt wurden, kann das Programm jetzt mit 4 Befehlen geschrieben werden. Außerdem wird durch die genauere Auswertung der Meßwerte eine höhere Sicherheit erreicht. Während vorher bei unsicherem Ergebnis der Messungen der Einschaltvorgang als erfolglos betrachtet wurde, können diese Fälle jetzt gesondert betrachtet werden. Ist das Ventil nicht eindeutig geschlossen, so wird auf Befehl (*B* 1) die Pumpe trotzdem eingeschaltet, weil dabei nicht sofort ein Schaden entstehen kann. Denn wenn sich hinter der Pumpe kein Druck aufbaut, was auch darauf zurückzuführen sein kann, daß das Ventil auf ist, wird der Pumpenmotor mit Befehl (*B* 3) gleich wieder abgeschaltet. Bei Befehl (*B* 5) und (*B* 6) können z. B. weitere Sekundärwerte abgefragt werden, aus denen das Ergebnis der beiden Steuerbefehle doch noch festgestellt werden kann.

Sicher lassen sich nicht alle Steuervorgänge nur mit dem Befehl *STB* erledigen. Für Sonderfälle stehen aber die einfachen Ausgabebefehle, wie *EIN*, *AUS*, *IMP*, zur Verfügung, die zusammen mit den Befehlen für die Prüfung von Meßwerten zur Programmierung aller Steuerungsfolgen ausreichen. Wenn in einem Anwendungsfall eine bestimmte Folge dieser Befehle sehr häufig auftritt, dann kann auch zur Vereinfachung der Programmierarbeit dafür ein eigener Makrobefehl geschaffen werden. Damit das universelle Programm, mit dem die Makrobefehle in die Maschinensprache des Rechners übersetzt wird, bei jeder Erweiterung nicht wieder geändert werden muß, wird ein Makrobefehl *Unterprogrammsprung* eingeführt:

USP (*BA*) *P* 1 *P* 2 *P* 3 ...

Hinter dem Operationsteil folgt die Befehlsadresse des Speicherplatzes, auf dem das Unterprogramm beginnt; danach werden die Parameter für das Unterprogramm aufgeschrieben. Für Steuerbefehle werden diese Parameter wieder (*PA*) (*BA* 1) (*BA* 2) lauten; es können mit *USP* aber auch beliebige andere Sonderprogramme aufgerufen werden, so daß auch andere Parameterfolgen beliebiger Art und Anzahl dort notiert werden können. Das Unterprogramm selbst muß in der Maschinensprache des Rechners formuliert werden. Da ihm bei seinem Aufruf die Absprungadresse mitgeteilt wird, kann es, wie schon in Kap. 3.9 geschildert, alle Parameter finden. Das Programm wird in einer Gruppe nebeneinanderliegender Plätze des Arbeitsspeichers untergebracht. Die Anfangsadresse muß zusammen mit der symbolischen Adresse in die Adreßliste aufgenommen werden.

Ein Beispiel für ein solches Unterprogramm ist das Öffnen oder Schließen eines Ventils oder Schiebers, der mit einem Elektromotor angetrieben wird. Wenn auch der grundsätzliche Aufbau dieser Steuerfolge bei allen Stellantrieben recht ähnlich ist, so ergeben sich doch aus der Art des

Motors und seiner Schaltung einige Besonderheiten, die mit einem allgemeinen Steuerbefehl nicht berücksichtigt werden können, so daß damit die Möglichkeiten des Rechners beim Steuern eines solchen Aggregates nur unvollkommen ausgenutzt würden. Eine mögliche Schaltung des Ventils mit seinem Motorantrieb zeigt Bild 8/10. Der Antriebsmotor wird mit zwei

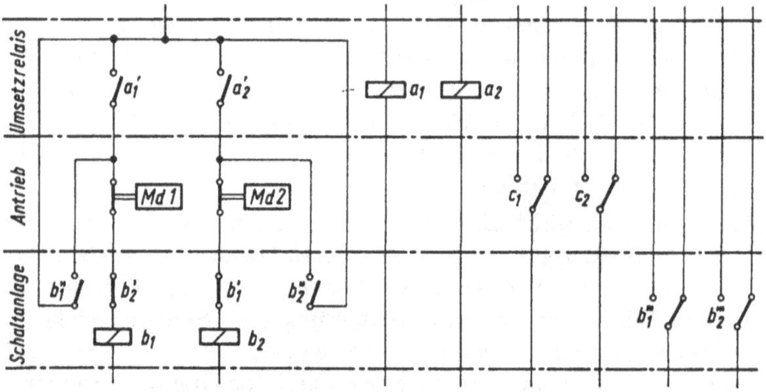

8/10 Schaltplan eines motorbetätigten Ventils

Schützen b_1 zum Öffnen und b_2 zum Schließen des Ventils eingeschaltet. Eine Verriegelung b_1' bzw. b_2' sorgt dafür, daß jeweils nur eines der beiden Schütze angezogen sein kann. An der Welle des Motors befinden sich zwei Schalter *Md* 1 und *Md* 2, die den Antrieb abschalten, wenn das Drehmoment einen bestimmten Betrag überschreitet. Die Ansteuerung der Schütze erfolgt über Umsetzrelais a_1 und a_2, die vom Rechner oder einer anderen Steuerstelle mit Impulsen betätigt werden. Deshalb ist für die Schütze eine Selbsthaltung über Hilfskontakte b_1'' bzw. b_2'' erforderlich. – Die Stellung des Ventils wird über zwei Endschalter c_1 und c_2 angezeigt, die jedoch nicht in die Steuerung des Motors eingreifen. Außerdem kann die Stellung der Schütze an Hilfskontakten b_1''' und b_2''' abgelesen werden.

Bild 8/11 zeigt den Programmablauf beim Öffnen oder Schließen des Stellgliedes. Als Primärmeßwert x dienen die Endkontakte, den Sekundärwert y kann eine beliebige andere Meßstelle, z. B. ein Manometer, Druckwächter oder Strömungswächter in der Leitung hinter dem Ventil liefern. Kurz nach Einschalten des Motors muß sich bei ordnungsgemäßem Ablauf das Stellglied aus einer Endlage entfernt haben, der Primärwert x_1 muß sich also z. B. 3 sec nach dem Schalten von dem Anfangswert x_0 unterscheiden. Ist das nicht der Fall, so kann ein Klemmen des Stellgliedes die Ursache für das Versagen sein.

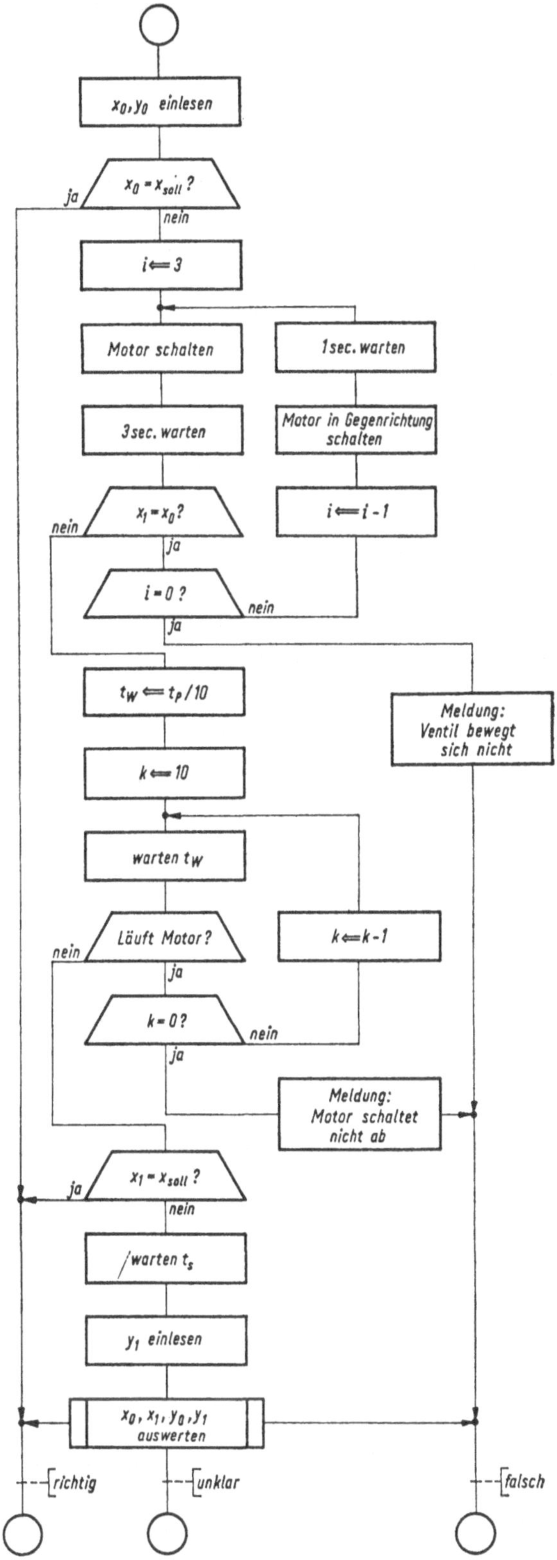

8/11 Ablaufplan zum Schalten des Ventils

Wird ein Ventil z. B. in warmem Zustand geschlossen, und soll es nach der Abkühlung wieder geöffnet werden, so kann es wegen der unterschiedlichen Wärmedehnung so fest sitzen, daß das Drehmoment des Motors zum Öffnen nicht mehr ausreicht. Zwar sollten solche störanfälligen Bauteile in einer automatisierten Anlage keine Verwendung finden, die Erfahrung zeigt jedoch, daß derartige Mängel auch bei neueren Konstruktionen immer wieder einmal auftreten. Man kann sich aber manchmal damit behelfen, daß man durch „Losrucken" das Ventil wieder gangbar macht. Dazu wird der Motor mehrfach abwechselnd in Auf- und Zu-Richtung eingeschaltet, womit eine Lockerung des Ventilkegels gegenüber seinem Sitz erreicht werden kann. Dieser Vorgang ist in dem oberen zyklischen Teil des Ablaufplans dargestellt.

Ist das Stellglied aus seiner Anfangslage losgelaufen, so vergeht eine längere Primärwartezeit t_p, bis es in der anderen Endlage angekommen ist. Diese Zeit kann in gewissen Grenzen schwanken. Um nicht länger als erforderlich auf den Abschluß des Steuervorganges warten zu müssen, wird in Abständen von $t_w = t_p/10$ durch Abfrage des Hilfskontaktes am Schütz geprüft, ob der Motor noch läuft. Noch wichtiger ist die häufige Abfrage in Störungsfällen. Bleibt das Ventil in einer mittleren Stellung stehen, dann wird dieser Fehler schnell entdeckt, und es kann sofort eine Gegenmaßnahme eingeleitet werden. — Die Auswertung der primären und sekundären Meßwerte bei $x_1 \neq x_{soll}$ geschieht auf gleiche Weise wie bei dem allgemeingültigen Steuerbefehl.

Dieses Unterprogramm zum Betätigen eines motorgetriebenen Ventils benötigt folgende Parameter:

EA 1	Adresse der Primärmeßstelle (c_1, c_2)
EA 2	Adresse der Sekundärmeßstelle
EA 3	Adresse für Steuerung „Ventil öffnen" (a_1)
EA 4	Adresse für Steuerung „Ventil schließen "(a_2)
EA 5	Adresse des Hilfskontaktes am Schütz (b_1''')
EA 6	Adresse des Hilfskontaktes am Schütz (b_2''')
SW 1	Sekundärsollwert für „Auf"-Stellung
SW 2	Sekundärsollwert für „Zu"-Stellung
WZ 1	Primärwartezeit
WZ 2	Sekundärwartezeit

Der Befehl hat die Form

$$USP\ (BA)\ (PA)\ SZ\ (BA\ 1)\ (BA\ 2).$$

Für das Öffnen und Schließen werden weitgehend dieselben Parameter verwendet. Daher lohnt es sich, für beide Schaltvorgänge einen gemeinsamen Parameterblock zu bilden. In dem Befehl *USP* muß dann mit einem Sonderzeichen SZ angegeben werden, in welcher Richtung das Stellglied bewegt werden soll. — Als Primärmeßwert dient stets die durch die Endkontakte c_1 und c_2 gemeldete Ventilstellung. Deshalb brauchen in der Parameterliste keine Primärsollwerte aufgeführt zu werden, sie haben bei allen Stellgliedern wegen der Gleichartigkeit der Meßgeräte dieselben Werte.

8.5 Befehle zur Beeinflussung des Programmablaufes

Mit den bisher behandelten Befehlen zur Meßwertverarbeitung und Steuerung können lineare und verzweigte Steuerungsprogramme formuliert werden. Programmverzweigungen erfolgen dabei auf Grund von Prüfungen an eingelesenen Meßwerten. Um den Aufbau von Steuerungsprogrammen flexibler zu gestalten, ist es angebracht, Verzweigungen auch als Folge von Entscheidungen vornehmen zu können, die an anderen Stellen des Programms getroffen worden sind. Hierzu dienen, wie bei arithmetischen Programmen, programminterne Schalter oder Weichen.

Das Stellen eines Schalters geschieht in der Form, daß auf einen Zwischenspeicher ZA ein Zeichen, z. B. eine Zahl oder ein Buchstabe, abgelegt wird. Bei der Verzweigung wird geprüft, ob der Inhalt von ZA einen bestimmten Wert hat.

Hierzu dienen die Befehle:

SST	SZ	ZA		Schalter stellen
SPR	SZ	ZA	(BA)	Schalter prüfen

Beim ersten Befehl wird SZ nach ZA gebracht, beim zweiten wird das Programm auf (BA) fortgesetzt, wenn $\langle ZA \rangle \neq SZ$ ist. Diese Befehle ermöglichen z. B., den gemeinsamen Teil zweier verschiedener Steuerungsprogramme nur einmal zu schreiben, Bild 8/12.

Der *Aufruf* eines *Steuerungsprogramms* kann auf verschiedene Weisen geschehen. Ein Teil der Programme muß durch das Bedienungspersonal gestartet werden. Solche Programme haben z. B. die Aufgabe, eine Anlage automatisch anzufahren, abzustellen oder allgemeiner eine Änderung in der Betriebsweise des Prozesses vorzunehmen, die sich nicht allein aus dem Zustand des Prozesses als notwendig ableiten läßt, sondern von außen vorgeschrieben werden muß. Eine zweite Gruppe von Programmen dient zur Steuerung in Störungsfällen. Störungen werden durch die Überwachungsprogramme für analoge und digitale Meßwerte und für Alarmsignale entdeckt. Daher müssen Steuerungsprogramme für Störungsfälle von den Überwachungsprogrammen aufgerufen werden. Während eines

Steuerungsablaufes werden Störungen auch von den Steuerungsprogrammen festgestellt. Deshalb muß ein Steuerungsprogramm, insbesondere ein Störprogramm, auch von anderen Steuerungsprogrammen in Gang gesetzt werden können.

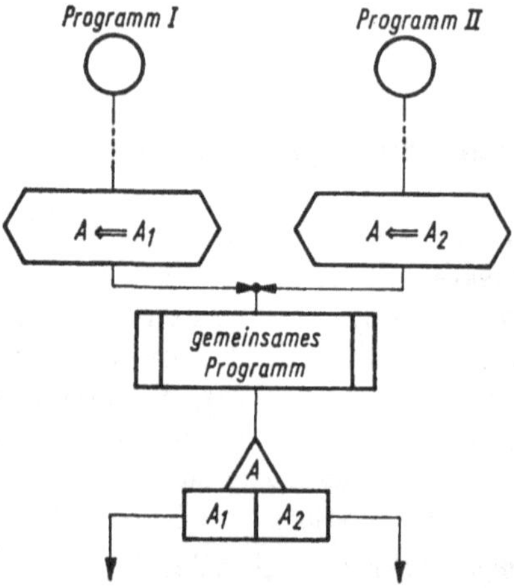

8/12 Stellen und Prüfen programminterner Schalter

Aufträge des Bedienungspersonals werden, wie schon in Kap. 7.6 geschildert, über Schreibmaschinen oder Tastaturen an den Rechner gegeben. Diese Meldungen werden von einem *Bedienungsprogramm* verarbeitet. Es durchsucht eine Liste, in der neben der Adresse jeder Taste bzw. bei Eingabe über die Schreibmaschine neben dem Aufrufcode die Anfangsadresse des zugeordneten Programms und seine Vorrangstufe gespeichert ist. Der Aufruf des Programms geschieht dadurch, daß diese Werte in die Warteliste LV des übergeordneten Verteilerprogramms eingetragen werden, vgl. Kap. 6.2. Das Bedienungsprogramm kann universell für alle Anwendungen geschrieben werden, seine Anpassung an spezielle Anwendungsfälle geschieht durch Aufstellung der Liste mit den Adressen und Vorrangstufen.

Auf gleiche Weise werden Störungsprogramme aufgerufen, die den Alarmsignalen aus der Anlage zugeordnet sind. Bei Verwendung von Tastaturen für Aufträge des Bedienungspersonals, die ja auch über den Alarmeingang des Verkehrsverteilers dem Rechner gemeldet werden, kann das Bedienungsprogramm gleichzeitig für die Verarbeitung der Alarmsignale benutzt werden, es muß also nur eine gemeinsame Adreßliste für die Bedienungstasten und die Alarmeingänge aufgestellt werden. Werden Störungen von einem Überwachungsprogramm für analoge oder digitale Meßwerte entdeckt, so müssen die zugehörigen Steuerprogramme auch von dort aufgerufen werden. Das läßt sich dadurch bewerkstelligen, daß die Anfangsadresse des Störprogramms und seine Vorrangstufe in den Parameterblock der Meßstelle aufgenommen wird. Die in Kap. 7 beschriebenen Überwachungsprogramme müssen in dem Programmzweig „Störung im Prozeß" um einige Befehle erweitert werden, mit denen das bei den Parametern notierte Störprogramm durch Meldung an das Verteilerprogramm gestartet wird.

Um auch von einem aus Makrobefehlen aufgebauten Steuerungsprogramm ein anderes aufrufen zu können, ist ein weiterer Befehl erforderlich:

PAN (*BA*) *SZ* Programm anstellen.

Das auf Platz (*BA*) beginnende Programm wird aufgerufen. Das Sonderzeichen *SZ* kann die Ziffern 0—9 annehmen; es gibt die Vorrangstufe dieses Programms an. Nach Ausführung des Befehls wird in dem allgemeinen Verteilerprogramm fortgefahren. Das eben neu in die Warteliste eingetragene Programm kann ja dringender sein als das laufende Programm, von dem es aufgerufen wurde. Die Prüfung des Vorrangs wird nun im Verteilerprogramm getroffen und daraufhin entweder mit dem ersten Befehl des neuen Programms oder mit dem auf *PAN* folgenden des alten fortgefahren.

Es wäre auch möglich, jedem Programm eine Vorrangstufe fest zuzuteilen; z. B. könnte der Vorrang auf dem ersten Platz des Programms, auf (*BA*) gespeichert werden. In den Listen der Bedienungs- und Überwachungsprogramme und im Befehl *PAN* würde dann diese Angabe überflüssig werden. Die Zuteilung der Vorrangstufe durch das aufrufende Programm schafft aber folgenden Vorteil: Der Start eines Programms geschieht unter Berücksichtigung der Betriebssituation des Prozesses, die von Überwachungs- und Steuerprogrammen oder vom Bedienungspersonal überblickt wird, d. h. von den Stellen, die daraufhin den Aufruf des Programms veranlassen. Nun kann z. B. in Störungsfällen dasselbe Steuerprogramm zum Abstellen eines Anlagenteils benutzt werden wie beim ungestörten Abfahren; es muß aber jetzt dafür gesorgt werden, daß das gestörte Aggregat möglichst schnell abgestellt wird, um Folgeschäden zu vermeiden, während bei ungestörtem Betrieb das Abstellen nicht so schnell vor sich gehen muß, was durch Zuteilung einer entsprechenden Vorrangstufe zu erledigen ist. Würden die Programme dagegen einen festen Vorrang besitzen, so kann es aus Sicherheitsgründen nötig werden, neben dem normalen Abfahrprogramm noch ein Notabfahren mit höherem Vorrang vorzusehen; der Programmierungsaufwand würde also steigen.

Es ist nützlich, von einem Steuerprogramm andere Programme nicht nur aufrufen, sondern auch abbrechen zu können. Der Befehl hierfür lautet:

PAB (*BA*) Programm abstellen.

Die Angabe einer Vorrangstufe ist dabei überflüssig. Dieser Befehl ist z. B. in folgendem Fall von Wichtigkeit: Für eine Baugruppe in der Anlage mögen mehrere Steuerungsprogramme vorhanden sein, die das Aggregat jeweils von einem Betriebszustand in einen anderen überführen. Wird während eines solchen Vorganges von einem Überwachungsprogramm eine Störung entdeckt und das zugehörige Störprogramm aufgerufen, so könnte es geschehen, daß das reguläre Steuerprogramm und das Störprogamm versuchen, widersprechende Schaltvorgänge in der Anlage auszulösen. Um das zu vermeiden, werden zu Beginn des Störprogramms mit dem Befehl *PAB* alle anderen Steuerprogramme, die in diese Baugruppe eingreifen könnten, vorsorglich abgestellt.

Ist ein Steuerungsprogramm fertig durchlaufen, dann könnte es den Abschluß seiner Arbeit ebenfalls mit dem Befehl *PAB* melden; als Adresse (*BA*) muß die eigene Anfangsadresse eingesetzt werden. Da diese Situation aber häufig auftritt, soll hierfür ein eigener, einfacherer Befehl

END Ende des Programms

benutzt werden.

Mit den bisher beschriebenen Hilfsmitteln ist das Zusammenwirken von verschiedenen Steuerungsprogrammen auf zwei Weisen möglich:

1. Informationen können mit Hilfe programminterner Schalter übergeben werden; denn ein Schalter, der mit dem Befehl *SST* in einem Programm gesetzt wird, kann auch in jedem anderen Programm mit *SPR* abgefragt werden.
2. Ein Steuerungsprogramm kann von anderen mit den Befehlen *PAN* und *PAB* aufgerufen und beendet werden.

Neben dieser direkten gegenseitigen Beeinflussung von Steuerungsprogrammen kann auch eine indirekte Wirkung von einem Programm auf andere — unter Zwischenschaltung des Bedienungspersonals — erzielt werden. Wird z. B. ein besonderes Ereignis im Prozeß von einem Programm entdeckt und mit einem Druckbefehl im Protokoll notiert, so kann sich der Operateur veranlaßt sehen, durch Bedienung seines Tastenfeldes oder der Schreibmaschine andere Programme aufzurufen oder abzubrechen. Während der direkte Informationsaustausch programmiert wird und damit völlig determiniert ist, kommt bei diesem indirekten Weg eine Zufallskomponente in den Ablauf der Programme, weil außerhalb des Rechners eine Entscheidung gefällt wird, die den Programmablauf beeinflußt. Allerdings kann man nur bei wenigen Eingriffen des Bedienungspersonals von einer indirekten Wirkung eines Programms auf andere sprechen; denn die meisten Programme können ja jederzeit aufgerufen werden, ohne daß der Rechner vorher bestimmte Meldungen ausgedruckt hat.

Eine echte Wirkung von einem Programm auf andere kann nur erzielt werden, wenn das Bedienungspersonal durch Ausgabe einer bestimmten Meldung gezwungen wird, eine Entscheidung zu fällen und sie dem Rechner über Tastatur oder Schreibmaschine mitzuteilen. Eine solche *externe Entscheidung* kann mit Vorteil angewendet werden, wenn nach Ausgabe eines Steuerbefehls wegen Fehler in der Meßeinrichtung unklar ist, ob die Steuerung mit oder ohne Erfolg durchgeführt wurde. Der Operateur wird dabei aufgefordert, den Sachverhalt zu prüfen und zu melden. Daraufhin fährt der Rechner entweder in dem Programmzweig „richtig" oder „falsch" fort. Es können also nur ganz bestimmte, vorher festgelegte Entscheidungen vorgenommen werden, denen entsprechende Programme zugeordnet sind; es handelt sich also wieder um eine gezielte Beeinflussung bestimmter Programme durch ein anderes.

Bei einer externen Entscheidung laufen im einzelnen folgende Vorgänge ab. Als erstes wird die Meldung durch den Rechner ausgedruckt. Sie hat z. B. die Form

18.23 *EXT* 17 *GEBLAESE* 2 *EIN*?
WEG 1: *JA*
WEG 2: *NEIN*

Die Buchstaben *EXT* neben der Uhrzeit kennzeichnen, daß es sich bei dem Text um eine externe Entscheidung handelt. Da in einem Programm viele solcher Meldungen möglich sind, die manchmal auch kurz nacheinander ausgegeben werden können, sind sie numeriert (17). Dahinter folgt die eigentliche Frage, die vom Personal beantwortet werden soll. Die möglichen Antworten sind darunter aufgeführt; in dem Beispiel sind es zwei, in anderen Fällen sind auch mehr Antworten möglich. Man sollte sich jedoch auf wenige Möglichkeiten beschränken, weil die Antwort des Bedienungspersonals schnell benötigt wird und deshalb die Entscheidung möglichst einfach zu fällen sein muß.

Im Programm, das die Entscheidung angefordert hat, folgt nun eine Wartezeit von 2—3 Minuten. In dieser Zeit kann der Operateur seine Meldung an den Rechner geben. Hierzu bedient er sich einer Tastatur, wie sie in Bild 8/13 dargestellt ist. In dem linken Ziffernfeld wird die Nummer der Entscheidung (17) eingetastet, in dem rechten der gewählte Weg. Danach wird durch Betätigen des Übergabeknopfes die Meldung an den Rechner gegeben. Die Meldung löst im Rechner eine Unterbrechung mit

Sprung auf ein Sonderprogramm aus, welches die Stellung der Tasten einliest und daraufhin das Folgeprogramm aufruft. Die Reaktion ist also dieselbe wie beim Aufruf beliebiger anderer Programme durch das Bedienungspersonal.

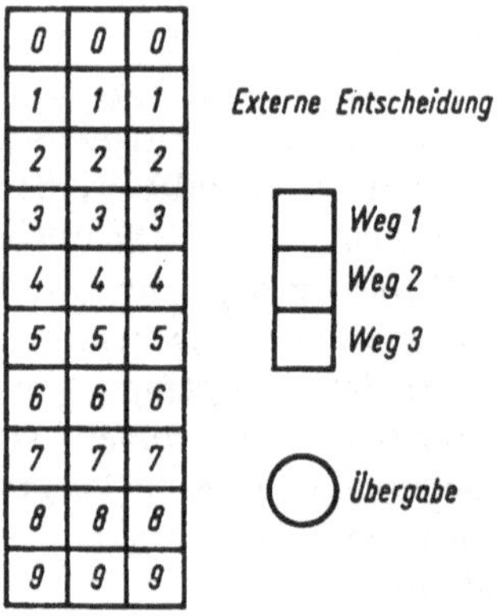

8/13 Tastatur für externe Entscheidungen

Wird innerhalb der Wartezeit keine Entscheidung gemeldet, dann fährt der Rechner auf dem Weg fort, der für die gesteuerte Anlage der sicherste ist. Im Beispiel des Steuerbefehls, dessen Ausführung unklar blieb, wird man an das geschaltete Aggregat einen Befehl geben, der die mögliche Wirkung des ersten Steuerbefehls wieder rückgängig macht, und dann auf dem Programmzweig „Schaltung ohne Erfolg" weitergehen. Das Bedienungspersonal ist also nicht gezwungen, eine Entscheidung zu fällen.

Während der Wartezeit kann vom Personal auch steuernd in den Prozeß eingegriffen werden. Die Meldung soll so abgefaßt sein, daß sie den Anlagenzustand wiedergibt, den das Programm herstellen wollte. Ist in dem obigen Beispiel das Gebläse 2 nicht in Betrieb, so kann der Operateur versuchen, den Antriebsmotor einzuschalten und bei Erfolg den Weitergang des Programms auf Weg 1 starten.

Um die Vorgänge bei einer externen Entscheidung verfolgen zu können, wird im Rechner ein Befehl benötigt, der den Ablauf einleitet, und ein Programm, welches die Entscheidung verarbeitet. Der Befehl muß die Meldung ausdrucken sowie die Nummer der Entscheidung und den Zeitpunkt der Befehlsgabe in einer Liste notieren. Das Sonderprogramm wird durch das Unterbrechungssignal aufgerufen, das bei Betätigung des Knopfes „Übergabe" ausgelöst wird, Bild 8/14. Es prüft zunächst, ob die Entscheidung in der Warteliste angemeldet ist; wenn nicht, liegt ein Fehler vor, andernfalls wird das Folgeprogramm aufgerufen. Das Programm wird auch in bestimmten Zeitabständen vom Verteilerprogramm gestartet. Es untersucht dann, ob die Wartezeit abgelaufen ist, ohne daß vom Personal eine Entscheidung gefällt wurde, und leitet dann ebenfalls das Folgeprogramm ein.

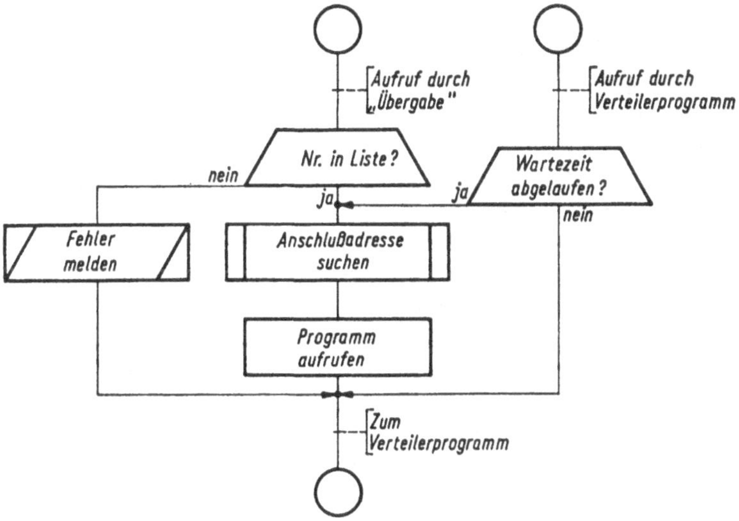

8/14 Programm zum Verarbeiten externer Entscheidungen

Der Befehl zum Einleiten der Entscheidung kann in der Form geschrieben werden:

$$EXT\ SW\ TEXT\ \ 1TEXT\ \ 2TEXT \ldots SZ.$$

Mit SW wird die Nummer der Entscheidung angegeben, der erste $TEXT$ gibt den Inhalt der ersten Zeile der Meldung, der Drucktext für Weg 1, 2, ... steht jeweils hinter der entsprechenden Ziffer, SZ kennzeichnet (wie bei DRU) das Ende des Befehls.

8.6 Die Struktur von Steuerungsprogrammen

Die in den letzten Abschnitten behandelten Makrobefehle bilden die Elemente aller Programme, mit denen die Steuerung instationärer Vorgänge von technischen Prozessen durchgeführt werden kann. Ebenso wie bei mathematischen Problemen ist auch hier allein durch die Aufgabenstellung das zugehörige Programm jedoch noch nicht eindeutig festgelegt; es ist vielmehr auch bei der Steuerung eine Vielzahl aus Makrobefehlen aufgebauter

Programme möglich, die die Aufgabe richtig lösen. Sie können sich in ihrer Struktur, wie sie durch die Ablaufpläne dargestellt wird, und in der Anzahl ihrer Befehle recht erheblich unterscheiden. Ähnlich wie bei arithmetischen Programmen kann durch Gliederung längerer Programme in mehrere Teilprogramme und durch vielfache Verwendung von Unterprogrammen eine größere Übersichtlichkeit und damit eine Vereinfachung bei der Aufstellung der Befehlsliste erreicht werden, womit auch die Zahl der Fehler klein gehalten wird. Im folgenden sollen einige Richtlinien erläutert werden, mit denen eine klare Struktur der Steuerungsprogramme erreicht werden kann.

Theoretisch besteht die Möglichkeit, für jeden instationären Vorgang, der in einem Prozeß vorkommen kann, ein besonderes Steuerungsprogramm im Rechner vorzusehen. Technische Anlagen, die von einem Prozeßrechner gesteuert werden, sind nun aber sehr umfangreich, und auch die Zahl der verschiedenen Betriebszustände ist meist sehr hoch, so daß bei dieser Methode viele, sehr komplizierte Programme aufgestellt werden müßten. Doch auch wenn nur wenige verschiedene Betriebsweisen vorkommen, so kann doch an jedem der vielen Einzelaggregate der Anlage eine Störung auftreten, so daß zumindest eine große Zahl von Störprogrammen erforderlich wird. Will man auch noch die Kombinationen mehrerer Störungen durch Steuerprogramme erfassen, dann wird der Arbeitsaufwand derartig hoch, daß die Methode der Aufstellung von Einzelprogrammen für jeden Betriebsvorgang praktisch nicht durchführbar ist.

Vergleicht man nun eine Reihe verschiedener Steuerungsvorgänge, so zeigt sich, daß sie vielfach gemeinsame Teile besitzen. Z. B. benutzt man bei Prozessen, in denen flüssige Medien gefördert werden müssen, häufig mehrere parallel geschaltete Pumpen. Beim Anfahren der Anlage wird zuerst eine Pumpe in Betrieb genommen. Wird später eine größere Durchsatzmenge benötigt, so wird die nächste Pumpe dazugeschaltet. Beim Senken der Leistung erfolgt umgekehrt ein Abstellen einer Pumpe. Tritt an einer Pumpe eine Störung auf, so wird sie abgeschaltet und eine andere dafür eingeschaltet. Beim Anfahren und Abstellen, bei Änderungen der Leistung und in Störungsfällen werden für jede Pumpe also nur zwei Programme benötigt, nämlich das Ein- und Ausschalten. Deshalb ist es naheliegend, diese Programme nur einmal zu schreiben und sie z. B. als Unterprogramme von den übergeordneten Programmen zum Anfahren und Abstellen der Gesamtanlage, zur Änderung der Leistung oder bei Störungen aufzurufen.

Ein Programm zur Steuerung eines instationären Vorgangs im gesamten Prozeß enthält also eine Reihe von Teilprogrammen, die die Steuerung in einem begrenzten Teil der Anlage vornehmen. Verschiedene Steuerprogramme unterscheiden sich dadurch, welche Teilprogramme benutzt werden, in welcher Reihenfolge und unter welchen Bedingungen sie abgewickelt werden. Ein Teilprogramm hat ja im allgemeinen mindestens zwei Ausgänge; einen für den Fall, daß es seine Aufgabe störungsfrei ausgeführt hat, den anderen im Störungsfall. Je nach dem Ausgang muß das übergeordnete Steuerungsprogramm verschiedene Maßnahmen einleiten, so daß die Ergebnisse der Teilprogramme wesentliche Bedingungen für die übergeordneten Programme darstellen.

Ein übersichtlicher Aufbau der Steuerungsprogramme läßt sich also erreichen, wenn man den Prozeß zuerst in eine Reihe mehr oder weniger in sich geschlossener Teile gliedert. Diese Teile können räumlich zusammenhängende Baugruppen sein — ein Beispiel sind die oben erwähnten Pumpen —; es können aber auch entfernt angeordnete Teile sein, deren Funktionen jedoch eng miteinander gekoppelt sind. Als Beispiel seien das Wasser-Dampf-System oder das Luft-Rauchgas-System eines Dampferzeugers genannt. Ein derartiger Teilbereich eines Prozesses soll deshalb als *Funktionsgruppe* bezeichnet werden. Das wesentliche Kriterium zur Abgrenzung von Anlageteilen gegenüber dem übrigen Prozeß besteht darin, daß nur eine kleine Zahl physikalischer Bedingungen erfüllt sein muß, damit die Funktionsgruppe mit der Gesamtanlage zusammenarbeiten kann. Für die Steuerungsvorgänge bedeutet das, daß der Zustand des abgegrenzten Teils mit wenigen Informationen beschrieben werden kann, und daß umgekehrt auch nur wenige Informationen aus dem übrigen Prozeß erforderlich sind, um die Voraussetzung für den Ablauf eines Steuerungsvorganges in der Funktionsgruppe zu prüfen.

Am Beispiel der oben erwähnten Funktionsgruppe „Pumpen" sei dieses Kriterium erläutert. Die Aufgabe der Pumpen besteht darin, eine bestimmte Menge eines Mediums bei bestimmten Druck zu fördern. Druck und Menge sind also die physikalischen Größen, die für die Zusammenarbeit mit der übrigen Anlage ausschlaggebend sind. Diese beiden Werte sind ausreichend als Informationen über den Betriebszustand der Pumpen in Steuerungsprogrammen für andere Funktionsgruppen. Es ist gleichgültig, welche der Pumpen zur Zeit arbeiten, welche in Reserve stehen, oder ob an den Reservepumpen Störungen vorliegen. Von der Vielzahl der Informationen, die den Betriebszustand der Pumpe charakterisieren, werden für den Gesamtprozeß also nur ganz wenige benötigt. Umgekehrt müssen die Steuerprogramme für die Pumpen auch nur wenig über den Zustand des Prozesses voraussetzen. Beim Einschalten muß gewährleistet sein, daß an der Saugseite Fördermedium vorhanden ist, beim Abschalten ist Voraussetzung, daß die hinter der Pumpe angeschlossene Funktionsgruppe keinen Schaden erfährt, wenn der Mengenstrom unterbunden wird. Alle übrigen Voraussetzungen werden von den Steuerprogrammen für die Funktionsgruppe selbst geschaffen, wie z. B. das Öffnen und Schließen der Absperrventile oder die Versorgung mit Lageröl und Kühlmittel für die Antriebsmotoren.

Nachdem der Prozeß in dieser Weise in Funktionsgruppen unterteilt ist, muß festgelegt werden, welche Steuerungsprogramme für jede Gruppe benötigt werden. Beim Beispiel der Pumpen müßte also für jede Pumpe je ein Programm zum Anfahren und Abstellen vorgesehen werden. Da es im Zusammenhang mit dem gesamten Prozeß aber unwichtig ist, welche Pumpe beim An- und Abfahren oder bei einer Änderung der Betriebsweise zu- oder abgeschaltet wird, wird man von den übergeordneten Steuerprogrammen nur die Befehle „eine Pumpe einschalten“ und „eine Pumpe abschalten“ geben, die Auswahl einer Pumpe sollte Aufgabe der Funktionsgruppenprogramme sein. Bild 8/15 zeigt den Ablaufplan für das Auswählen und Einschalten einer Pumpe von dreien.

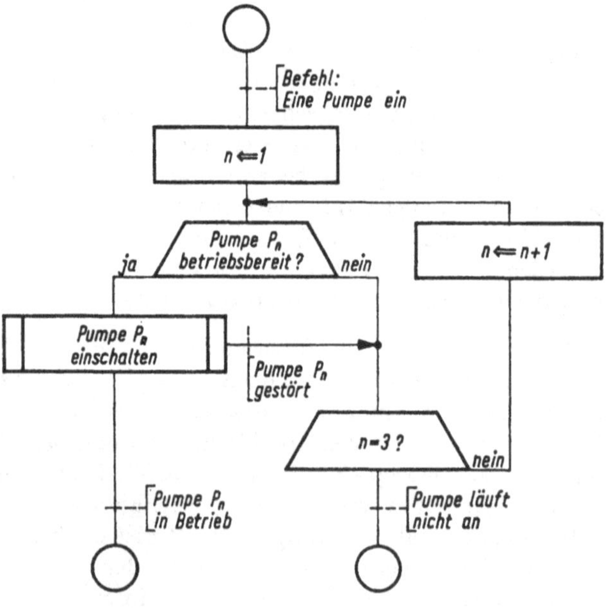

8/15 Auswahlprogramm zum Einschalten einer Pumpe von dreien

Das Ausschalten einer Pumpe kann in der gleichen Weise geschehen. Während aber beim Einschalten die Pumpen einzeln in größeren Zeitabständen in Betrieb genommen werden, kann es beim Abschalten auch nötig sein, möglichst schnell alle in Betrieb befindlichen Aggregate herauszunehmen, falls durch einen Störungsfall in einer anderen Funktionsgruppe das Medium an der Saugseite der Pumpen wegfällt. In diesem Fall müssen also die Abschaltprogramme aller drei Pumpen gleichzeitig in Betrieb genommen werden, um parallel ablaufen zu können.

Wird vom Überwachungsprogramm an einer der Pumpen eine Störung entdeckt und gelingt es, schnell eine Reservepumpe in Betrieb zu nehmen, so können damit Folgestörungen in anderen Funktionsgruppen vermieden werden, und der Betrieb des gesamten Prozesses kann unverändert aufrechterhalten bleiben. Die Beseitigung der Störung bleibt also auf die Funktionsgruppe beschränkt; deshalb gehört dieses Störungsprogramm zu den Funktionsgruppenprogrammen, Bild 8/16. Nur wenn keine Reservepumpe in Betrieb geht, muß eine Meldung erfolgen und ein übergeordnetes Störungsprogramm aufgerufen werden, das dann auch in andere Funktionsgruppen eingreift.

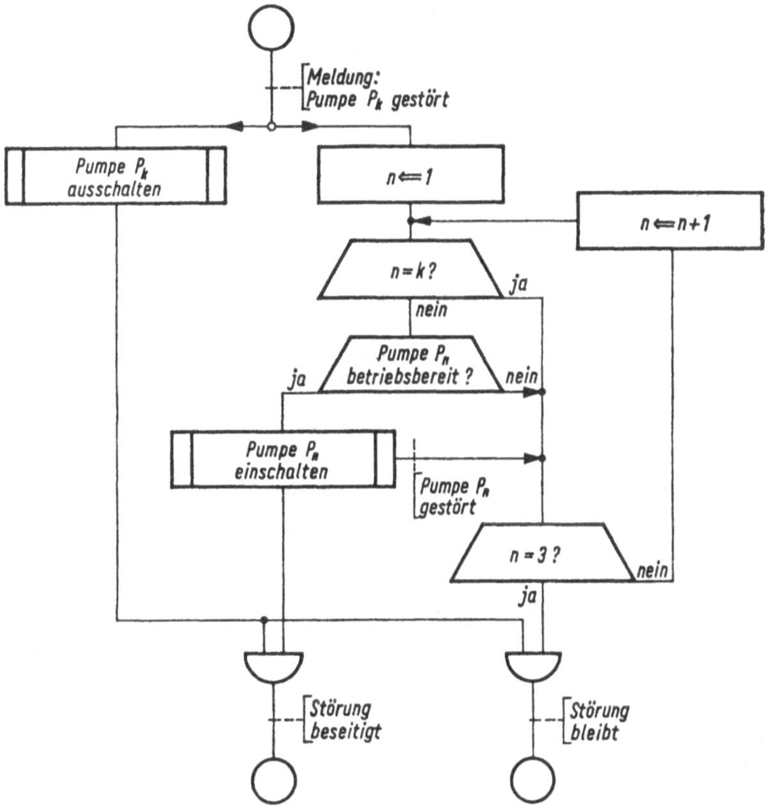

8/16 Umschalten auf ein Reserveaggregat im Störungsfall

Eine ähnliche Gliederung der Programme für eine Funktionsgruppe wie bei den Pumpen ist immer dann möglich, wenn die Anlageteile nur in einer begrenzten Zahl verschiedener stationärer Betriebszustände arbeiten können. Die instationären Vorgänge lassen sich dann auf wenige Folgen von Ein- und Ausschaltungen zurückführen; dabei können sich die Schaltfolgen auf die gesamte Funktionsgruppe oder nur auf einzelne Teile auswirken. Ein anderer Aufbau der Programme ist erforderlich, wenn der stationäre Betriebszustand einer Funktionsgruppe in bestimmten Grenzen stetig veränderlich ist. Ein Beispiel ist die Feuerung eines Dampferzeugers, bei der die Wärmeleistung zwischen einem unteren und oberen Grenzwert jede beliebige Größe annehmen kann. Die Feuerung ist gerätetechnisch aus einer Anzahl von Brennern aufgebaut, die jeder einzeln oder in kleineren Gruppen gezündet und abgestellt werden können. Außerdem kann die Menge des zugeführten Brennstoffes stetig verändert werden.

Die Steuerung des stetigen Übergangs zwischen zwei beliebigen Zuständen kann mit Programmen erfolgen, die den gesamten Bereich zwischen unterem und oberem Grenzwert x_{min} bzw. x_{max} überdecken. In vielen Fällen ist es nützlich, ein Programm zur Steigerung des Wertes x von x_{min} bis x_{max} und ein zweites zur Steuerung in umgekehrter Richtung von x_{max} nach x_{min} vorzusehen; in einfacheren Fällen ist auch ein Programm zur Steuerung in beiden Richtungen ausreichend.

Die Programme sind so aufgebaut, daß sie den Wert x stetig verändern, so daß jeder beliebige Zwischenwert durchfahren wird. Soll nur eine kleine Änderung zwischen den Zuständen x_1 und x_2 innerhalb des Steuerbereiches $x_{min} < x < x_{max}$ durchfahren werden, dann ist es möglich, hierfür den entsprechenden Teil des universellen Steuerprogramms zu benutzen. Als erstes muß geprüft werden, ob der neue Wert x_2 größer oder kleiner als der Momentanwert x_1 ist, und dementsprechend das Programm zum Vergrößern oder Verkleinern von x aufgerufen werden. In einem Vorprogramm wird dann auf Grund des Anfangswertes x_1 festgestellt, an welcher Stelle das eigentliche Steuerprogramm gestartet werden soll. Im Programm selbst wird häufig geprüft, ob der Momentanwert x mit dem Sollwert x_2 übereinstimmt und gegebenenfalls das Programm abgebrochen.

Ein Programm zur stetigen Veränderung einer Größe x muß zwei verschiedene Arten von Steuerungsvorgängen durchführen. Die erste ist das eigentliche kontinuierliche Verstellen bestimmter Größen. Wird die Größe x mit einem vom Rechner unabhängigen Regler auf konstantem Wert gehalten, so besteht die Aufgabe des Programms in diesem einfachsten Fall nur in einer Verstellung des Sollwertes dieses Regelkreises. Ist kein Regler vorhanden, dann muß der Rechner ein oder mehrere Stellglieder stetig verändern. Das können z. B. Ventile sein, mit denen die Menge eines flüssigen oder gasförmigen Mediums eingestellt wird, es können die Drehzahlen von Motoren geändert werden, mit denen die Fördereinrichtung für Schüttgüter angetrieben wird. Die zweite Art von Steuerungsvorgängen besteht im Ein- oder Ausschalten von Anlageteilen. Hierbei handelt es sich also eigentlich um einen unstetigen Ablauf, bei dem die Größe x sprunghaft ihren Wert verändert. Viele Funktionsgruppen bestehen aus mehreren gleichartigen Aggregaten, die parallel arbeiten; ein Beispiel waren die Brenner in der Feuerung eines Dampferzeugers. Jedes einzelne dieser Aggregate kann nur einen kleinen Bereich $x'_{\min} < x < x'_{\max}$ des Gesamtbereiches $x_{\min} < x < x_{\max}$ überdecken, in dem der Wert x von der Funktionsgruppe stationär geliefert werden kann. Bei einer größeren Änderung von x_1 auf x_2, die außerhalb des Bereiches $x'_{\max} - x'_{\min}$ eines Aggregates liegt, müssen also andere Parallelgeräte zu- oder abgeschaltet werden; und nur eine anschließende Feineinstellung kann durch stetige Steuerung an den Stellgliedern oder Reglern erfolgen.

Bild 8/17 zeigt den Verlauf der Stellgröße x, wenn vom Steuerungsprogramm ein Aggregat A_1 eingeschaltet wird, dann durch stetige Verstellung auf seinen Maximalwert $x'_{\max}$ gebracht wird, anschließend das nächste

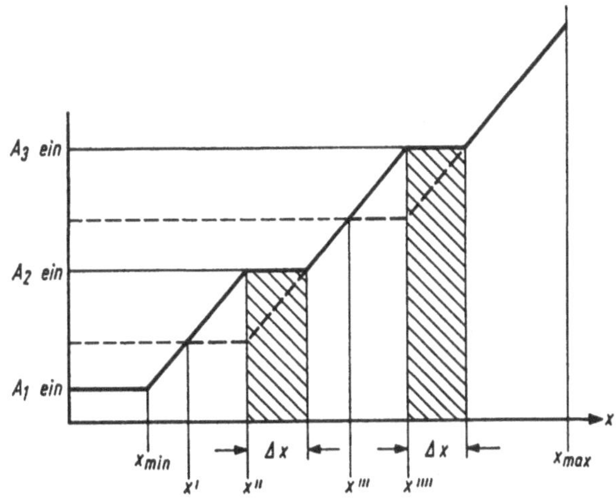

8/17 Verhalten einer stetig veränderlichen Prozeßgröße beim Zuschalten von Parallelaggregaten

Gerät A_2 eingeschaltet wird, usw. Wegen der sprunghaften Vergrößerung von x beim Einschalten eines Aggregates ist es bei dieser Art der Steuerung nicht möglich, x innerhalb der schraffierten Bereiche zu variieren. Dazu muß das nächste Aggregat schon eingeschaltet werden, bevor das vorhergehende auf seinen Maximalwert gebracht ist; diese Steuerfolge ist ge-

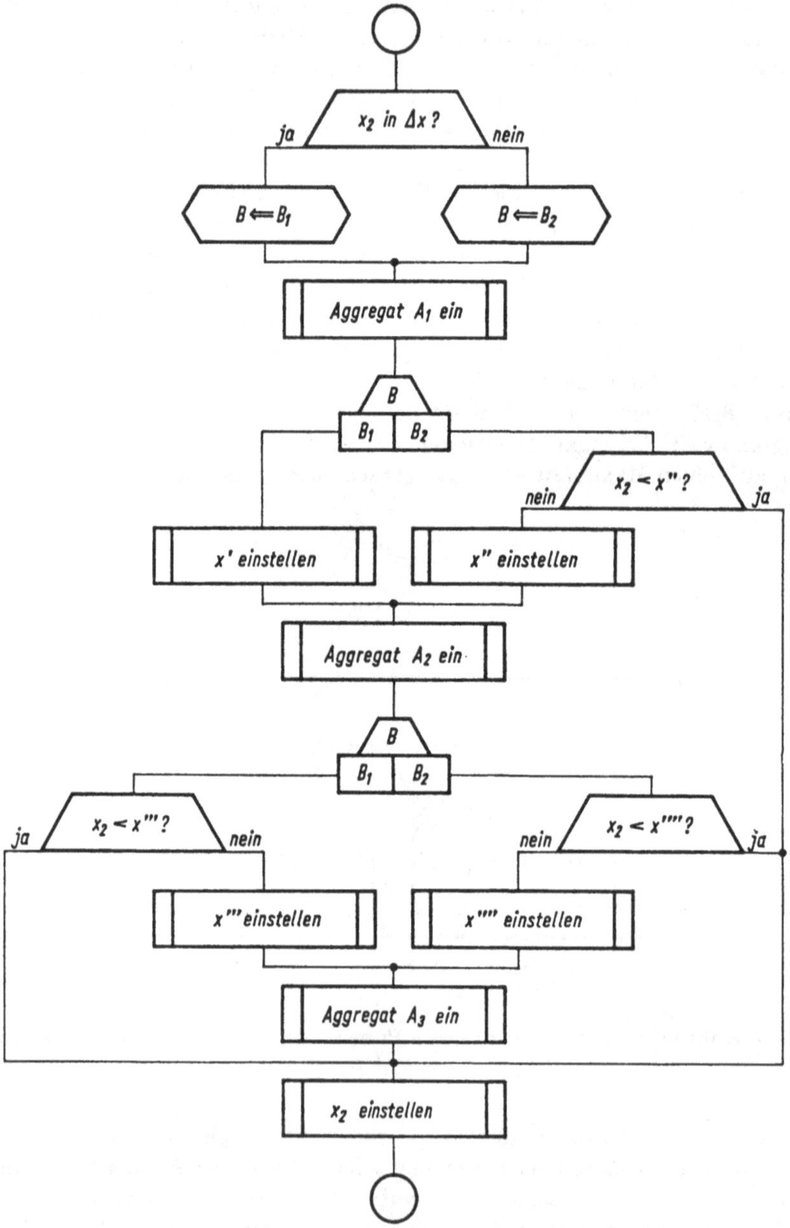

8/18 Programm zur stetigen Veränderung einer Prozeßgröße nach Bild 8/17

strichelt eingezeichnet. Bild 8/18 zeigt, wie man durch Verwendung von Schaltern die beiden Varianten des Steuerungsprogramms einer Änderung auf einen beliebigen Endwert x_2 leicht anpassen kann. Wird in dem Unterprogramm zum Einschalten eines Aggregates zu Beginn geprüft, ob das Gerät bereits läuft und dann sofort zum Ausgang des Programms gesprungen, und entsprechend bei der stetigen Verstellung von x vorher untersucht, ob der Momentanwert bereits oberhalb des neuen Sollwertes liegt, dann kann mit diesem Programm jede Vergrößerung von x_1 auf x_2 ausgeführt werden. Das Programm zum Verkleinern von x ist ganz analog aufgebaut, nur daß an Stelle der Steuerungsprogramme zum Einschalten der Aggregate Unterprogramme zum Abschalten eingesetzt werden.

Sind bei einer Funktionsgruppe keine Schaltvorgänge erforderlich, sondern werden nur stetige Veränderungen vorgenommen, dann kann für beide Änderungsrichtungen — $x_2 \rightarrow x_1$ bzw. $x_2 \leftarrow x_1$ — dasselbe Programm verwendet werden. Die stetige Veränderung erfolgt durch den Makrobefehl *ANA*, Analogwertausgabe, bzw. durch ähnlich wirkende Unterprogramme. Dieser Befehl enthält als Parameter neben der EA-Adresse den neuen Sollwert; seine Wirkung ist unabhängig von der Richtung der Änderung.

Die Unterprogramme zum Einschalten einzelner Aggregate in Bild 8/18 beziehen sich nicht auf ein bestimmtes Anlageteil; denn wenn die verschiedenen parallel arbeitenden Teile gleichartig aufgebaut sind, ist es für die Wirkung der Funktionsgruppe nur erforderlich, daß irgendeines dieser Geräte eingeschaltet wird. Diese Unterprogramme haben also den gleichen Aufbau wie die in Bild 8/15 für die Pumpen; sie enthalten selbst noch weitere Unterprogramme.

Die Störungsprogramme für Funktionsgruppen mit stetigen Steuerungsabläufen sind ähnlich aufgebaut wie die der Gruppen mit unstetigen Schaltfolgen, sofern sie ebenfalls mit Reserveaggregaten ausgerüstet sind. Die Umschaltung von einem gestörten Anlagenteil auf eine Reserveeinrichtung ist auch hier Aufgabe der zu der Funktionsgruppe gehörenden Programme. Voraussetzung für eine solche Einordnung der Programme war es, daß die Umschaltung schnell genug erfolgt, um merkliche Auswirkungen auf andere Funktionsgruppen zu verhindern. Diese Bedingungen kann hier manchmal noch besser erfüllt werden als bei den „Schaltgruppen". Eine Störung in einer Funktionsgruppe macht sich nach außen, gegenüber den anderen Gruppen des Prozesses, dadurch bemerkbar, daß der Sollwert x sich verändert. Die Ursache dieser Störung ist ein Ausfall eines der parallel arbeitenden Aggregate. Die erste Gegenmaßnahme ist dann das Einschalten eines Reserveaggregates. Außerdem besteht aber noch die Möglichkeit, an den ungestörten Parallelgeräten die Stellgröße zu vergrößern und damit das Absinken von x während der Umschaltzeit besser aufzufangen, als es bei den anderen Funktionsgruppen möglich ist.

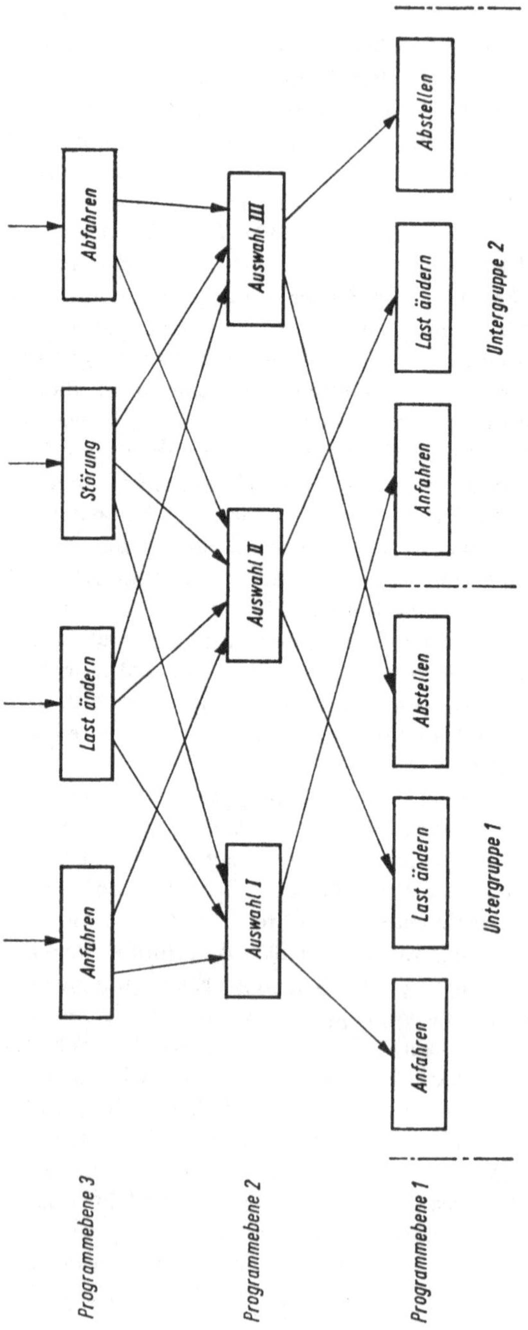

8/19 Gliederung der Programme einer Funktionsgruppe

Der Zusammenhang zwischen den verschiedenen Programmen zur Steuerung einer Funktionsgruppe läßt sich am besten übersehen, wenn man sie in verschiedene *Programmebenen* einordnet. Zu der untersten Ebene 1 gehören die Programme zum Anfahren, Abstellen und zur stetigen Veränderung des Betriebszustandes einzelner Teile der Funktionsgruppe. Sie werden von den Programmen der nächsten Ebene 2 aufgerufen, die bei allen instationären Vorgängen — im Normalbetrieb und bei Störungen — die Auswahl treffen, welche Teile der Funktionsgruppe zu steuern sind. Beispiele für diese Programme sind das Einschalten eines Aggregates von mehreren gleichartigen, Bild 8/15, und die Umschaltung bei Störungen, Bild 8/16. In der Ebene 3 befinden sich die Programme, mit denen der Betriebszustand der gesamten Funktionsgruppe gesteuert wird. Bei instationären Vorgängen sorgen sie dafür, daß die für die Zusammenarbeit der Funktionsgruppe mit den anderen Teilen des Prozesses charakteristischen Größen in geeigneter Weise verändert werden, Bild 8/18, bei Störungsfällen im stationären Betrieb werden von ihnen die Störungsprogramme der Ebene 2 aufgerufen, die die Parameter konstant halten sollen. Bild 8/19 zeigt den Zusammenhang der Programme für eine Funktionsgruppe mit zwei gleichartigen Untergruppen.

Die eigentlichen Steuerungsprogramme, die direkt mit ihren Befehlen in den Ablauf des Prozesses eingreifen, befinden sich ausschließlich in der Ebene 1. In diesen Programmen wird auch geprüft, ob die Steuerungsmaßnahmen erfolgreich abgelaufen sind. Sie besitzen deshalb zwei Ausgänge, nämlich „In Ordnung“ und „Störung“.

Der Aufruf dieser Steuerungsprogramme von den Programmen der Ebene 2 geschieht unter zwei Bedingungen. Einmal ist die Auswahl der Programme und die Reihenfolge ihres Aufrufes davon abhängig, in welchen Betriebszustand die Funktionsgruppe gefahren werden soll. Dieses Kriterium wird von den Programmen der Ebene 3 vorgeschrieben. Zum anderen muß der Zustand des gesteuerten Anlageteils beachtet werden. Hierzu können die Programme der Ebene 2 selbst Meßwerte in der Anlage abfragen. Da die Prüfung der Einzelteile der Funktionsgruppe aber schon in der Ebene 1 erfolgt, ist es möglich, den Anlagenzustand von Ebene 1 an Ebene 2 zu melden. Hierzu wird jeder Untergruppe, die von Programmen der Ebene 1 gesteuert wird, ein Speicherplatz zugeordnet, auf dem durch besondere Kennzeichen ihr Betriebszustand — „In Betrieb“, „Außer Betrieb“, „Gestört“ — notiert wird. Dieses Kennzeichen wird von den Programmen der Ebene 1 gesetzt und kann von allen anderen Programmen abgefragt werden.

Der Aufruf eines Programms der Ebene 1 von Ebene 2 und die Kontrolle des Ablaufs dieses Steuerungsprogramms kann dabei mit folgenden Befehlen erfolgen:

Adresse	OPC	Parameter	Erläuterungen
Ebene 2			
	SPR	2 Z7 (B 2)	Aggregat 7 aus?
	PAN	(P 7 E) 4	Aggregat 7 einschalten
	WRT	130	130 sec warten
	SPR	1 Z7 (B 3)	Aggregat ein?
Ebene 1			
(*P* 7 *E*)	.		Aggregat 7 einschalten
	.		
	.		
	.		
	DPR	B 28 LO (P 71)	In Betrieb?
	SST	1 Z7	Kennzeichen 1 setzen
	END		
(*P* 71)	SST	3 Z7	Kennzeichen 3 setzen
	END		(Störung)

Vor Aufruf des Einschaltprogrammes (*P* 7 *E*) wird geprüft, ob das Aggregat außer Betrieb ist, $Z\,7 = 2$. Die Laufzeit 130 sec wird abgewartet und dann durch erneute Abfrage von $Z\,7$ das Ergebnis festgestellt. In (*P* 7 *E*) wird bei erfolgreichem Einschalten $Z\,7 = 1$, im Störungsfall $Z\,7 = 3$ gesetzt.

Wird in der Ebene 1 eine Störung festgestellt, dann kann das Programm der Ebene 2 häufig unter Benutzung eines Reserveaggregats die Funktionsgruppe so steuern, daß sich der Fehler nach außen, gegenüber den anderen Funktionsgruppen des Prozesses, nicht bemerkbar macht. In diesem Fall ist es nicht erforderlich, die Störung an andere Programme weiterzumelden, da die Steuerung anderer Anlageteile von der Störung nicht beeinflußt wird. Läßt sich die Störung dagegen nicht durch Korrekturmaßnahmen kompensieren, dann muß ein Eingriff in den Ablauf anderer Programme erfolgen. Diese beiden Fälle lassen sich daran unterscheiden, daß das Programm der Ebene 2 den Auftrag, den es von Ebene 3 erhalten hat, richtig ausführen konnte oder nicht, vergl. Bild 8/15 und 8/16. Die Information kann zwischen Ebene 2 und 3 auf die gleiche Weise übertragen werden wie zwischen 1 und 2.

Oberhalb der Programmebenen für die einzelnen Funktionsgruppen befinden sich die Steuerungs- und Überwachungsprogramme für den gesamten Prozeß. Der Aufruf eines Funktionsgruppenprogramms von einem übergeordneten Steuerprogramm und die Rückmeldung über den Programmablauf kann ebenso geschehen wie zwischen den Programmebenen innerhalb der Funktionsgruppen. Etwas anders ist die Zusammenarbeit zwischen den Überwachungsprogrammen und den Programmen der Funktionsgruppe. Die Überwachung bestimmter Meßstellen wird ja begonnen oder beendet durch die Makrobefehle *UEI* bzw. *UAU*; eine Änderung der Grenzwerte erfolgt mit *NGW*. Solche Eingriffe in die Art der Überwachung sind nur erforderlich, wenn durch Steuerbefehle eine Änderung am Betriebszustand des Prozesses vorgenommen wurde.

Da eine Steuerung aber nur in der untersten Ebene 1 der Funktionsgruppenprogramme erfolgt, muß das Überwachungsprogramm auch von dort beeinflußt werden. Bei einem Programm zum Einschalten eines Anlageteils wird man deshalb nach erfolgreichem Ablauf am Ende mit *UEI* alle Meßstellen der Untergruppe in die Liste des Überwachungsprogramms eintragen, entsprechend werden vor dem Ausschalten die Meßstellen mit *UAU* aus der Liste gestrichen. Programme zur stetigen Veränderung einer Größe müssen mit *NGW* dem Überwachungsprogramm die neuen Grenzwerte der Meßgrößen mitteilen, die sich durch den Eingriff verändert haben. Im Gegensatz zur bisher betrachteten Form der Informationsübergabe werden hier also Nachrichten über mehrere Programmebenen hinweg weitergegeben.

Entdeckt ein Überwachungsprogramm einen Fehler an einer Meßstelle, dann muß es eine Meldung an die Programme der Funktionsgruppe geben, zu der diese Meßstelle gehört; denn die Störungsprogramme sind ja Teil der Funktionsprogramme. Ein direkter Aufruf des Störungsprogramms in der Ebene 3 läßt sich allerdings meistens nicht durchführen. Es besteht ja die Möglichkeit, daß kurz vorher ein übergeordnetes Steuerprogramm ebenfalls ein Programm der Funktionsgruppe aufgerufen hat. In diesem Fall würden dann zwei verschiedene Programme gleichzeitig versuchen, Steuermaßnahmen in der Funktionsgruppe vorzunehmen, wobei es zu unklaren Betriebszuständen kommen kann, deren Berücksichtigung bei der Aufstellung der einzelnen Steuerungsprogramme kaum möglich ist. Um solche Fälle zu vermeiden, ist es vorteilhaft, eine weitere Programmebene 4 vorzusehen, die ein einziges Programm enthält, welches den Verkehr zwischen allen übergeordneten Prozeßprogrammen und den eigentlichen Funktionsgruppenprogrammen der Ebenen 1—3 regelt.

Soll in der Funktionsgruppe ein Steuerungsvorgang ablaufen, so wird das Programm in Ebene 4 aufgerufen und ihm dabei mitgeteilt, welche Maßnahmen eingeleitet werden sollen. Daraufhin prüft es, ob schon ein anderes Programm der Ebene 3 aufgerufen ist. Ist das nicht der Fall, so wird das gewünschte Programm gestartet, anderenfalls muß untersucht werden, welches der Programme wichtiger ist. Wenn das zweite z. B. ein Störungsprogramm ist, wird das erste abgebrochen und das neue aufgerufen.

Der Aufruf dieses Verwaltungsprogramms in der Ebene 4 kann auf zwei Weisen geschehen. Ein übergeordnetes Steuerprogramm für den gesamten Prozeß gibt die Meldung, daß die Funktionsgruppe in einen neuen Betriebszustand gefahren werden soll. In den meisten Fällen läßt sich der Zustand durch einen Parameter z darstellen; z ist die Ausgangsgröße der Gruppe, die sie liefern muß, damit die übrigen Anlageteile des Prozesses einwandfrei arbeiten können. Läßt sich der Zustand der Gruppe kontinuierlich verändern, dann stellt z den neuen Sollwert dar, bei stufenweiser Veränderung werden für z die diskreten Werte angegeben, die die Funktionsgruppe liefern kann, z. B. die Anzahl der parallel arbeitenden Aggregate. Um den Aufruf der Programme einheitlich zu gestalten, kann man auch alle Sollwerte stetig, z. B. zwischen 0 und 100 %, übermitteln, für Funktionsgruppen mit unstetiger Variation von z wird dann die Steuerung so durchgeführt, daß der Ausgangswert größer oder gleich dem vorgegebenen Sollwert wird. In seltenen Fällen muß auch mehr als ein Parameter vorgegeben werden; die Steuerung hat dann auf gleiche Weise alle Parameter zu verändern. Wird das Verwaltungsprogramm dagegen von einem Überwachungsprogramm benachrichtigt, daß eine Störung vorliegt, so sollen die Parameter unverändert bleiben; hier muß also ein Kennzeichen über die Art der Störung übergeben werden.

Für die Auswahl der Steuerungsprogramme in Ebene 3 ergeben sich daraus die folgenden Richtlinien:

1. Die Funktionsgruppe ist stets so zu steuern, daß der zuletzt angemeldete Sollwert z möglichst schnell erreicht wird.
2. Bei Störungen müssen zunächst die gefährdeten Teile in einen sicheren Betriebszustand gebracht werden, anschließend ist der Sollwert neu einzusteuern.

Nicht immer läßt sich eine Störung an einem Anlageteil allein durch Steuerungsmaßnahmen innerhalb der zugehörigen Funktionsgruppe auffangen, vielmehr werden sich häufig auch Rückwirkungen auf andere Funktionsgruppen ergeben. Sind in einer Baugruppe keine Reserveaggregate vorgesehen, dann muß bei einer Störung an einem Teil der Betriebszustand der gesamten Funktionsgruppe geändert werden; im ungünstigsten Fall wird die Gruppe außer Betrieb genommen. Damit wird es aber auch erforderlich, den Betriebszustand anderer Funktionsgruppen zu ändern.

Beim Auftreten einer Störung in einem Anlageteil ohne Reserveeinrichtungen ist von vornherein bekannt, welches der neue Betriebszustand sein wird; denn dieser ist durch die Art der Störung und den Aufbau der gestörten Funktionsgruppe vollständig bestimmt. Deshalb kann ein übergeordnetes Programm sofort die entsprechenden Steuerprogramme in allen betroffenen Funktionsgruppen aufrufen. Eine zweite Möglichkeit der Fortpflanzung einer Störung von einer Funktionsgruppe auf andere ergibt sich, wenn die Störung nicht von den Programmen der Gruppe beseitigt werden kann, weil z. B. das Reserveaggregat nicht betriebsbereit ist. Hier muß eine Meldung an die übergeordneten Programme erfolgen, die daraufhin die Änderung des Betriebszustandes aller betroffenen Funktionsgruppen veranlassen.

Um die Zusammenarbeit verschiedener Funktionsgruppen vor allem in diesen Störungsfällen übersichtlich zu gestalten, ist es angebracht, auch die übergeordneten Steuerungsprogramme mindestens in zwei weitere Ebenen 5 und 6 zu gliedern.

Ob eine feinere Unterteilung nützlich ist, hängt von der Art des Prozesses ab und kann deshalb nicht allgemein entschieden werden. In der Ebene 5 werden alle Steuerungsmaßnahmen für instationäre Vorgänge zusammengefaßt. Ebene 6 besteht ähnlich wie Ebene 4 in den Funktionsprogrammen aus einem Programm, welches dafür sorgt, daß in Ebene 5 nicht mehr als ein Programm gleichzeitig arbeitet, damit nicht zwei Steuerprogramme versuchen, widersprechende Maßnahmen durchzuführen. Bei einer Störung, die mehrere Funktionsgruppen betrifft, wird Programm 6 aufgerufen, entweder von den allgemeinen Überwachungsprogrammen, falls bei Entdeckung einer Störung von vornherein feststeht, daß diese Einzelstörung nicht in der Funktionsgruppe beseitigt werden kann, oder von einem Funktionsgruppenprogramm, wenn es nicht gelingt, eine Störung zu beseitigen. Soll eine geplante Änderung des Betriebszustands des Prozesses durchgeführt werden, dann erfolgt der Aufruf von Ebene 6 durch das Programm, welches die Anweisungen des Bedienungspersonals verarbeitet.

Das Programm der Ebene 6 hat einige Gemeinsamkeiten in seinem Aufbau mit dem Überwachungsprogramm für Alarmsignale. Beide Programme werden bei besonderen Ereignissen aufgerufen, das erste durch Meldungen von anderen Programmen, das zweite durch Signale aus dem Prozeß. Ebenso müssen beide Programme daraufhin Maßnahmen einleiten, die einen steuernden Eingriff in den Prozeßablauf zur Folge haben. Man kann deshalb Programmebene 6 als ein Überwachungsprogramm für die Steuerprogramme bezeichnen. Dieser Vergleich läßt sich allerdings nicht sehr weit führen; er trifft nur für den ersten Teil der Programme zu, der hinter dem Aufrufbefehl ausgeführt wird. Der weitere Ablauf ist in der Programmebene 6 dagegen wesentlich verwickelter. Um diesen Aufbau näher zu erläutern, ist es zunächst erforderlich, die Struktur der Steuerungsvorgänge bei verschiedenen technischen Prozessen näher zu betrachten.

Wie schon zu Beginn dieses Kapitels gezeigt wurde, sind die Elemente der Steuerungsabläufe bei allen Prozessen gleich; diese Tatsache fand ihren Ausdruck in den Makrobefehlen.

Auch die Gliederung in Funktionsgruppen und der Aufbau zumindestens der eigentlichen Steuerungsprogramme in Ebene 1 kann bei allen Prozessen auf ähnliche Weise durchgeführt werden. Wesentliche Unterschiede ergeben sich dagegen bei dem Zusammenwirken verschiedener Gruppen. Viele Prozesse arbeiten bei Normalbetrieb in einem stationären Zustand. Aufgabe der Steuerungsprogramme ist bei ihnen die Überführung von einem Betriebszustand in den anderen. In manchen Fällen sind nur wenige stationäre Zustände zulässig; z. B. gibt es in einem Pumpspeicherwerk die Betriebsweisen „Pumpen", „Wirkstrom erzeugen" und „Blindstrom erzeugen" (Phasenschieben). In anderen Fällen kann die Betriebsweise kontinuierlich geändert werden, so ist z. B. in einem Kraftwerk die erzeugte elektrische Leistung die wesentliche Kenngröße für den Betriebszustand, in chemischen Prozessen sind es Menge und Zusammensetzung der produzierten Stoffe; diese Größen sind in weiten Grenzen veränderlich. Bei anderen Prozessen ist dagegen der instationäre Vorgang der Normalfall. Hierzu gehören Chargen-Prozesse wie in Stahl- und Walzwerken oder Fertigungsstraßen zur Bearbeitung von Einzelteilen. Der Prozeß besteht aus der laufenden Veränderung der einzelnen Charge zu einem bestimmten Endprodukt, also aus einem instationären Vorgang.

Der Zustand eines stationären Vorgangs kann durch eine Reihe unabhängiger Veränderlicher $x_1, \ldots, x_m$; $y_1, \ldots, y_n$ beschrieben werden. Hierzu gehören die wesentlichen Eigenschaften der dem Prozeß zur Verarbeitung gelieferten Materialien, die *Eingangsdaten* x_i, also z. B. in einem Dampfkraftwerk die Art des im Kessel verfeuerten Brennstoffes, und Angaben über das von der Anlage gelieferte Produkt, die *Ausgangsdaten* y_1, im Kraftwerk die erzeugte elektrische Leistung. Die gemeinsame Eigenschaft der Eingangs- und Ausgangsdaten ist es, daß sie dem Prozeß von außen vorgeschrieben werden, die Eingangsdaten durch die Art des Rohmaterials, die Ausgangsdaten als Anweisung für den Betriebszustand, der durch die Steuerungseinrichtungen hergestellt werden soll. Eingangs- und Ausgangsdaten sollen deshalb gemeinsam als *äußere Variable* bezeichnet werden.

Kann der Prozeß nur in einer begrenzten Zahl von stationären Zuständen betrieben werden, dann nimmt jeder der unabhängigen Veränderlichen x_i, y_i nur wenige diskrete Werte an, mindestens jedoch zwei, denn wenn ein x_i nur einen Wert besitzt, also konstant ist, kann es nicht zur Unterscheidung verschiedener Zustände dienen und ist deshalb für deren Beschreibung überflüssig. Bei kontinuierlich ineinander übergehenden stationären Betriebszuständen kann jede der Variablen innerhalb gewisser durch die Art der Anlage gegebenen Grenzen jeden Zwischenwert einnehmen. Die Grenzen einer Veränderlichen können konstant sein oder auch von dem Wert anderer x_i oder y_i abhängen. So ist z. B. die Menge eines Ausgangsprodukts von der Summe der Mengen aller Eingangsmaterialien abhängig.

In jedem stationären Betriebszustand des Gesamtprozesses hat nun auch jede einzelne Funktionsgruppe eine ganz bestimmte Betriebsweise, die wieder durch einen oder mehrere Parameter $z_1, z_2, \ldots, z_m$ dargestellt werden kann. Es besteht also ein Zusammenhang zwischen den unabhängigen Eingangs- und Ausgangsdaten des Prozesses, den *äußeren Variablen* x_i und y_i und den Parametern z_i der Funktionsgruppen, die sinngemäß als *innere Variable* des Prozesses bezeichnet werden sollen. Für jede innere Variable z_i gibt es also eine Beziehung der Form

$$z_i = f(x_1, \ldots, x_m; y_1, \ldots, y_n) .$$

Diese Gleichungen bilden das *mathematische Modell* des stationären Prozesses.

Bild 8/20 zeigt eine einfache graphische Darstellung für eine Gleichung eines Prozeßmodells mit einer Eingangsgröße x, die nur zwei Werte 0 und 1 annehmen kann, einer Ausgangsgröße y und einer inneren Variablen z. Wenn $x = 0$ ist, soll auch $z = 0$ sein, d. h. z. B., daß die Funktionsgruppe nicht

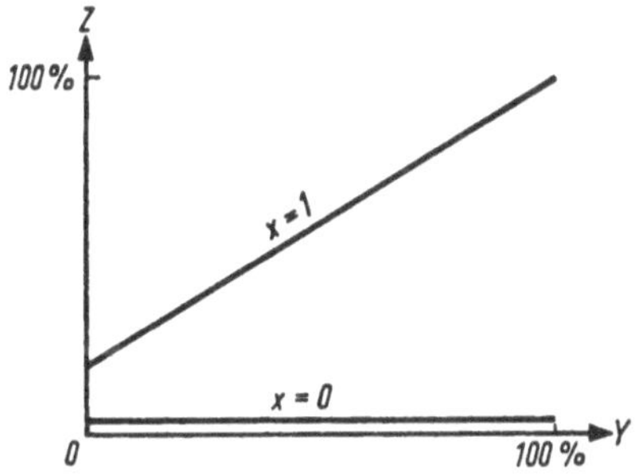

8/20 Zustand z einer Funktionsgruppe in Abhängigkeit einer äußeren (x) und einer inneren (y) Variablen des Prozesses

in Betrieb ist, bei $x = 1$ wächst z stetig von einem Anfangswert mit y. Ein Anwendungsbeispiel hierfür ist die Ölfeuerung eines Kessels, der alternativ mit einem anderen Brennstoff betrieben werden kann, gekennzeichnet durch x. y ist die Kesselleistung, z die Brennstoffmenge. $x = 1$ bedeutet Feuerung mit Öl, bei $x = 0$ wird der andere Brennstoff verwendet.

Der Übergang von einem stationären Zustand zu einem anderen kann auf drei Arten geschehen:

1. Ein oder mehrere Ausgangsdaten y_i werden von außen, als Anweisung durch das Fahrpersonal, verändert. Dann müssen durch Steuerung in den Funktionsgruppen die inneren Variablen so eingestellt werden, daß die Gleichungen des Prozeßmodells wieder erfüllt sind.
2. Eine oder mehrere Eingangsdaten x_i werden von außen geändert. Dieser Vorgang wird durch Messung der x_i festgestellt. Der Steuervorgang verläuft wie bei Punkt 1.
3. Eine oder mehrere innere Variable z_i verändern auf Grund einer Störung ihre Werte. Jetzt sind die Ausgangsgrößen y_i durch Steuerung in anderen Funktionsgruppen und damit Veränderung weiterer innerer Variabler so zu beinflussen, daß wieder ein neuer stationärer Zustand entsteht, der nach dem mathematischen Modell zulässig ist.

Unter Benutzung eines derartigen Prozeßmodells können die Steuerungsprogramme auf folgende Weise aufgebaut werden: Den Kern des Programms in der Ebene 6 bilden Unterprogramme, mit denen die Gleichungen des mathematischen Modells ausgewertet werden. Wenn es gelingt, die Gleichungen in Form einfacher arithmetischer Ausdrücke darzustellen, so werden hierzu Rechenprogramme benutzt, andernfalls werden die Abhängigkeiten zwischen den inneren und äußeren Variablen mit Funktionstabellen gespeichert, und die Berechnung einer Variablen geschieht dann mit einem Interpolationsverfahren.

Bei Änderung von Eingangs- oder Ausgangsdaten x_i bzw. y_i werden die neuen Sollwerte z_i der inneren Variablen in Ebene 6 ermittelt und dem zugehörigen Steuerprogramm in Ebene 5 übergeben. Dieses ruft wiederum die einzelnen Funktionsgruppenprogramme auf und teilt ihnen in gleicher Weise die neuen Werte ihrer Parameter z_i mit. In manchen Fällen kann es auch möglich sein, die Parameter z_i direkt von Ebene 6 an die Funktionsgruppen in Ebene 4 weiterzuleiten. Man muß aber bedenken, daß die von dem mathematischen Modell gelieferten Parameter nur für stationären Betrieb gültig sind, die Steuerungsprogramme aber einen instationären Vorgang ablaufen lassen. Auf Grund der Eigenarten des Prozesses ist es häufig nicht möglich, alle Funktionsgruppen gleichzeitig von einem Zustand in den anderen zu steuern, weil dabei instabile Zustände durchlaufen werden können, die Störungen im Prozeß zur Folge hätten. Deshalb müssen die Steuerungsprogramme der Ebene 5 dafür sorgen, daß die Funktionsgruppenprogramme in der richtigen Reihenfolge und zum geeigneten Zeitpunkt aufgerufen werden.

Bei einer Störung im Prozeß, die sich in einer Änderung innerer Variabler bemerkbar macht, müssen in Ebene 6 zuerst die neuen Werte für die y_i

bestimmt werden. Daraus können dann wie in den ersten beiden Fällen die fehlenden z_i berechnet werden; der weitere Verlauf ist derselbe wie bei einer gewollten Veränderung einer der unabhängigen Veränderlichen x_i oder y_i. Die Ermittlung der neuen Werte für y_i ist am einfachsten, wenn nur eine der inneren Variablen z geändert ist und diese Größe außerdem auch nur von einem Ausgangswert y abhängt:

$$z = f(x_1, \dots x_m; y) .$$

In diesem Fall kann y direkt aus der Umkehrfunktion

$$y = f^{-1}(x_1, \dots x_m; z)$$

gewonnen werden. Ebenso lassen sich die neuen y_i eindeutig bestimmen, wenn die Zahl der veränderten z_i und der in den Modellgleichungen auftretenden y_i gleich ist, man muß dann nur das Gleichungssystem

$$\begin{aligned} z_1 &= f(x_i; y_1, \dots, y_n) \\ z_2 &= f(x_i; y_1, \dots, y_n) \\ &\vdots \\ z_n &= f(x_i; y_1, \dots, y_n) \end{aligned}$$

nach den n Variablen $y_1, \dots, y_n$ auflösen.

Ist die Zahl der veränderten z_i größer als die der beteiligten y_i, so werden nur soviele Gleichungen zu einem System zusammengefaßt, wie y_i vorhanden sind. Die Lösungen dieser Gleichungen müssen dann in die restlichen eingesetzt werden, um zu prüfen, ob die damit neu berechneten z_i unter den vorliegenden Bedingungen zulässig sind. Ist das nicht der Fall, so muß das Verfahren mit anderen möglichen Gleichungssystemen solange wiederholt werden, bis die Bedingungen erfüllt sind. Schlimmstenfalls kann es erforderlich werden, einige der z_i im Sinne einer weiteren Abschaltung von Funktionsgruppen so zu verändern, bis wieder ein zulässiger stationärer Zustand gefunden ist. Eine Störung, die eine größere Zahl von inneren Variablen verändert, ist allerdings meistens so schwerwiegend, daß der gesamte Prozeß abgeschaltet werden muß.

Schließlich kann auch der Fall auftreten, daß die Zahl der betroffenen y_i größer ist als die der veränderten z_i; also z. B.

$$z = f(x_i; y_1, y_2) .$$

Dann wird ein y, z. B. y_1, auf dem alten Wert gehalten und das neue y_2 berechnet. Mit diesen Werten können dann auch alle fehlenden z_i neu ermittelt werden. Auf die Einzelheiten der Auswertung derartiger Gleichungen soll hier nicht näher eingegangen werden; es können dazu die bekannten Verfahren der numerischen Analysis benutzt werden.

Entsprechend der Arbeitsweise des Programms in der Ebene 6 müssen ihm bei seinem Aufruf die neuen Werte der veränderten inneren oder äußeren Variablen mitgeteilt werden. Eine Änderung eines Ausgangswertes y_i wird von dem Programm bemerkt, welches die Anweisungen des Bedienungspersonals verarbeitet. Dieses muß deshalb eine Liste führen, in der zu jedem Schalter auf dem Bedienungspult bzw. zu jedem Code, der über die Schreibmaschine eingegeben wird, die Nummer i und der neue Wert y_i der Variablen vermerkt sind, und diese Größen der Ebene 6 beim Aufruf als Parameter übergeben. Änderungen der Eingangswerte x_i werden vom Überwachungsprogramm als Meßwertänderungen entdeckt, es muß also den eingegebenen Wert und ebenfalls die Nummer der Variablen weiterleiten. Störungen im Prozeß, die sich über eine Funktionsgruppe hinaus auswirken, können ebenfalls von einem Überwachungsprogramm oder aber in einem Funktionsgruppenprogramm bemerkt werden. Hier müssen die neuen Werte der veränderten inneren Variablen z_i gemeldet werden. Da die z_i direkt den Funktionsgruppen zugeordnet sind, liegen sie in den entsprechenden Programmen der Ebene 4 vor. Die Meßstellen sind ebenfalls bestimmten Funktionsgruppen zugeordnet; es ist deshalb möglich, in der Parameterliste der Meßstelle als weitere Größe die Nummern der betroffenen inneren Variablen zu vermerken. Ihr neuer Wert muß im allgemeinen aus dem gestörten Meßwert errechnet werden. Dieses ist Aufgabe des zu der Meßstelle gehörenden Störprogramms, welches vom Überwachungsprogramm aufgerufen wird und dann nach der Verarbeitung der Parameter in das Programm der Ebene 6 springt. Bild 8/21 zeigt diese Zusammenhänge zwischen den Programmen.

Die Programme in den Ebenen 1 bis 3 können bequem mit den Makrobefehlen der Prozeßsprache programmiert werden. Die Aufgaben der darüber liegenden Programmebenen sind dagegen wesentlich andere, wie Berechnungen und Verarbeiten von Tabellen, so daß es hier besser ist, mit der maschinenorientierten Sprache des Rechners zu arbeiten. Wenn das mathematische Modell des Prozesses einfach ist, dann bereitet das keine Mühe, sind die Rechnungen aber umfangreich, so kann man auch auf eine problemorientierte Sprache wie ALGOL oder FORTRAN zurückgreifen.

Die hier gegebene Darstellung der Programmhierarchie, aufbauend auf dem mathematischen Modell, gilt allgemein für alle Prozesse, die vorwiegend in stationären Zuständen betrieben werden. Sie umfaßt alle theoretisch denkbaren Steuerabläufe, die in solchen Prozessen möglich sind. In praktischen Fällen ist die Anzahl und Kombination verschiedener Steuerungsabläufe meistens wesentlich geringer. Bei manchen Prozessen wird beispielsweise nur ein Teil der Anlage vom Rechner gesteuert, die übrigen werden nur überwacht. Bei anderen wird nur das Anfahren und Abstellen automatisiert, in einem Störungsfall wird sofort auf das Programm

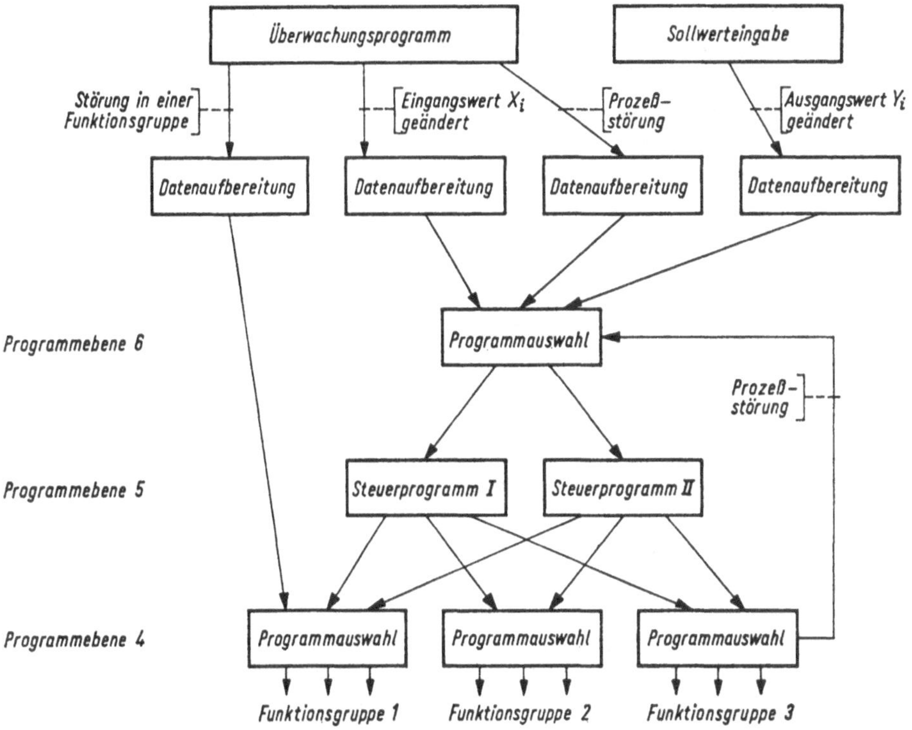

8/21 Gliederung der den Funktionsgruppen übergeordneten Prozeßprogramme

zum Abfahren gesprungen. Der Aufbau des Programmsystems wird dabei wesentlich einfacher; insbesondere fällt manchmal der Teil in der Programmebene 6, der sich mit der Auswertung des mathematischen Modells befaßt, scheinbar völlig fort. Trotzdem lassen sich diese einfacheren Fälle aber stets als Spezialfall der allgemeinen Programmhierarchie nach Bild 8/19 und 8/21 betrachten; sie entstehen daraus durch Weglassen einzelner Teile. Insbesondere ist das mathematische Modell implizit immer in den Programmen enthalten, wenn auch keine Programme vorhanden sind, die mit Prozeßgleichungen arbeiten. Die Programme der Ebenen 4 und 6, die dafür sorgen, daß von den möglichen Steuerprogrammen nicht gleichzeitig zwei verschiedene, sich widersprechende ablaufen, müssen nämlich immer vorhanden sein. Es wird also stets eine Auswahl zwischen verschiedenen Programmen getroffen, die naturgemäß auf der Prüfung vorgegebener Kriterien beruht. Diese Prüfung ist aber gleichwertig mit dem Auswerten des mathematischen Modells, nur daß z. B. in dem einfachsten Fall der Entscheidung zwischen zwei vorhandenen Steuerprogrammen, etwa dem Anfahren und Abstellen der Anlage, keine Gleichungen oder Tabellen bearbeitet werden müssen, sondern nur ein Meßwert aus dem Überwachungsprogramm oder eine Anweisung des Bedienungspersonals geprüft werden muß.

Bei vielen Prozessen bereitet es große Schwierigkeiten, ein mathematisches Modell aufzustellen. Häufig lassen sich die technologischen Zusammenhänge der verschiedenen Vorgänge in der Anlage nicht so genau übersehen, daß sie theoretisch vorhergesagt werden können. Das ist dann aber der Hauptgrund, solche Prozesse nur teilweise zu automatisieren und den Rechner vor allem zur Datenerfassung und -reduzierung einzusetzen, weniger dagegen zum Steuern der Anlage. Die Datenerfassung ist dann aber ein Mittel, den Prozeß genauer kennenzulernen, um vielleicht später das mathematische Modell aufstellen zu können und dann auch die Steuerung dem Prozeßrechner zu übergeben.

Auch bei Prozessen, in denen nur instationäre Vorgänge ablaufen, können die Programme in der eben beschriebenen Weise zusammenarbeiten. Die Eingangswerte x_i stellen u. a. die wesentlichen Daten einer Charge dar, die der Anlage zur Bearbeitung zugeführt wird, die Ausgangswerte y_i sind die Daten des daraus im Prozeß hergestellten Produktes. Allerdings läßt sich die Trennung in Eingangs- und Ausgangsvariable nicht so streng wie bisher durchführen. Bei einem Walzprozeß ist z. B. die Dicke der Rohbramme sicher eine Eingangsgröße x, die Dicke des daraus hergestellten Blockes y ist aber eine Ausgangsgröße. Faßt man x als den Momentanwert der Ausgangsgröße zu Beginn des Walzvorgangs auf, $x = y\ (t = 0)$, dann bleibt der formale Aufbau der Programmhierarchie aber erhalten.

Nach Ablauf eines Steuervorgangs wird von Programmebene 5 an Ebene 6 eine Meldung gegeben. Von dort wird dann die Verarbeitung der nächsten Charge vorbereietet, indem alle Anlageteile in eine Ausgangsstellung gebracht werden. Dieser Zustand bleibt so lange erhalten, bis eine neue Charge mit neuen Sollwerten y dem Prozeß zugeführt wird. Es können also auch — im allgemeinen kurze — stationäre Betriebszustände vorkommen.

Die umfangreichste Aufgabe bei der Ausarbeitung aller Steuerprogramme für instationäre Vorgänge ist die Schaffung der Voraussetzungen für die eigentliche Codierung in Form von detaillierten Beschreibungen der Vorgänge im Prozeß. Wenn schon die Aufstellung eines mathematischen Modells für den stationären Betrieb manchmal erhebliche Schwierigkeiten bereitet, so ist diese Aufgabe ungleich komplizierter, weil hier zusätzlich das dynamische Verhalten des Prozesses berücksichtigt werden muß. Hierzu gehört, daß die Auswirkung jedes einzelnen möglichen Steuervorganges auf den zeitlichen Verlauf der anderen Parameter abgeschätzt werden muß. Aus dieser Kenntnis sind dann die Reihenfolge der Schaltungen und die Wartezeiten zwischen den Einzelmaßnahmen so abzuleiten, daß der gesamte Ablauf der Steuerungsvorgänge mit Sicherheit ohne Gefährdung des Betriebs, nach Möglichkeit aber sogar optimal vonstatten geht.

Auch bei diesen Untersuchungen kann ein Prozeßrechner genauso wie bei der Aufstellung des stationären Prozeßmodells gute Dienste leisten. Vielfach läßt sich das dynamische Verhalten aus der Kenntnis ähnlicher Prozesse oder den bekannten physikalischen Gesetzmäßigkeiten in seinem grundsätzlichen Ablauf durch Gleichungen beschreiben; die noch unbekannten Einzelheiten des untersuchten Prozesses lassen sich durch Parameter in diese Gleichungen einbauen, die durch Versuche zu bestimmen sind. Ist der Rechner dabei mit dem Prozeß verbunden, dann kann er sofort die Versuchsauswertung vornehmen und so die Erforschung des dynamischen Verhaltens und damit die Ausarbeitung der Steuerungsprogramme beschleunigen. Auf die umfangreichen Methoden zur Erfassung des Verhaltens technischer Prozesse soll hier nicht näher eingegangen werden. Sie gehören zu den Aufgaben der Verfahrens- und Regelungstechnik und würden den Rahmen dieses Buches sprengen.

8.7 Prüfen von Steuerungsprogrammen

Wie bei jedem anderen Programm, so können auch bei der Aufstellung von Steuerungsprogrammen Fehler entstehen, indem z. B. beim Schreiben der Befehlsliste durch Flüchtigkeit falsche Adressen oder Parameter eingesetzt werden. Im Gegensatz zu Rechenprogrammen ist es hier aber nicht möglich, das Programm probehalber ablaufen zu lassen und am Ergebnis zu sehen, ob es fehlerfrei ist. Falls nämlich ein falscher Steuerbefehl ausgeführt wird, kann dadurch u. U. im Prozeß ein schwerer Schaden entstehen. Es müssen also für Steuerungsprogramme besondere Methoden der Programmprüfung verwendet werden [50].

Als erstes sind alle die Teile des Programmsystems zu prüfen, die nicht steuernd in den Prozeß eingreifen. Hierzu gehören die Organisationsprogramme für die Parallelarbeit mit den Ein/Ausgabe- und Unterbrechungsprogrammen. Ihr Aufbau ist unabhängig von dem Prozeß, mit dem der Rechner verbunden ist; er ist durch den Rechnertyp und seine Peripheriegeräte bestimmt. Sie können also geprüft werden, ohne daß der Rechner mit dem Prozeß verbunden ist. Ebenso besitzen die meisten Überwachungsprogramme einen allgemeinen Teil, der unabhängig ist von der Art des Prozesses. Sie können also auch teilweise schon vorher getestet werden. Nach der Installation des Rechners in der Anlage wird bei einem Probebetrieb festgestellt, ob die Parameterblöcke der einzelnen Meßstellen, die die Anpassung an den speziellen Prozeß besorgen, die richtigen Werte enthalten. Auch diese Prüfung kann noch in der gleichen Weise vor sich gehen wie bei Rechenprogrammen.

Die Grundelemente der eigentlichen Steuerungsprogramme bilden die Makrobefehle, die durch Übersetzungsprogramme in die Maschinensprache des Rechners gebracht werden. Auch ihr Aufbau ist noch unabhängig von der Art des gesteuerten Prozesses. Zu ihrer Prüfung wird eine kleine Zahl ausgewählter Aggregate mit den Meßfühlern und Stellgliedern an den Rechner angeschlossen. Diese Aggregate brauchen keine technisch sinnvolle Anlage zu ergeben, wichtig ist nur, daß bei einer falschen Steuerung keine Schäden entstehen können und daß alle Makrobefehle an ihnen erprobt werden können. Es werden dann kleine Prüfprogramme aus den Makrobefehlen zusammengestellt und damit dieser „Pseudoprozeß" gesteuert, wobei Fehler in den Programmen für die Makrobefehle entdeckt und korrigiert werden können.

Die Prüfung der eigentlichen Steuerungsprogramme muß nun in Verbindung mit dem Prozeß geschehen. Hier wird mit den Programmen in der untersten Ebene 1 begonnen. Sie enthalten aber schon Steuerbefehle, die in die Anlage eingreifen, deshalb muß jetzt ein anderes Verfahren für die Kontrolle angewendet werden. Das Prinzip des Prüfvorganges besteht darin, von den Makrobefehlen keine direkten Steuerimpulse zu geben, sondern nur ausdrucken zu lassen, welcher Ausgang des Verkehrsverteilers angeregt werden soll, und die Schaltung von Hand auszuführen. Die Protokollschreibmaschinen stehen in der Warte in der Nähe des Steuerpultes, so daß beim Schalten nur eine geringe Verzögerung eintritt. *Formale Fehler* werden daran erkannt, daß das Programm eine andere Steuerungsmaßnahme vorschlägt, als in den Ablaufplänen festgelegt ist. *Prinzipielle Fehler* entdeckt der prüfende Ingenieur beim Beobachten der Meßwerte aus Abweichungen gegenüber den in den Ablaufplänen zugrunde gelegten Werten.

Bei diesem Verfahren arbeiten die Steuerungsprogramme anders, als sie es später bei der direkten Prozeßsteuerung tun sollen. Eine echte Prüfung ist aber nur dann gegeben, wenn das fertig erprobte Programm nicht mehr geändert werden muß, um es zur aktiven Steuerung freizugeben. Um das zu erreichen, wird in einer gespeicherten Liste für alle Ausgänge des Verkehrsverteilers vermerkt, ob der Ausgang „frei" oder „gesperrt" ist. Die Programme für die Steuerungsmakrobefehle prüfen vor Ausführung einer Schaltung die entsprechende Stelle der Liste und führen dementsprechend die Ausgabe über den Verkehrsverteiler oder die Schreibmaschine. Zu Beginn der Programmprüfung werden alle Ausgänge gesperrt. Sind alle Programme für ein Anlageteil einer Funktionsgruppe fehlerfrei, dann werden durch Eingabe über die Schreibmaschine die Ausgänge als „frei" vermerkt.

Nachdem alle Programme der Ebene 1 für eine Funktionsgruppe geprüft sind, wird in ähnlicher Weise der Test für Ebene 2 vorgenommen. Diese Programme steuern nicht mehr direkt den Prozeß, sie können aber durch Aufruf eines falschen Programms in Ebene 1 ebenfalls einen Schaden verursachen. Wenn ein Programm aufgerufen werden soll, wird diese Absicht deshalb ebenfalls ausgedruckt und nicht gleich ausgeführt, und erst nach Genehmigung durch den Prüfenden, z. B. durch Bedienung einer Freigabetaste, wird das Programm gestartet. Ebenso wie für die Ausgänge des Verkehrsverteilers wird auch für alle Programme eine Liste mit Kennzeichen für „frei" und „besetzt" geführt, die von den Befehlen zum Programmaufruf abgefragt wird und deren Arbeitsweise bestimmt.

In der gleichen Weise können nun auch die Programme in allen weiteren Ebenen geprüft werden. Es ist dabei möglich, daß fertig erprobte Programme schon Teile des Prozesses steuern, während parallel dazu andere noch getestet werden. Dazu ist es nur erforderlich, diese Programme von Hand aufzurufen, während sie nach Ablauf der ganzen Prüfung von übergeordneten Programmen gestartet würden. Um diese Arbeitsweise des teilautomatischen Betriebs auch ohne genaue Kenntnisse der Programme mit dem normalen Bedienungspersonal der Anlage abwickeln zu können, muß für einfache Bedienungsmöglichkeiten gesorgt werden. Man kann z. B. für jede Funktionsgruppe einen Umschalter Hand/Automatik vorsehen und dazu je einen Taster zum Start der wichtigsten Programme, also hauptsächlich für Anfahren und Abstellen. Auf diese Weise kommen die Programme für die automatische Steuerung schrittweise in Gang, ohne daß der Betrieb der Anlage zu sehr behindert wird.

Schwierigkeiten treten noch beim Prüfen von Störungsprogrammen auf. Es ist ja nur in begrenztem Umfang möglich, alle einprogrammierten Störungen auch im Versuch zu erproben. Soweit eine Störung im Ausfall eines Aggregats besteht und durch Zuschalten eines Reserveaggregats behoben wird, läßt sich der Vorgang durch Abschalten des ersten von Hand simulieren. Stellt die Störung dagegen einen echten Schaden an einem Anlageteil dar, dann können die Programme nicht im Prozeß geprüft werden. Es sei aber daran erinnert, daß die eigentlichen Steuervorgänge, auch bei Störungen, stets von Programmen der Ebene 1 ausgeführt werden. Störprogramme bilden in den oberen Ebenen nur eine Kombination mehrerer dieser untersten Abläufe. Sie sind deshalb verhältnismäßig kurz und leicht überschaubar. Wenn zwei Programmierer unabhängig voneinander die Befehlslisten kontrollieren, dann ist schon eine sehr hohe Sicherheit erreicht, so daß auch diese Programme, falls sie überhaupt einmal benötigt werden, fehlerfrei arbeiten.

9. Regelungsvorgänge

9.1 Beeinflussung von Regeleinrichtungen durch den Prozeßrechner

Bei den bisher betrachteten Steuerungsvorgängen werden bestimmte Größen des technischen Prozesses so verändert, daß sie vorgewählte Werte annehmen. Nur selten lassen sich diese *Ausgangsgrößen* direkt steuern. Meist müssen andere *Eingangsgrößen* verändert werden, die erst auf Grund der dem Prozeß eigentümlichen Gesetzmäßigkeiten die Ausgangsgrößen beeinflussen. Zum Aufstellen eines Steuerungsprogramms müssen die physikalischen Zusammenhänge zwischen Eingangs- und Ausgangsgrößen bekannt sein; denn der Vorgang des Steuerns geschieht in einem *offenen Wirkungsablauf* von den Eingangs- zu den Ausgangsgrößen [49].

Zum Führen eines technischen Prozesses ist neben dem *Steuern* auch noch das *Regeln* physikalischer Größen erforderlich. Dabei wird die zu regelnde Ausgangsgröße laufend erfaßt und mit einer anderen Größe, dem Sollwert verglichen. Bei einer Abweichung der beiden Größen wird eine Eingangsgröße in dem Sinne beeinflußt, daß die Abweichung verschwindet. Der Wirkungsablauf vollzieht sich also in einem geschlossenen Kreis, dem *Regelkreis*. Regeleinrichtungen müssen vorgesehen werden, wenn der Zusammenhang zwischen Eingangs- und Ausgangsgrößen nicht genau genug bekannt ist, so daß sich zu einem Sollwert der Ausgangsgrößen die zugehörigen Werte der Eingangsgrößen theoretisch nicht vorher bestimmen lassen. Ferner können außer den gesteuerten Eingangsgrößen noch andere Größen Einfluß auf die Ausgangsgrößen besitzen. Ist der Einfluß solcher *Störgrößen* nicht bekannt oder lassen sie sich nicht messen und deshalb bei der Bestimmung der Werte der Eingangsgrößen auch nicht berücksichtigen, dann muß ebenfalls an Stelle der Steuerung eine Regelung eingesetzt werden.

Bild 9/1 zeigt den Aufbau eines Regelkreises. Die *Regelstrecke* ist der Teil des Prozesses, der von der Regeleinrichtung beeinflußt wird. Auf Grund des physikalischen Verhaltens der Regelstrecke bildet sich aus dem vom Regler vorgeschriebenen Eingangswert x_e und den Störgrößen z_s die Ausgangsgröße x_a. Sie wird mit der Führungsgröße w verglichen und liefert als $x_w = x_a - w$ die *Regelabweichung*, die die Eingangsgröße für den Regler bietet. Auch auf die Regeleinrichtung können Störgrößen z_R einwirken, die zusammen mit x_w den Ausgang, die *Stellgröße* y, erzeugen. y wird als x_e wieder dem Eingang der Regelstrecke zugeführt.

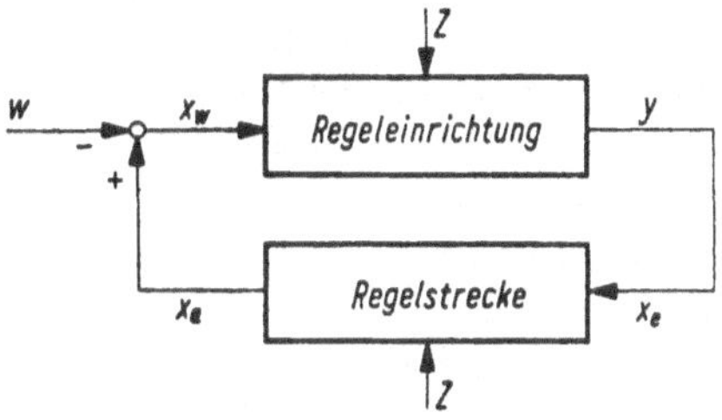

9/1 Aufbau eines Regelkreises

Zum Führen eines Prozesses müssen Steuer- und Regeleinrichtungen zusammenwirken. Beim Fahren von einem Betriebszustand in einen anderen muß bei vielen Regelkreisen der Sollwert w verändert werden. w ist ja nicht durch den Regelkreis bestimmt, sondern wird von außen vorgeschrieben. Eine Aufgabe der Steuereinrichtung ist daher die Veränderung der *Führungsgrößen* von Regelkreisen. Allerdings müssen nicht immer die Sollwerte aller Regelkreise von der Steuerung beeinflußt werden, vielmehr können sie auch durch andere, übergeordnete Regler vorgeschrieben werden. w bildet dann den Ausgang y des übergeordneten Reglers. Ein Beispiel für eine derartige Kopplung zweier Regelkreise ist die Regelung einer Durchflußmenge, Bild 9/2. Der untergeordnete Regler hat die Aufgabe, ein pneumatisch angetriebenes Stellventil in einer durch die Führungsgröße vorgegebenen Stellung zu halten; die Ausgangsgröße seiner Regelstrecke „Stellglied" ist dessen Stellung; die Eingangsgröße der Regelstrecke und damit der Ausgang des Reglers ist der Luftdruck. Der übergeordnete

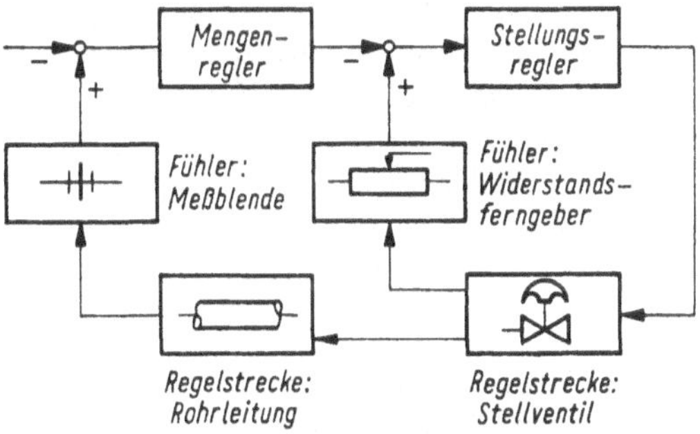

9/2 Kopplung zweier Regelkreise bei der Regelung einer Durchflußmenge

Mengenregler hat als Eingang die Durchflußmenge, sein Ausgang und damit die Führungsgröße des untergeordneten Reglers ist die Ventilstellung.

Auch bei einer solchen Vermaschung von Regelkreisen bleiben immer noch einige Regler übrig, deren Sollwerte nicht von übergeordneten Reglern, sondern von der Steuerung verstellt werden, weil der Betriebszustand des Prozesses, der u. a. durch die Sollwerte der Regler gekennzeichnet ist, nicht durch den Prozeß selbst, sondern von außen vorgeschrieben wird. Bei der Steuerung durch einen Prozeßrechner muß dieser also zumindest die Führungsgrößen für die Regeleinrichtung vorgeben können [51]. Eine Führungsgröße kann sich innerhalb eines bestimmten Wertebereiches stetig ändern, sie stellt also eine analoge Größe dar. Die Verstellung der Führungsgröße durch einen Prozeßrechner geschieht deshalb über die Analogausgabe des Verkehrsverteilers. Zur Verwendung im Rahmen eines Steuerungsprogramms war hierfür schon der Makrobefehl

ANA EA SW Analogwert ausgeben

vorgesehen. Für die Ausgabe mit Hilfe eines motorangetriebenen Potentiometers diente der Befehl

EWA EA WZ Ein-Warten-Aus.

Die Veränderung der Führungsgrößen von Reglern kann also ohne Schwierigkeiten von den Steuerungsprogrammen vorgenommen werden.

Die Vorgabe einer Führungsgröße ist die einfachste Form des Eingriffs in einen Regelkreis. Sofern der Prozeß nicht automatisch gesteuert wird, wird diese Maßnahme vom Bedienungspersonal durch Verstellung an dafür vorgesehenen Betätigungselementen im Leitstand des Prozesses durchgeführt. Beim Steuern durch einen Prozeßrechner wird hier also nur die Tätigkeit des Fahrpersonals nachgebildet. Der Rechner bietet aber noch weitere Möglichkeiten, die Regelung mit dem Ziel einer Verbesserung des Betriebsverhaltens des Prozesses zu beeinflussen, die beim Fahren „von Hand“ nur in beschränktem Maße gegeben sind. Um diese Möglichkeiten kennenzulernen, sei die Arbeitsweise des sehr häufig benutzten *PID*-Reglers näher betrachtet [52], [53]. Der Zusammenhang zwischen der Eingangsgröße des Reglers, der Regelabweichung x_w und der Ausgangsgröße y ist gegeben durch die Gleichung

$$y = K_p\, x_w + K_I \int_0^t x_w(t)\, dt + K_D \frac{dx_w}{dt}.$$

Die Bedeutung der drei Glieder auf der rechten Seite zeigt Bild 9/3. Bei einer sprunghaften Änderung von x_w ändert sich y auf Grund des ersten Gliedes $K_p\, x_w$ ebenfalls sprunghaft, die Größe y_P ist proportional dem

Sprung x_w; das Glied heißt entsprechend der *Proportionalanteil* des Reglers bzw. das *P*-Glied. Das zweite Glied $K_I \int x_w \, dt$ führt zu einem linearen Anstieg von y_I mit der Steigung $K_I x_w$, das Glied heißt *Integralanteil* oder *I*-Glied. Bei der Kombination von *P*- und *I*-Glied entsteht ein Sprung mit anschließendem linearen Anstieg. Mit $T_N = K_I/K_P$ bezeichnet man die *Nachstellzeit*. T_N ist die Zeit, die ein reiner *I*-Regler benötigen würde, um

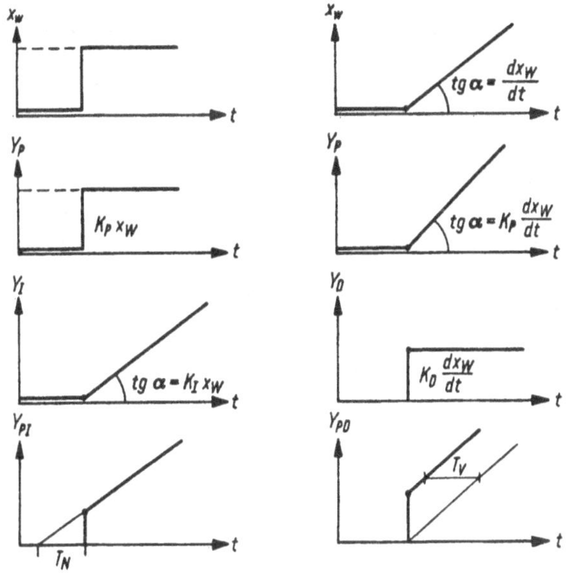

9/3 Charakteristische Größen einer Regelstrecke

die Ausgangsgröße y soviel zu ändern, wie sie beim *PI*-Regler sofort sprunghaft geändert wird. Ein *I*-Regler reagiert um T_N langsamer als ein *PI*-Regler. Das Verhalten des dritten Gliedes, des *Differentialanteils*, läßt sich am besten durch die Reaktion auf eine Änderung von x_w mit konstanter Geschwindigkeit beschreiben. Während bei einem *P*-Glied die Ausgangsgröße y_P ebenfalls linear ansteigt, ändert sich y_D sprunghaft. Bei der Kombination von *P*- und *D*-Glied entsteht wieder ein Sprung mit anschließendem linearen Anstieg. Als *Vorhaltzeit* $T_V = K_D/K_P$ bezeichnet man die Zeit, um die ein *PD*-Regler schneller als ein reiner *P*-Regler reagiert. Durch Einführung von T_N und T_V kann die Gleichung des *PID*-Reglers auch in der Form

$$y = K_P \left\{ x_w + \frac{1}{T_N} \int_0^t x_w\,(t)\,dt + T_V \frac{dx_w}{dt} \right\}$$

geschrieben werden.

Beim Einsatz eines *PID*-Reglers für eine bestimmte Regelaufgabe werden die Konstanten K_P, T_N und T_V so eingestellt, daß der Regler dem Verhalten der Regelstrecke möglichst gut angepaßt ist. Dabei können auch einzelne Glieder ganz fortfallen. Charakteristisch für diesen Regler ist dabei sein lineares Verhalten, wie es in der linearen Differentialgleichung mit konstanten Koeffizienten zum Ausdruck kommt. Das hat zur Folge, daß jede Regelabweichung x_w die gleiche Wirkung hervorruft, unabhängig von der Höhe des Istwertes x_a bzw. der Führungsgröße w. Man muß also voraussetzen, daß auch die Regelstrecke lineares Verhalten zeigt und eine Änderung der Eingangsgröße um den Betrag Δx_e nach Ablauf einer bestimmten Zeit eine Änderung der Ausgangsgröße Δx_a zur Folge hat, unabhängig von der Größe von x_e bzw. x_a. In der Praxis ist diese Eigenschaft aber nur selten erfüllt. Ist x_e z. B. die Stellung eines Regelventils und x_a die durch das Ventil strömende Menge, so ist wegen der Drosselwirkung bei schwach geöffnetem Stellglied der Anstieg der Durchflußmenge bei kleiner Öffnung niedriger als bei weit offenem Ventil. Man bestimmt in solchen Fällen die Reglerkonstanten so, daß der Regler in der Umgebung des am häufigsten auftretenden Betriebspunktes optimal arbeitet, bei größeren Abweichungen wird die Regelgüte zwangsläufig schlechter.

Beim Einsatz eines Prozeßrechners können solche durch die Nichtlinearitäten der Regelstrecke hervorgerufenen Mängel einer Regeleinrichtung auf einfache Weise verbessert werden. Bei der Auslegung eines Regelkreises bestimmt man die Werte der Reglerparameter in Abhängigkeit z. B. der Führungsgröße. Diese Funktionen $K_P = f(w)$, $T_N = f(w)$, $T_V = f(w)$ werden als Formeln oder in Tabellenform im Rechner gespeichert. Bei jeder Änderung des Sollwertes werden im Rechner die neuen Werte der Parameter ermittelt und zusammen mit w ausgegeben. Bei einem elektrischen Regler erfolgt die Einstellung der Konstanten durch Verstellen von Potentiometern. Ersetzt man diese Bauteile durch Potentiometer mit Motorantrieb, dann können die Werte durch Fernbedienung, also auch vom Rechner verstellt werden.

Die Veränderung der Parameter eines Regelkreises ist bei neueren Reglersystemen auch mit anderen Mitteln möglich [54]. So verwendet man z. B. analoge Funktionsgeneratoren, die zu einer eingegebenen Spannung x (hier der Führungsgröße w), nach einer in weiten Grenzen frei einstellbaren Funktion eine Ausgangsspannung $y = f(x)$ abgeben. Mit diesen Bauelementen läßt sich die Anpassung der Reglerparameter also auch mit Mitteln der analogen Rechentechnik bewerkstelligen. Ist der Prozeß jedoch mit einem Rechner ausgerüstet, so kann diese Anpassung mit Hilfe eines Programms einfacher geschehen als mit derartigen Spezialbausteinen.

9.2 Der Rechner als Regler

Man kann einen Regler als einen speziellen Analogrechner ansehen, der ständig — im Echtzeitbetrieb — die Lösung einer bestimmten Differentialgleichung berechnet. Da ein Digitalrechner auch die Fähigkeit besitzt, derartige Rechnungen durchzuführen, ist es prinzipiell möglich, die analogen Regeleinrichtungen eines Prozesses durch einen Digitalrechner zu ersetzen. Allerdings kann ein Digitalrechner nicht differenzieren und integrieren, man muß nach den Methoden der numerischen Mathematik die Differentialquotienten durch Differenzenquotienten und die Integrale durch Summen ersetzen [55], [56], [57]. Aus der Differentialgleichung des *PID*-Reglers wird damit die Differenzengleichung

$$y(t) = K_P \left\{ x_w(t) + \frac{1}{T_N} \sum_{k=0}^{K} x_w(t - kT) \cdot T + T_V \frac{x_w(t) - x_w(t - T)}{T} \right\} .$$

Die Eingangsgröße $x_w(t)$ wird in festen Zeitabständen T eingelesen und daraus jeweils die neue Ausgangsgröße nach dieser Formel berechnet. Bild 9/4 zeigt den zeitlichen Verlauf von Eingangs- und Ausgangsgröße. Aus der stetigen Kurve für x_w werden die Werte zu den Zeiten T, $2\,T$, ... abgelesen und damit als Treppenkurve approximiert. Ebenso wird y in

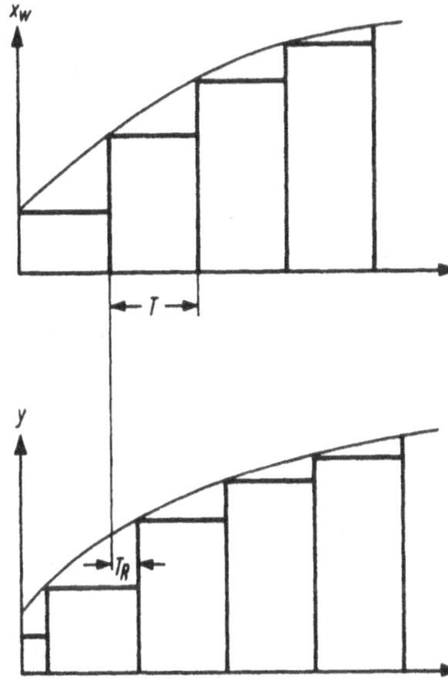

9/4 Annäherung der Ein- und Ausgangsgrößen eines Analogreglers durch Treppenfunktionen

Form einer Treppenkurve ausgegeben. Da die Berechnung von y aus x_w etwas Zeit benötigt, erfolgt die Ausgabe um die Zeit T_R nach der Eingabe.

Um mit einer solchen Treppenfunktion die Arbeitsweise eines stetigen Reglers hinreichend genau zu approximieren, muß die Abtastperiode T klein gehalten werden. T sollte nicht größer als etwa 20 % der Nachstellzeit T_N und der Vorhaltzeit T_V sein. Für Durchflußregelung beträgt T etwa 1 sec, für Druck und Behälterstand 5 sec und für Temperaturen 10—200 sec [58], [59].

Die eingelesenen Meßwerte werden immer etwas streuen, so daß auf Grund dieser Fehler ein falscher Wert für die Ausgangsgröße des Reglers berechnet wird. Beim I-Glied macht sich das nur geringfügig bemerkbar, da durch die Summation eine Mittelwertbildung erreicht wird. Das D-Glied kann dagegen zu größeren Fehlern führen, weil nur die Differenz zweier Werte in die Rechnung eingeht. Um solche Ungenauigkeiten zu vermeiden, kann man zur Bildung des Differenzenquotienten frühere Meßwerte mitheranziehen und durch einen gewogenen Mittelwert die Streuungen glätten.

Jeder technische Prozeß enthält eine größere Anzahl von Regelkreisen. Für die Programmierung ergibt sich daraus, daß man ein allgemeingültiges Unterprogramm für einen Regler aufstellen muß, welches von einem übergeordneten zyklischen Programm aufgerufen wird. Dabei werden ihm alle Parameter übergeben, die für die spezielle Regelaufgabe erforderlich sind, also die Ein-Ausgabe-Adressen des Meßwertes und des Stellgliedes, die Führungsgröße w, die Konstanten K_P, T/T_N und T_V/T sowie die Adressen der Zwischenspeicher für das Summenglied und die zuletzt abgefragten Meßwerte. Das zyklische Programm sorgt dafür, daß für jeden Regelkreis dieses Unterprogramm im richtigen Zeitpunkt aufgerufen wird.

Nicht alle Regelkreise des Prozesses werden ständig benötigt; ein Teil arbeitet nur unter bestimmten Betriebszuständen. Beim Übergang von einem Zustand in einen anderen müssen deshalb einzelne Regelkreise zu- oder abgeschaltet werden. Das kann von einem Steuerungsprogramm in ganz ähnlicher Weise veranlaßt werden wie der Beginn oder das Ende der Überwachung einzelner Meßstellen durch die allgemeinen Überwachungsprogramme; mit Makrobefehlen ähnlich *UEI* und *UAU* wird dem Regelungsprogramm mitgeteilt, welche Regelkreise ein- oder ausgeschaltet werden sollen.

Solche Umschaltungen vom Steuerungs- in den Regelungsbetrieb sollen möglichst stoßfrei vor sich gehen. Wenn beim Einschalten des Reglers die Regelabweichung sehr groß ist, so wird plötzlich die Stellung des Stellgliedes stark verändert, was sich in einer unstetigen Änderung anderer Prozeßgrößen auswirken kann, die u. U. zu gefährlichen Betriebszuständen führen. Um solche Stöße zu vermeiden, kann man vorher durch das Steuerungsprogramm das Stellglied bereits langsam in eine Stellung fahren, die es beim Umschalten auf „Regeln“ annähernd beibehalten wird. Allerdings ist das nur sehr grob möglich, denn wegen des Einwirkens von Störgrößen auf die Regelstrecke ist der Zusammenhang zwischen Eingang und Ausgang, d. h. Stellgröße und Istwert, nur ungenau vorherzusagen. Eine zweite Maßnahme zur stoßfreien Umschaltung besteht darin, den Regelkreis schon vorher „offen“ mitarbeiten zu lassen. Dabei wird laufend der Meßwert eingelesen und daraus die Stellgröße berechnet, jedoch die Steuerung des Stellgliedes noch nicht vorgenommen. Wird der Kreis geschlossen, so stehen die vorher gespeicherten Werte zur Berechnung zur Verfügung, so daß y damit genauer ermittelt werden kann. Insbesondere bleibt dadurch der bei plötzlichen Änderungen der Regelabweichung besonders wirksame D-Anteil

$$K_P \frac{T_V}{T} [x_w(t) - x_w(t-T)]$$

klein, weil sich allein durch das Zuschalten der Regelung x_w nicht ändert. Wäre dagegen der vorige Wert von x_w nicht bekannt und stände auf dem Speicherplatz für $x_w(t-T)$ ein beliebiger Wert, so könnte eine plötzliche Änderung von y die Folge sein.

9.3 Abtastregelungen

Das eben geschilderte Verfahren der Regelung durch den Prozeßrechner ging davon aus, die Arbeitsweise der gebräuchlichen stetigen Regler durch Programme nachzubilden. Der Digitalrechner besitzt nun auf Grund seiner Fähigkeit, auch wesentlich kompliziertere Rechnungen durchzuführen, die Möglichkeit, wirkungsvollere Regelverfahren zu verwenden, die mit den Mitteln der konventionellen Regelungstechnik sich zwar auch realisieren lassen, jedoch gegenüber den stetigen Reglern einen wesentlich höheren gerätetechnischen Aufwand erfordern. Hierzu gehören in erster Linie die Verfahren der Abtastregelungen [60], [61], [62].

Bei dieser Art der Regelung wird die Regelgröße oder die Regelabweichung in festen Zeitabständen von der Regeleinrichtung abgetastet und daraus unter Verwendung der Werte vorhergehender Abtastungen die neue Stellgröße gebildet, die dann für die Dauer der Abtastperiode konstant bleibt. Die Arbeitsweise entspricht also genau der eines Digitalrechners bei einem Regelvorgang. Bei einem linearen Abtastregler ist der Zusammenhang zwischen den Stellgrößen und Regelabweichungen durch eine lineare Differenzengleichung mit konstanten Koeffizienten gegeben:

$$\begin{aligned} y(t) = a_0 x(t) + a_1 x(t-T) + \ldots + a_n x(t-nT) \\ + k_1 y(t-T) + \ldots + b_n y(t-nT). \end{aligned}$$

Zur Anpassung eines Abtastreglers an die Dynamik der Regelstrecke müssen die Koeffizienten a_ν und b_ν und das Abtastintervall T geeignet gewählt werden. Dazu können verschiedene Kriterien dienen. Neben den allgemeinen Forderungen an einen Regelkreis, daß auftretende Störgrößen schnell ausgeregelt werden sollen und neue Sollwerte schnell und genau erreicht werden müssen, ohne daß zu große Überschwingungen auftreten, können noch weitere Bedingungen erfüllt werden. Es ist z. B. möglich, die Werte der Regelgröße nach einer sprunghaften Änderung des Sollwertes in den darauffolgenden Abtastzeiten festzulegen, womit die Form der Übergangsfunktion weitgehend vorherbestimmt ist. Ein einfacheres Prinzip besteht in der Vorschrift, die Regelabweichung möglichst schnell vollständig auszuregeln (deadbeat response). Aus der Theorie der Abtastregler folgt für diesen Fall, daß bei einem Regelkreis n-ter Ordnung $n + 1$ Schritte erforderlich sind.

Als Beispiel sei eine Strecke erster Ordnung mit Totzeit betrachtet. Ihr Verhalten bei einer sprunghaften Änderung der Eingangsgröße y von 0 auf 1 zur Zeit $t = 0$ ist durch folgende Übergangsfunktion gegeben, Bild 9/5:

$$u\,(t) = \begin{cases} 0 & \text{für } t < T_t \\ c_0 \left(1 - e^{-\frac{t - T_t}{T_0}}\right) & \text{für } t \geq T_t \end{cases} \tag{1}$$

Die Gleichung des Reglers lautet

$$y\,(t) = a_0\, x_w\,(t) + a_1\, x_w\,(t - T) + b_1\, y\,(t - T)\,. \tag{2}$$

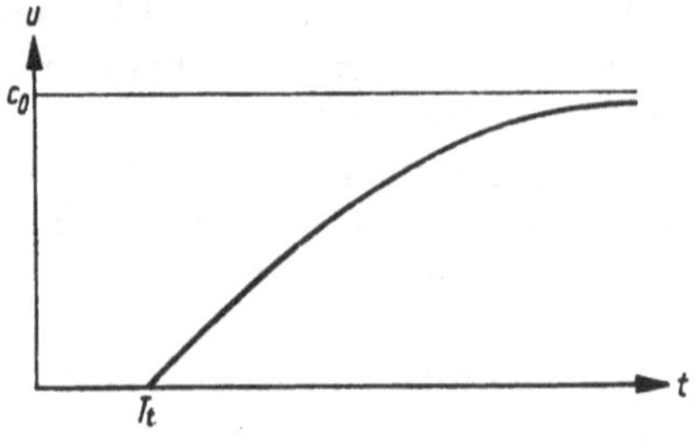

9/5 Übergangsfunktion einer Regelstrecke erster Ordnung mit Totzeit

Zur Bestimmung der Parameter a_ν, b_ν und T wird der Fall betrachtet, daß der Sollwert w und die Regelabweichung $x_w = x - w$ für $t < 0$ verschwindet; im Zeitpunkt $t = 0$ soll die Führungsgröße sprunghaft den Wert $w = w_0$ annehmen, so daß $x_w\,(0) = -\,w_0$ wird.

Diese Regelabweichung muß nun in zwei Schritten ausgeregelt werden; es ergibt sich also ein zeitlicher Verlauf von $y\,(t)$ und $x\,(t)$ gemäß Bild 9/6.

Für diesen Fall werden die Parameter ermittelt; wegen der Linearität des Regelkreises sind sie allgemeingültig.

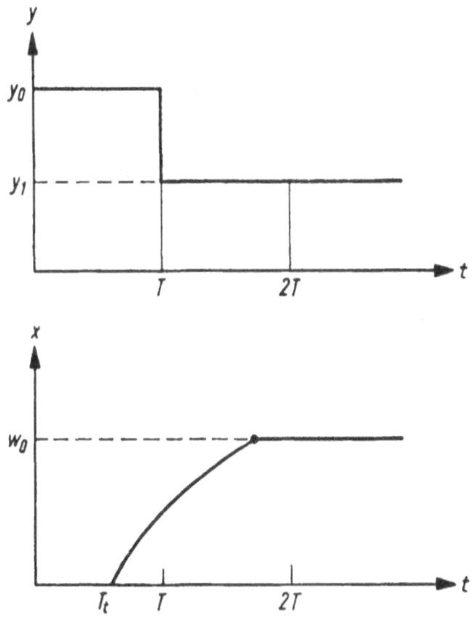

9/6 Zeitliches Verhalten eines Abtastreglers

Die Regelgröße ist gegeben durch

$$x(t) = y_0\, u(t) - (y_0 - y_1)\, u(t - T).$$

Für $t \geq T + T_t$ wird daraus unter Benutzung von Gln. (1)

$$x(t) = y_0\, c_0 \left(1 - e^{-\frac{t - T_t}{T_0}}\right) - (y_0 - y_1)\, c_0 \left(1 - e^{-\frac{t - T - T_t}{T_0}}\right)$$

$$= c_0\, y_1 - c_0\, e^{-\frac{t - T_t}{T_0}} \left[y_0 - (y_0 - y_1)\, e^{\frac{T}{T_0}}\right].$$

Die Regelabweichung $x_w = x - w$ soll für $t \geq T + T_t$ verschwinden, also ist $x(t) \equiv w_0$. Damit ergibt sich

$$w_0 = c_0\, y_1 ,$$

$$0 = y_0 - (y_0 - y_1)\, e^{\frac{T}{T_0}} ,$$

woraus $y_0 = y(0)$ und $y_1 = y(T)$ berechnet werden:

$$y(0) = \frac{w_0}{c_0} \frac{e^{\frac{T}{T_0}}}{e^{\frac{T}{T_0}} - 1}, \tag{3}$$

$$y(T) = \frac{w_0}{c_0}.$$

Die Werte der Regelgröße sind also unabhängig von der Totzeit T_t.

Zur Zeit $t = 0$ hat die Reglergleichung (2) die Form

$$y(0) = a_0 x_w(0) = -a_0 w_0 .$$

Mit (3) findet man daraus den Koeffizienten

$$a_0 = -\frac{y(0)}{w_0} = \frac{1}{c_0} \frac{e^{\frac{T}{T_0}}}{e^{\frac{T}{T_0}} - 1}.$$

Für $t = T$ und $t = 2T$ wird (2)

$$y(T) = a_0 x_w(T) + a_1 x_w(0) + b_1 y(0),$$
$$y(2T) = a_0 x_w(2T) + a_1 x_w(T) + b_1 y(T).$$

Um aus diesen Gleichungen a_1 und b_1 zu bestimmen, müssen die Werte von x_w und y eingesetzt werden. y ist aus (3) bekannt, denn $y(2T) = y(T)$. Für x gilt

$$x_w(T) = y(0)\, u(T) - w_0$$
$$= -w_0 \frac{e^{\frac{T_t}{T_0}}}{e^{\frac{T}{T_0}} - 1}, \qquad (T \geq T_t)$$
$$x_w(2T) = 0,$$

so daß a_1 und b_1 einfach errechnet werden können.

Als letzter Parameter ist noch die Abtastzeit festzulegen. Nach Gln. (3) ist theoretisch jede Abtastzeit zulässig; je kleiner T gewählt wird, um so schneller ist die Regelabweichung ausgeregelt. Praktisch ist T aber dadurch begrenzt, daß die Stellgröße y auf Grund der Eigenschaften des Stellgliedes nur in einem begrenzten Bereich variiert werden kann. Man muß deshalb T so wählen, daß bei dem in der Praxis maximal möglichen Sprung der Regelabweichung die aus Gln. (3) berechnete Stellgröße $y(0)$ noch in zulässigen Grenzen bleibt.

Das hier geschilderte Verfahren zur Bestimmung der Parameter eines Abtastreglers läßt sich auch auf Regelstrecken höherer Ordnung anwenden. Für die praktische Durchführung der Rechnung sind Methoden entwickelt worden, die den Rechenaufwand wesentlich reduzieren [63], [64]. Darauf soll hier jedoch nicht näher eingegangen werden, weil zum Verständnis dieser Rechenverfahren einige Kenntnisse der Theorie der Regelung vorausgesetzt werden müßten.

Die Programme zur Abtastregelung sind ganz ähnlich wie die *PID*-Regelprogramme aufgebaut: Ein Unterprogramm für den Regler wird von einem zyklischen Oberprogramm aufgerufen, das die Parameterversorgung für die einzelnen Regler vornimmt und für die zeitgerechte Arbeit entsprechend der Abtastzeit jedes Reglers sorgt. Die Regelabweichungen $x_w\,(t - k\,T)$ und Stellgrößen $y\,(t - k\,T)$ werden im Parameterblock des Reglers vom Unterprogramm gespeichert.

9.4 Adaptive Regelung

Bei den bisherigen Regelverfahren muß das Verhalten der Regelstrecke als bekannt vorausgesetzt werden, um die Parameter des Reglers daraus zu bestimmen. Beim *PID*-Regler waren das der Verstärkungsfaktor K_P, die Nachstellzeit T_N und die Vorhaltzeit T_V, beim Abtastregler die Koeffizienten a_ν und b_ν der Differenzengleichung. Diese Größen werden aus dem Übergangsverhalten der Regelstrecke ermittelt.

Häufig läßt sich das dynamische Verhalten der Strecke nicht theoretisch vorhersagen. Bei der Inbetriebnahme einer Regelstrecke führt man deshalb Versuche durch, um die Eigenschaften der zu regelnden Anlage festzustellen und daraufhin die Regler optimal einzustellen. Solche Versuche können jedoch keinen vollständigen Überblick über das Verhalten der Regelstrecken liefern, weil es nicht möglich ist, alle denkbaren Einflüsse von Störgrößen experimentell zu ermitteln. Deshalb kann die Einstellung der Reglerparameter nur so geschehen, daß die Regeleinrichtungen in den wichtigen Betriebszuständen optimal arbeiten.

Im Zusammenhang mit dem Einsatz von Rechengeräten beschäftigt man sich deshalb seit kurzem mit den sogenannten *adaptiven Regelverfahren* [65]. Sie haben das Ziel, aus der laufenden Messung aller erfaßbaren Größen des Prozesses die Zusammenhänge zwischen den von den Reglern ausgegebenen Stellgrößen, den meßbaren Störgrößen und den übrigen Werten des Prozesses quantitativ aufzufinden, daraus ein mathematisches Modell des Prozesses abzuleiten und die Parameter der Regler danach einzustellen. Im Unterschied zu den wenigen Versuchen bei der Inbetriebnahme wird hier also das dynamische Verhalten des Prozesses ständig beobachtet, analysiert und daraus entsprechend den verbesserten Kenntnissen die Regeleinrichtung laufend neu justiert.

Die Aufgaben der adaptiven Regelung gehen also weit über das hinaus, was mit den bisherigen Mitteln der Regelungstechnik durchführbar war. Erst durch das Aufkommen der Prozeßrechner in den letzten Jahren ist es lohnend geworden, sich mit diesen Fragen näher zu befassen. Das neue Arbeitsgebiet steckt noch in den Anfängen, deshalb möge dieser kurze Hinweis auf eine wichtige zukünftige Anwendung von Prozeßrechnern das Buch beschließen.

Literaturverzeichnis

[1] *Heinhold, J., Bauer, F. L.:* Fachbegriffe der Programmierungstechnik. 2. Aufl. R. Oldenbourg-Verlag, München 1962.

[2] *Cohnen, Hintzen, Sandkaulen:* Begriffsbestimmungen des elektronischen Rechnens. Bauverlag, Wiesbaden/Berlin 1964.

[3] *Ernst, D.:* Die Entwicklung zum automatischen Dampfkraftwerk. BWK 17 (1965) 10, S. 471–477.

[4] *Schuff, H. K.:* Der Einsatz digitaler Rechenanlagen für die Prozeßsteuerung. Elektron. Datenverarb. 5 (1963) 2, S. 49–63.

[5] *Zuse, K.:* Über automatische Prozeßkontrolle. Elektr. Ausrüst. (1964) 3, S. 83–87.

[6] *Krochmann, E.:* Analoge, digitale und hybride Technik. VDI-Z. 107 (1965) 36, S. 1760–1764.

[7] *Levy, W. A., Veitsch, E. W., Biegel, K. H.:* Design guide for computer communications systems. Computer Design 4 (1965) Part 1: H. 3, S. 36–38. – Part 2: H. 5, S. 54–56, 59–60, 62, 64, 66–69, 70, 72. – Part 3: H. 8, S. 32–36. – Part 4: H. 10, S. 32–34.

[8] *Burks, A. W., Goldstine, H. H., von Neumann, J.:* Preliminary discussions of an electronic instrument. Institute for Advanced Studies, Princeton 1947.

[9] *Händler, W.:* Digitale Universalrechenautomaten. Taschenbuch der Nachrichtenverarbeitung. Springer-Verlag, Berlin 1962, S. 1009–1139.

[10] *Berger, E. R.:* Nachrichtentheorie und Codierung. Taschenbuch der Nachrichtenverarbeitung. Springer-Verlag, Berlin 1962, S. 58–100.

[11] *von der Waerden, B. L.:* Algebra. Springer-Verlag, Berlin 1955.

[12] *Speiser, A. P.:* Digitale Rechenanlagen. 2. Aufl. Springer-Verlag, Berlin 1965.

[13] *Rechenberg, P.:* Grundzüge digitaler Rechenautomaten. Oldenbourg-Verlag, München 1964.

[14] *Anonym:* Latest developments in ferrite memories. Computer Design 4 (1965) 8, S. 42–46.

[15] *Anonym:* High density recording saves tape. Internat. Electr. 10 (1965) 5, S. 13.

[16] *Pritchard, J. P.:* New developments in cryogenic devices. Internat. Electr. 11 (1966) 1, S. 26–29.

[17] *Bain, M.:* Linking on-line data acquisition to general purpose computers. Control Engng. 11 (1964) 4, S. 92–95.

[18] *Krägeloh, W.:* Analog/Digital- und Digital/Analog-Umsetzer. Taschenbuch der Nachrichtenverarbeitung. Springer-Verlag, Berlin 1962, S. 756–778.

[19] *Backus, W., et al.:* Revised report on the algorithmic language ALGOL 60. Num. Math. 4 (1963), S. 420–453.

[20] *Nickel, K.:* ALGOL-Praktikum. G. Braun-Verlag, Karlsruhe 1964.

[21] *Baumann, R.:* ALGOL-Manual der ALCOR-Gruppe. R. Oldenbourg-Verlag, München 1965.

[22] *Herschel, R.:* Anleitung zum praktischen Gebrauch von ALGOL. R. Oldenbourg-Verlag, München 1966.

[23] *Colman, Harry L.:* FORTRAN, Problem-orientierte Programmierungssprache. Ein Selbstunterrichtslehrgang aus dem Englischen. Verlag Kunst u. Wissen, Stuttgart 1963.

[24] *McCracken, D., u. Dorn:* Numerical Methods and FORTRAN programming. Verlag J. Wiley and sons, New York 1964.

[25] *Kreis, P.:* COBOL, die Programmierungssprache für kommerzielle Aufgaben. R. Oldenbourg-Verlag, München 1964.

[26] *Boddenbruch, H.:* Programmierung digitaler Systeme. Taschenbuch der Nachrichtenverarbeitung. Springer-Verlag, Berlin 1962, S. 1330–1398.

[27] *Bauer, F., Heinhold, J., Samelson, K., Sauer, R.:* Moderne Rechenanlagen. B. G. Teubner Verlagsgesellschaft, Stuttgart 1965.

[28] *Ehrich, R.:* Das Verhalten von Dampfturbinen bei thermisch instationären Betriebszuständen. AEG-Dampfturbinen, Turbogeneratoren. Allgemeine Elektricitäts-Gesellschaft, Selbstverlag, Berlin 1963, S. 59–65.

[29] *Hastings jr., C.:* Approximations for digital computers. Princeton 1955.

[30] *Hotes, H.:* Gleichungen und Rechenverfahren zur Bestimmung der Zustandsgrößen von Wasserdampf und Wasser auf digitalen Rechenautomaten. Diss. TH Hannover 1959. Gekürzte Fassung in Allg. Wärmetechnik 9 (1959) 11/12, S. 233–252.

[31] *Goodman, R.:* Annual Review in Automatic Programming. Pergamon Press, London 1964.

[32] *Graham, M. L., Ingerman, P. Z.:* An assembly language for reprogramming. Commun. ACM 8 (1965) 12, S. 769–773.

[33] *Olsen, T. M.:* Philco/IBM translation at problem-oriented, symbolic and binary levels. Commun. ACM 8 (1965) 19, S. 762–768.

[34] *Benjamin, R. I.:* The spectra 70/45 emulator for the RCA 301. Commun. ACM 8 (1965) 12, S. 748–752.

[35] Symposium on multi-programming (concurrent programs). Proceedings IFIP-Congress 1962, Amsterdam 1963.

[36] *Wiehle, H. R., Seegmüller, G., Ulrich, W., Peischl, F.:* Ein Betriebssystem für schnelle Rechenautomaten. Elektron. Rechenanl. 6 (1964) 3, S. 119–125.

[37] *Dennis, J. B.:* Segmentation and the design of multiprogrammed computer systems. J. ACM 8 (1965) 4, S. 589–602.

[38] *Hastings, T. N.:* Real-time computing while time-sharing. Computers and Automation 14 (1965) 10, S. 28–29.

[39] *Kruse, H.:* Einsatz elektronischer Prozeßrechenanlagen in Dampfkraftwerken. BWK 16 (1964), S. 234–240.

[40] *Hotes, H.:* Ein Programmsystem für die Verwendung digitaler Prozeßrechner in Dampfkraftwerken. BWK 17 (1965) 10, S. 482–486.

[41] *Ehlers, G.:* Der Aufbau von Prozeßrechenanlagen des Libratol-Systems und ihr Einsatz in Kraftwerken. Tagung im Haus der Technik. Vulkan-Verlag, Essen 1965.

[42] *Elge, B., Herrmann, H., Hotes, H.:* Verfahren zur Bestimmung der Betriebssicherheit von automatischen Kraftwerken mit Prozeßrechnern. Séminaire International: L'automatisation dans la production et la distribution de l'energie electrique, Brüssel (1966).

[43] *Bolton, R. E.:* Computer analysis of alarms at Oldbury nuclear power station. Process control 12 (1965) 11, S. 463–465.

[44] *Shannon, J. H.:* Executive control routines for process computers. Control Engng. 10 (1963) 4, S. 85–88.

[45] *Schmidt, E.:* VDI-Wasserdampftafeln. Springer-Verlag, Berlin, R. Oldenbourg-Verlag, München 1963.

[46] Abnahmeversuche an Dampferzeugern (VDI-Dampferzeugerregeln) DIN 1942 (1956).

[47] Dampf-Babcock-Handbuch. Deutsche Babcock u. Wilcox-Dampfkesselwerke A.G., Oberhausen (1952).

[48] *Kronmüller, H.:* Die wärmetechnische Überwachung von Blockkraftwerken mit Datenverarbeitungsanlagen. Regelungstechnik 11 (1963), 11, S. 487–494, 12 (1964) 2, S. 50–60.

[49] DIN 19 226, Entwurf Mai 1962: Regelungstechnik und Steuerungstechnik, Begriffe und Benennungen.

[50] *Lego, P. E.:* Programming for process control. Westinghouse Eng. 25 (1965) 1, S. 13–19.

[51] *Burkstein, E.:* Computer control of industrial processes. Electr. Wld 74 (1965) 6, S. 42–43, 75.

[52] *Oppelt, W.:* Kleines Handbuch technischer Regelungsvorgänge. 3. Aufl. Verlag Chemie, Weinheim 1960.

[53] Handbuch der Regelungstechnik. Herausgeber *G. Bleisteiner* und *W. V. Mangoldt.* Springer-Verlag, Berlin/Göttingen/Heidelberg 1961.

[54] *Pavlik, E., Ströle, D.:* Regelkreise mit gesteuerten Parametern. Siemens-Zeitschrift 39 (1965) H. 9, S. 945–952.

[55] *Kloch, H. F., Schoeffler, J. D.:* Direct digital control at the threshold. Electronics (1964) H. 3, S. 49–55.

[56] *Morley, R. A., Cundall, C. M.:* The Ferranti system and experience with direct digital control. Process control and automation (1965) H. 7, S. 289–295.

[57] *Schneider, G.:* Grundsätzliche Betrachtungen über den Einsatz von Rechengeräten in automatischen Systemen. VDI-Zeitschrift 108 (1966) H. 4, S. 129–132.

[58] *Yetter, E. W., Sanders, C. W.:* A time-shared digital process-control system. ISA-Journal 9 (1962) H. 11, S. 53—56.

[59] *Giusti, A. L., Otto, R. E., Williams, T. L.:* Direct digital computer control. Control Eng. 9 (1962) H. 6, S. 104—108.

[60] *Tschauner, J.:* Einführung in die Theorie der Abtastsysteme. Oldenbourg-Verlag, München 1960.

[61] *Ragazzini, J. R., Franklin, G. F.:* Sampled-data control systems. McGraw Hill, New York 1958.

[62] *Jury, E. I.:* Sampled-data control systems. John Wiley and sons, New York 1958.

[63] *Haberstock, F.:* Ein Standardregler für lineare Abtastsysteme beliebiger Ordnung. Diss. TH Darmstadt 1963.

[64] *Föllinger, O.:* Synthese von Abtastsystemen im Zeitbereich. Regelungstechnik 13 (1965) H. 6, S. 269—275.

[65] *Feldbaum, A. A.:* Rechengeräte in automatischen Systemen. Oldenbourg-Verlag, München 1962 (Übersetzung aus dem Russischen, Original Moskau 1959).

[66] *DIN 6601*: Informationsverarbeitung. Sinnbilder für Datenfluß- und Programmablaufpläne. Entwurf Juni 1963, Normblatt September 1966.

Namen- und Sachregister

MIX
Papier | Fördert gute Waldnutzung
FSC® C083411

Kolibri 360 GmbH
Ferdinand-Jühlke-Straße 7
99095 Erfurt, Deutschland
produktsicherheit@kolibri360.de